Matthias Schloßberger

Die Erfahrung des Anderen

Gefühle im menschlichen Miteinander

Philosophische Anthropologie

Band 2

Herausgegeben von Hans-Peter Krüger und Gesa Lindemann

Was bisher Leben und Bewusstsein, Sprache und Geist genannt wurde, steht in den neuen biomedizinischen, soziokulturellen und kommunikationstechnologischen Verkörperungen zur Disposition. Diese neuen Sozio-Technologien führen zu einer tiefgreifenden anthropologischen Entsicherung, die eine offensive Erneuerung der Selbstbefragung des Menschen als vergesellschaftetes Individuum und als Spezies herausfordert.

Die philosophische Anthropologie reflektiert die Grenzen sowie die interdisziplinären Grenzübergänge zwischen den verschiedenen erfahrungswissenschaftlichen Disziplinen und ihren jeweiligen Anthropologien. Sie behandelt diese Grenzfragen philosophisch im Hinblick auf die Fraglichkeit der Lebensführung im Ganzen.

Diese Reihe ist ein Ort für die Publikation von Texten zur philosophischen Anthropologie. In ihr werden herausragende Monographien und Diskussionsbände zum Thema veröffentlicht.

Matthias Schloßberger

Die Erfahrung des Anderen

Gefühle im menschlichen Miteinander

Akademie Verlag

Abbildung auf dem Einband:
Oskar Schlemmmer: Maskenvariationen (1926),

ISBN 3-05-004147-1

Das eingesetzte Papier ist alterungsbeständig nach DIN/ISO 9706.

Lektorat: Mischka Dammaschke
Satz: Dina Brandt, München
Druck und Bindung: Druckhaus „Thomas Müntzer", Bad Langensalza
Einbandgestaltung: Petra Florath, Berlin

Printed in the Federal Republic of Germany

Inhaltsverzeichnis

Vorwort

Vorliegendes Buch ist die geringfügig überarbeitete Fassung meiner Dissertation, die ich im Juli 2004 an der Philosophischen Fakultät der Universität Potsdam eingereicht und im November 2004 verteidigt habe. Mein besonderer Dank gilt meinem Doktorvater Hans-Peter Krüger. Er hat in zahlreichen Gesprächen den Weg der Arbeit ebenso kritisch wie wohlwollend begleitet und mir in jeder Hinsicht genügend Freiheit gelassen. Ohne die Nachdringlichkeit, mit der er die anthropologische Fragestellung ins Gespräch der philosophischen Gegenwart zurückgeführt hat, hätte ich mein Thema nicht gefunden. Ein besonderer Dank gilt auch Hans Joas, der das Zweitgutachten verfaßt hat. Ich hatte das Glück, ihn zur rechten Zeit meines Studiums kennenzulernen. Die eindringliche Art, in der er hermeneutischen Zugriff und systematische Fragestellung verbindet, hat mich beeindruckt und hoffentlich ihre Spuren hinterlassen.

Nicht nur der institutionelle Rahmen, in dem akademische Qualifikationsarbeiten entstehen, ist für die philosophische Arbeit von Bedeutung. Mit Kritik und Zustimmung haben den Weg der Arbeit begleitet: Christof Löwe, Klaus Große Kracht, Stephan Pabst, Norbert Axel Richter, Anja Schloßberger und Eva Weber-Guskar. Ihnen allen sei herzlich gedankt. Wie sonst niemand hat Dina Emundts den Prozeß der Arbeit begleitet. Von Beginn an konnte ich mit ihr mein Thema diskutieren. Sollte es mir gelungen sein, zu sagen, was ich sagen wollte, so ist das zu keinem geringen Teil ihr Verdienst.

Potsdam, im Juni 2005

Nichts ist drinnen, nichts ist draußen:
Denn was innen das ist außen

Goethe, Eppirhema

Einleitung

Thema ist die Frage nach der *Erfahrung des Anderen*. Die Frage nach dem Anderen ist in einem basalen Sinn zu verstehen, weshalb im folgenden von der Erfahrung eines *anderen ich* die Rede ist. In dieser Formulierung soll zum Ausdruck kommen, daß es nicht allein um die Erfahrung eines anderen Subjekts geht, sondern um die Erfahrung eines Anderen, der fühlend handelt, will, urteilt, d. h. um die Erfahrung eines lebendigen Menschen.

Die gegenwärtigen Debatten um das Thema werden von sprachphilosophischen und einseitig an der Sprache ausgerichteten hermeneutischen Positionen dominiert, in denen die Erfahrung des Anderen als Resultat der Fähigkeit angesehen wird, sich gemeinsam im System konventioneller Sprache zu verständigen. In vorliegender Arbeit wird dafür argumentiert, daß die Erfahrung des Anderen auf dem Weg einer rein sprachphilosophischen Argumentation nicht befriedigend geklärt werden kann, weil der sprachphilosophische Ansatz die *Erfahrung* des Anderen als eines lebendigen, d. h. fühlend wollenden, fühlend urteilenden und fühlend handelnden Wesens – eines menschlichen Wesens – nicht einholen kann. Eine aussichtsreichere Perspektive, die Erfahrung des Anderen zu erklären, findet sich im Feld hermeneutischen und phänomenologischen Denkens. Die Frage nach der *Erfahrung eines anderen ich* hat um die Wende zum zwanzigsten Jahrhundert die Debatten jener beiden Denkrichtungen geprägt. Gegen die bekannten Ansätze ihrer prominentesten Vertreter – gegen Wilhelm Dilthey und Edmund Husserl – wurden zwar gutbegründete Einwände vorgebracht. Dennoch haben ihre Theorien den Vorzug, daß in ihnen zwei unhintergehbare Einsichten deutlich ausgesprochen sind: erstens haben beide erkannt, daß die *Erfahrung* des Anderen dem *Wissen* um den Anderen vorangehen muß. Begründete Urteile eines Wissens um den Anderen setzen die Erfahrung des Anderen voraus. Und zweitens wird in ihren Arbeiten klar, daß die für Menschen typische Form der Intersubjektivität gar nicht Thema wird, wenn die Erfahrung des Anderen bloß als die Erfahrung eines anderen Subjekts behandelt wird, das lediglich deshalb *Subjekt* genannt wird, weil ihm Überzeugungen etc. zugeschrieben werden. Denn die Frage nach der Erfahrung des Anderen ist die Frage nach der Erfahrung eines beseelten, lebendigen Wesens, d. h. eines *anderen ich*. Weil Dilthey und Husserl jede Erfahrung des Anderen an einer Wahrnehmung des anderen Körpers ansetzten, konnten sie jedoch nicht zirkelfrei erklären, wie eine echte Erfahrung des Anderen möglich ist. An dieser Schwierigkeit arbeitete sich Max Scheler ab und legte einen Entwurf vor, der heute weitgehend unbekannt ist, obgleich seine Position der Kritik entgeht, die gegen Dilthey und Husserl vorgebracht wurde. Ziel der Arbeit ist eine Wiederaneignung zentraler Gedanken seiner Sozialphilosophie in der Absicht, sie in das gegenwärtige Gespräch einzubringen.

In systematischer Hinsicht wird es aber nicht allein um die Frage nach der Erfahrung des *anderen ich*, sondern um die Formen menschlichen Miteinanders in einem weiteren Umfang des Begriffs gehen. Thema ist, was gemeinhin die soziale Natur des Menschen genannt wird. Die Aufgabe lautet: zu unterscheiden zwischen verschiedenen Formen sozialen Miteinanders und diese verschiedenen Formen in ihrer Bedeutung für unser Selbstverhältnis und unser Weltverhältnis zu bestimmen. Es geht also um die Fragen: welcher Natur ist überhaupt unser Verhältnis zu unseren Mitmenschen? In welchen Weisen begegnet mir der Andere? Was meinen wir, wenn wir davon sprechen, daß wir Andere *verstehen*? Welche Rolle spielen Gefühle im menschlichen Miteinander? Bei der Beantwortung dieser Fragen wird sich zeigen, welche Rolle die soziale Natur des Menschen für das menschliche Welt- und Selbstverhältnis spielt. Anhand der Behandlung der genannten Themen soll außerdem erörtert werden, wie erkenntnistheoretische, entwicklungspsychologische und ontologische Argumente ineinander greifen müssen, damit ein Verständnis der menschlichen Situation möglich ist. Bei den gemeinhin mit den Begriffen Intersubjektivität und Sozialphilosophie angezeigten Fragen ist es schwer zu entscheiden, inwiefern sie erkenntnistheoretisch oder normativ ausgerichtet sind bzw. ob diese Unterscheidung in einem strengen Sinn überhaupt möglich ist. Eine Klärung dieser Fragen macht es erforderlich, daß die Phänomene Verstehen bzw. Erkennen des Anderen, Mitfühlen mit Anderen und Anerkennen des Anderen zueinander in Beziehung gesetzt werden.

Das erste Kapitel bietet eine Auseinandersetzung mit der Diskussion zwischen der sprachphilosophisch argumentierenden Intersubjektivitätstheorie von Ernst Tugendhat und Jürgen Habermas auf der einen Seite und der Subjektivitätstheorie von Dieter Henrich und Manfred Frank auf der anderen Seite. Bei beiden Parteien blieb das Verhältnis von Subjektivität und Intersubjektivität unbestimmt. Eine Vergegenwärtigung der diesbezüglichen Probleme gibt einen Leitfaden, an dem entlang gezeigt werden kann, daß jene Frage wieder ins Spiel zu bringen ist, die die Diskussionen am Beginn des 20. Jahrhunderts bestimmt hat: die Frage nach der Erfahrung des *anderen ich*. In Auseinandersetzung mit dem, was einerseits bei Habermas und Tugendhat, andererseits bei Henrich und Frank Subjektivität heißt, gilt es, eine Vorstellung von jener Form menschlicher Lebendigkeit zu gewinnen, die vor der Erfahrung des Anderen als Anderen liegt und die doch so zu denken ist, daß soziale Interaktionen beschreibbar sind. Vorgestellt wird die Idee einer *primitiven Subjektivität*, die eng an der phänomenologischen Konzeption intentionalen Bewußtseins orientiert ist. Primitive Subjektivität soll so gedacht werden, daß ein soziales Miteinander möglich ist, bevor die Sphäre entwickelter Intersubjektivität erreicht ist, die vom Bewußtsein des Anderen als Anderen getragen wird.

Die Kapitel zwei, drei und vier folgen den Linien einiger von verschiedenen Autoren gemeinsam gedachter Gedanken, die Ende des 19. Jahrhunderts virulent wurden.[1] Zunächst werden im zweiten Kapitel die beiden Erkenntnistheorien des Fremdseelischen vorgestellt, die um 1900 das philosophische Gespräch dominierten: *Analogieschlußtheorie* und *Einfühlungstheorie*. Eine kurze Diskussion der beiden Positionen soll zeigen, worin die erkenntnistheoretischen Schwierigkeiten liegen. Beide Positionen zeigen eine Gemeinsamkeit: sie gehen bei der Erfahrung des *anderen ich* von einem zweistufigen Prozeß aus. Erster Schritt ist die Wahrnehmung des anderen Körpers; diese ermöglicht den zweiten Schritt, der darin besteht, daß der fremde Körper ein *fremdes ich* indiziert. In der Kritik aller Ansätze, die diese Prämisse teilen, soll herausgearbeitet werden, daß die Erfahrung eines *anderen ich* nicht aufgeklärt werden kann, wenn das *andere ich* auf dem Umweg einer Wahrnehmung des anderen Körpers und eines der Wahrnehmung des anderen Körpers nachfolgenden *Analogieschlusses* oder eines Aktes der *Einfühlung* erfahren werden soll.

Mit Theodor Lipps wird der Autor vorgestellt, der Begriff und Theorie der Einfühlung entscheidend geprägt hat. Lipps' Arbeiten sind vor allem hinsichtlich der in ihnen gegebenen Phänomenbeschreibungen interessant. Mit guten Argumenten hat Lipps die Ansicht vertreten, daß die Möglichkeit der Erfahrung eines *anderen ich* letztendlich ein Rätsel darstellt, das nicht aufgeklärt werden kann, indem man wie z. B. die Analogieschlußtheorie eine intellektuelle Rekonstruktion dieser Erfahrung gibt. Seine Theorie der Einfühlung verfehlte jedoch in der theoretischen Analyse ihr Ziel, denn wenn die Erfahrung des *anderen ich* darin bestehen soll, daß das *eigene ich* in das *andere ich* ‚hineinverlegt' bzw. ‚eingefühlt' wird, so steht am Ende dieses

---

[1] Nach 1900 wird von fast allen philosophischen Schulen das Thema Sozialphilosophie neu entdeckt. Dieses neue Interesse kann man auf verschiedene Weise erklären. Die im 19. Jahrhundert entstehenden ‚Weltanschauungen' Historismus und Historischer Materialismus, später Darwinismus und Psychoanalyse sind nicht zu verstehen, wenn man nicht auch die gesellschaftliche Entwicklung in den Blick nimmt. Sie sind Reaktionen auf gesellschaftliche Veränderungen und haben selbst gesellschaftliche Wirkung. Mit dem 19. Jahrhundert beginnt eine neue Epoche, in der in bisher nicht gekannter Weise eine Vielfalt von Weltanschauungen immer weitere Bereiche des Lebens aller Menschen erreicht. Den tendenziell säkularen Weltanschauungen des 19. Jahrhunderts ist eines gemeinsam: sie führen zu einem neuen Bewußtsein der Abhängigkeit des Einzelnen von kontingenten Umständen (in den meisten Fällen von anderen Menschen, Gruppen, Institutionen etc.). In dieser historischen Perspektive, die den Wirkungen der angesprochenen Ideenkomplexe des 19. Jahrhunderts auf die Philosophie, Soziologie etc. gerecht würde, läßt sich ein nicht zu unterschätzendes Moment in der Entwicklung philosophischer Problemstellungen freilegen, das zunächst dazu führte, daß die Frage nach der Möglichkeit einer *Erfahrung des fremden ich* nach 1900 wichtig wurde, um sich dann zunehmend aus dem engen Rahmen einer erkenntnistheoretischen Perspektive zu lösen.

Prozesses nicht das *andere ich*, sondern nur das *eigene ich*, eingefühlt in den Körper des Anderen.

Im dritten Kapitel werden die verschiedenen Versuche Wilhelm Diltheys behandelt, die Erfahrung des *anderen ich* aufzuklären. Dilthey hat erkannt, daß die Erfahrung des *anderen ich* immer darin gründet, daß der Andere *verstanden* wird. In jeder Erfahrung eines Anderen erfahre ich nicht einfach den Anderen, sondern ich erfahre ihn als So-und-so-Gestimmten, als So-oder-so-Fühlenden: es gibt keine reine Erfahrung des *anderen ich*, in der dieses *andere ich* nicht in irgendeiner Weise *verstanden* wird. Dilthey nennt dieses Verstehen *elementares* Verstehen und grenzt es von *höherem* Verstehen ab. *Elementares Verstehen* ist immer Ausdrucksverstehen: ich sehe dem Kind an, daß es traurig ist. Um zu verstehen, daß es traurig ist, muß ich nicht verstehen, warum es traurig ist. Alles Verstehen, das den Kontext, die Situation, das *Warum*... betrifft, nennt Dilthey *höheres Verstehen*. Wichtig ist nun nicht allein die Unterscheidung elementaren und höheren Verstehens, sondern die These, daß alles höhere Verstehen in elementarem Verstehen fundiert ist. Nur deshalb, weil Verstehen immer in elementarem Verstehen gründet, kann Dilthey sagen: „Die Natur erklären wir, das Seelenleben verstehen wir."[2] Bei Dilthey ist klar ausgesprochen, daß der eigentliche Gehalt des Begriffs *Verstehen* – komplementär zum Begriff *Erklären* – verfehlt wird, wenn er allein die Phänomene höheren Verstehens umfassen soll. Zeitgenössische Positionen, die *Verstehen* entweder als Verstehen von *Sinn* oder als Verstehen von *Gründen* bestimmen, können die eigentliche Dimension von Diltheys Begriff des Verstehens nicht einholen. Wir könnten auch die Gründe eines Subjekts verstehen, das kein lebendiges Subjekt ist, d. h. kein Subjekt, das einen Leib hat, das fühlt etc.

Im vierten Kapitel wird die Phänomenologie Edmund Husserls verhandelt. Die im ersten Kapitel entwickelte Idee primitiver Subjektivität wurde in eine enge Verbindung mit der phänomenologischen Konzeption intentionalen Bewußtseins gebracht, ohne daß diese Konzeption gebührend ausführlich vorgestellt wurde. Dies wird nun im Rückgriff vor allem auf Husserls *Logische Untersuchungen* geleistet. Zugleich ist damit eine wichtige Grundlage für das Verständnis von Schelers Phänomenologie gegeben. Außerdem steht die Intersubjektivitätstheorie Husserls in den *Cartesianischen Meditationen* auf dem Programm. Husserl wollte, wie letztlich auch Dilthey und Lipps, die Erfahrung über eine Wahrnehmung des anderen Körpers aufklären und kommt daher auch keinen Schritt weiter als die bisher vorgestellten Ansätze, da auf diesem Weg die Zirkularität bei der Erklärung der Erfahrung des Anderen unvermeidlich ist. Unter der Prämisse, daß es keine originäre Erfahrung des Anderen gibt, muß die Bekanntschaft mit der Sphäre *anderer iche* immer schon vorausgesetzt werden,

---

2 Wilhelm Dilthey, Ideen über eine beschreibende und zergliedernde Psychologie (1894), in: ders., Die geistige Welt, Einleitung in die Philosophie des Lebens, Erste Hälfte, Gesammelte Schriften, V. Band, Leipzig und Berlin 1924, S. 139-240, hier S. 144.

wenn anläßlich der Wahrnehmung eines anderen Körpers ein *anderes ich* erfahren werden soll. Weil die Intersubjektivitätstheorie Husserls völlig anders angelegt ist als diejenige Schelers, ist eine Auseinandersetzung mit der an ihr vorgebrachten Kritik notwendig. Einflußreiche Kritiker von Husserls Intersubjektivitätstheorie führten deren Schwierigkeiten auf den Ausgang beim intentionalen Bewußtsein zurück; implizit wäre damit jede phänomenologische Intersubjektivitätstheorie, also auch diejenige Schelers, mitbetroffen. In der Kritik dieser Kritik soll gezeigt werden, daß Husserls Intersubjektivitätstheorie nicht deshalb scheitert, weil Husserl Bewußtsein als intentionales denkt, sondern weil er die Wahrnehmung des Anderen als durch eine Wahrnehmung des anderen Körpers vermittelte ansieht.

Das fünfte Kapitel widmet sich Max Scheler. Mit Schelers Werk liegt ein Entwurf vor, mit dem die angezeigten Probleme besser in den Griff zu bekommen sind. Den Vorurteilen, die dem Denken Schelers entgegengebracht werden, soll ein anderes Bild Schelers entgegengestellt werden.[3] Im Rahmen dieser Aufgabenstellung ist die Arbeit auch der Versuch einer hermeneutischen Rekonstruktion einiger wesentlicher und grundlegender sozialphilosophischer Gedanken Schelers. Die Ausrichtung der Arbeit ist aber nur insofern historisch angelegt, als es gilt, die Bedeutung Schelers in systematischer Hinsicht freizulegen. Es soll gezeigt werden, daß Schelers Sozialphilosophie einen wichtigen und unabgegoltenen Beitrag zu den Problemen geleistet hat, die mit den Namen Subjektivität und Intersubjektivität verbunden sind. Die Frage nach der Stellung der Sozialphilosophie innerhalb von Schelers Metaphysik muß daher zu kurz kommen, da sie den Rahmen der Arbeit sprengen würde. Die Berechtigung dieses Vorgehens kann selbst nicht positiv ausgewiesen werden. Ich folge hier Plessner, wenn er sagt: „Scheler ist, unbeschadet der metaphysischen Tendenzen seiner Philosophie, in allen Grundlegungsfragen Phänomenologe.“[4]

Ordnet man Scheler der Phänomenologie zu, so ist das mehrdeutig. Es kann ein Hinweis auf einen Schulzusammenhang sein, ebenso ein Hinweis auf das Scheler eigene Verständnis von Phänomenologie. Diese beiden Perspektiven sollen zwar nicht ausgeblendet werden, aber es kommt ihnen eine eher untergeordnete Rolle zu. Was die Situierung gegenüber den Schulzusammenhängen angeht, so geht es darum, eine andere phänomenologische Linie freizulegen, der neben Scheler am ehesten Plessner zuzuordnen ist, und die zu Unrecht durch die Dominanz Husserls, Heideggers und

---

3 Ich gebe nur zwei Beispiele: Günther Patzig sprach ausgerechnet in einem Nachwort zu einem Buch Carnaps von Scheler als einer „Fehlform philosophischer Existenz“. Günther Patzig, Nachwort, in: Rudolf Carnap, Scheinprobleme in der Philosophie, Frankfurt am Main 1966, S. 85-135, hier S. 86. Bei Adorno kann man lesen: „Scheler: Le boudoir dans la philosophie.“ Theodor W. Adorno, Minima Moralia, Frankfurt am Main 1951, Nr. 122, S. 253. Die Bedeutung Schelers hervorgehoben hat dagegen Hans Joas: „Vor einer Unterschätzung der Leistung Schelers ist aber zu warnen.“ Hans Joas, Die Entstehung der Werte, Frankfurt am Main 1997, S. 134.

4 Helmuth Plessner, Die Stufen des Organischen und der Mensch, Berlin und Leipzig 1928, Vorwort S. V.

Sartres im gegenwärtigen philosophischen Gespräch kaum präsent ist. Der Zugang meiner Arbeit folgt dem Phänomenologen Scheler dort, wo Scheler im 20. Jahrhundert kaum ein anderer Philosoph zur Seite gestellt werden kann: in den treffenden Beschreibungen von Phänomenen menschlicher Erfahrung und deren subtiler Analyse. Der methodische Zugriff ist ein phänomenologischer insofern, als vorliegende Arbeit dem Primat des Phänomens bzw. dem Primat der Phänomenbeschreibung verpflichtet ist. Phänomenologie ist hier also nicht im Sinne Husserls zu verstehen, der nach 1913 dargelegt hat, daß Phänomenologie nicht als Kunst oder Technik der Beschreibung, sondern als *Erste Philosophie* mit dem Anspruch auf Letztbegründung aufzufassen ist. Stattdessen soll unter Phänomenologie mit Scheler eine Orientierung an dem in der Wahrnehmung unmittelbar Gegebenen verstanden werden: „Das erste, was daher eine auf Phänomenologie gegründete Philosophie als Grundcharakter besitzen muß, ist der lebendigste, intensivste und *unmittelbarste Erlebnisverkehr mit der Welt selbst* – d. h. mit den Sachen, um die es sich gerade handelt. Und zwar mit den Sachen, wie sie sich ganz unmittelbar im Er-leben im Akte des Er-lebens geben und in ihm und nur in ihm ‚*selber da*' sind. [...] In diesem Sinne – aber auch in ihm allein – ist phänomenologische Philosophie radikalster Empirismus und Positivismus: für alle Begriffe, für alle Sätze und Formeln, auch noch für jene reiner Logik, z. B. den Satz der Identität, ist eine ‚Deckung' in solchem Gehalte des Erlebens zu suchen. Und alle Wahrheit und Gültigkeit der Sätze ist suspendiert, bis diese Forderung nicht erfüllt ist."[5]

Wenn in einer Arbeit, die vornehmlich auf die Wiederaneignung der Position Schelers zielt, ein sehr langer historischer Vorlauf benötigt wird, so hat dies einen wesentlichen Grund darin, daß Schelers Theorie an den Aporien anderer Theorien ansetzt. Die Aneignung von Schelers Philosophie muß, da sie dem Telos von Schelers Gedanken folgen will, die hermeneutische Anstrengung auf sich nehmen, auch diejenigen Positionen zu vergegenwärtigen, deren Scheitern notwendig war, um den Versuch Schelers zu ermöglichen.

Das fünfte Kapitel folgt zunächst der Position, die Scheler im wesentlichen im Anhang *Über den Grund zur Annahme der Existenz des fremden Ich* seiner 1913 erschienenen Schrift *Zur Phänomenologie und Theorie der Sympathiegefühle und von Liebe und Haß* entwickelt hat. Scheler führt die Probleme, in die sich Analogieschluß- und Einfühlungstheorie immer wieder verwickelten, konsequent auf deren Prämissen zurück und bricht mit dem von allen bisher behandelten Ansätzen angenommenen Primat der Wahrnehmung des anderen Körpers. Weil jeder Versuch scheitert, die Wahrnehmung des *anderen ich* am anderen Körper beginnen zu lassen, so Schelers die bisherige Problemlage umstürzende These, muß mit der Annahme gebrochen werden, alle Wahrnehmung, die nicht Wahrnehmung eigener psychischer Erlebnisse sei, müs-

---

5 Max Scheler, Phänomenologie und Erkenntnistheorie, in: ders., Schriften aus dem Nachlaß, Band 1, Bern 1957, S. 377-430, hier S. 380.

se Wahrnehmung von Körpern sein. Scheler kehrt die Ordnung der möglichen Formen von Wahrnehmung um. Die ursprünglichste Form der Wahrnehmung ist ihm *psychophysisch indifferente* Wahrnehmung von *Ausdruck*: im Lächeln, so Scheler, nehmen wir unmittelbar die Freude des Anderen wahr; das lächelnde Gesicht des Anderen wird nicht zunächst als Körper gesehen, der bestimmte Modifikationen zeigt, die als Symbole eines bestimmten psychischen Zustandes gedeutet werden können, sondern ist das unmittelbar Erste, das wir sehen.

Der letzte Abschnitt handelt von der neuen Wendung, die Scheler seiner Lehre von der *unmittelbaren Fremdwahrnehmung* in der zweiten Fassung des Buches über *Sympathiegefühle* aus dem Jahr 1923 gab, das nun mit dem Titel *Wesen und Formen der Sympathie* erschien. Scheler hat seine Position in einer auf den ersten Blick nicht durchsichtigen Weise modifiziert bzw. revidiert. In der Fassung von 1913 ist die Frage, wie die Erfahrung eines *anderen ich* möglich ist, bloß ‚erkenntnistheoretisch' behandelt, d. h. Scheler behandelt die Frage, *wie* diese Form der Wahrnehmung möglich ist. In der Fassung von 1923 wird von dieser Frage die Frage unterschieden, wie es möglich ist, den Anderen als *wirklich* zu erfahren. Hatte Scheler in der ersten Fassung herausgearbeitet, daß Mitfühlen mit Anderen ein Phänomen sui generis sei, das keine Bedingung für ein Verstehen des Anderen ist, so wird diese These nun zwar nicht zurückgenommen, aber doch erheblich in ein anderes Licht gerückt: erst im Mitfühlen mit Anderen in emotionalen Akten, die auf den Anderen gerichtet sind, erfahren wir den Anderen (d. h. erfahren wir den Anderen als wirklich). Scheler führt also – ohne dies hinreichend kenntlich zu machen – eine fundamentale Unterscheidung ein, indem er die Frage nach der Form der Wahrnehmung des Anderen von der Frage unterscheidet, wie der Andere als real erfahren wird. In einem kurzen Vergleich mit einigen neueren Arbeiten Axel Honneths wird abschließend der Versuch unternommen, das Verhältnis von kognitiven und normativen Momenten – von Erkennen und Anerkennen – in der Herausbildung von Intersubjektivität zu erhellen.

Ob eine Arbeit eher systematisch oder eher historisch angelegt ist oder ob sie, indem sie beides zu verbinden sucht, hermeneutisch angelegt ist, sagt noch nicht alles über das methodische Selbstverständnis, das ihr zu Grunde liegt. In einem weiten Sinne des Begriffs ist die in vorliegender Arbeit angewandte Methode *phänomenologisch* zu nennen, auch wenn die Anwendung dieser Methode hermeneutisch in Szene gesetzt wird. Die Arbeit liefert einen Beitrag zur *Philosophischen Anthropologie*, wenn man unter *Philosophischer Anthropologie* eine Strukturtheorie des menschlichen Welt- und Selbstverhältnisses versteht.[6] Damit ist *Philosophische Anthropologie*

---

6 Zum Verhältnis von Phänomenologie und Anthropologie vgl. Plessner, Die Stufen des Organischen und der Mensch, a. a. O., S. V; sowie: Hans-Peter Krüger, Zwischen Lachen und Weinen, Band II, Der dritte Weg Philosophischer Anthropologie und die Geschlechterfrage, Berlin 2001, S. 22.

als Programm bestimmt, für das neben Scheler vor allem Plessner eintritt.[7] Dieses Programm kann deutlich von dem Ansatz Gehlens unterschieden werden, durch dessen öffentliche Dominanz nach 1945 sich der Name *Philosophische Anthropologie* für ein ganz anders angelegtes Projekt etabliert hat: Gehlen verstand *Philosophische Anthropologie* als empirische Disziplin. Daß Scheler, Plessner und Gehlen so häufig zusammen genannt werden, wenn von *Philosophischer Anthropologie* die Rede ist, läßt sich sachlich nur bedingt rechtfertigen. Bei allen dreien hat der Mensch-Tier-Vergleich eine wichtige Funktion, und bei allen dreien werden im Hinblick auf diesen Vergleich dieselben Autoren herangezogen: die Rezeption Uexkuells und seiner Umweltlehre etablierte die Rede von der Umweltgebundenheit des Tieres und der *Weltoffenheit* des Menschen, die Rezeption Wolfgang Köhlers und seiner Schimpansenversuche erwies den Menschen auch in biologischer Perspektive als Nein-sagen-Könner. In verhaltensbiologischer Perspektive gibt es zahlreiche Übereinstimmungen, die die Vorstellung von *der* Philosophischen Anthropologie entscheidend geprägt haben, weil die gemeinsame Rhetorik ausgesprochen griffig ist: der Mensch ist das weltoffene, nichtfestgestellte Tier, das die Mängel seiner organischen Situation durch Kultur und Geist auszugleichen weiß. Damit aber hat sich die echte Gemeinsamkeit erschöpft, die Scheler und Plessner auf der einen Seite und Gehlen auf der anderen Seite miteinander verbindet.[8] Das kritische Bild, das etwa Habermas von der *Philosophischen Anthropologie* gezeichnet hat, ist daher in zwei Hinsichten zu korrigieren. Zum einen hat Habermas die philosophische Anthropologie als „reaktive“, bloß die Ergebnisse der empirischen Wissenschaften verarbeitende Disziplin verstanden.[9] Das trifft jedoch nur die Anthropologie Gehlens und führt, auf Plessner und Scheler bezogen, zu einem deren Intentionen geradezu entgegengesetzten Standpunkt. Zum anderen hat Habermas *die* Philosophische Anthropologie schon im Ansatz mißverstanden, wenn er etwa Plessner vorwirft, er würde die Intersubjektivität nicht aus der Sprache, sondern aus der exzentrischen Position der menschlichen Natur „ableiten“.[10] Die Anthropologie Plessners bricht genauso wie die Schelers mit der Idee, ein Phänomen von einem anderen ab-

---

7 Zu Plessner vgl. Hans-Peter Krüger, Zwischen Lachen und Weinen, Band I, Das Spektrum menschlicher Phänomene, Berlin 1999; ders., Das Spiel zwischen Leibsein und Körperhaben. Helmuth Plessners Philosophische Anthropologie, in: Deutsche Zeitschrift für Philosophie, 48 (2000) 2, S. 289-317. Eine Arbeit, die in vergleichbarer Weise rekonstruktiv und konstruktiv den Bezug zur Gegenwartsphilosophie herstellt, gibt es für Gehlen bislang nicht.

8 Vgl. Joachim Fischer, Philosophische Anthropologie. Zur Bildungsgeschichte eines Denkansatzes, Diss., Göttingen 2000.

9 Jürgen Habermas, [Art.] Anthropologie, in: [Das Fischer Lexikon] Philosophie, hg. von Alwin Diemer und Ivo Frenzel, Frankfurt am Main 1958, S. 18-35, hier S. 20. Vgl. dagegen z. B. Helmuth Plessner, Macht und menschliche Natur. Ein Versuch zur Anthropologie der geschichtlichen Weltansicht, Berlin 1931, S. 19 ff.

10 Jürgen Habermas, Brief an Helmuth Plessner aus Anlaß seines 80. Geburtstags, in: Merkur 26, 1972, Nr. 293, S. 944-946, hier S. 946.

zuleiten. Ihr Ziel ist es vielmehr, Strukturbeziehungen aufzudecken. Ihre Frage lautet: wie greifen die verschiedenen charakteristischen Momente menschlicher Existenz im Vollzug ineinander? So versucht Plessner nicht die Intersubjektivität aus der exzentrischen Positionalität abzuleiten, sondern zu beschreiben, wie Intersubjektivität und exzentrische Position zwei Momente einer Struktur sind.

Habermas' Einschätzung der Anthropologie als reaktiver Disziplin entspricht die sachlich wie historisch falsche Alternative von Anthropologie und Geschichtsphilosophie, auf die sich ‚linke' und ‚konservative' Ideologen der siebziger Jahre geeinigt hatten. Odo Marquard hat ganz im Sinne Habermas' einen Antagonismus von Anthropologie und Geschichtsphilosophie formuliert. Die Anthropologie, so Marquard, frage nach der Natur des Menschen, die Geschichtsphilosophie nach der Bestimmung des Menschen: „Wende zur Geschichtsphilosophie ist nur als Abkehr von der Anthropologie, Wende zur Anthropologie ist nur als Abkehr von der Geschichtsphilosophie möglich." Auch Schelers Anthropologie dient Marquard als Beleg seiner These. Scheler verstehe den Menschen nicht von seiner Geschichte her, „sondern betont von seiner Stellung in der Natur her". Diese Behauptung Marquards ist falsch. Es gibt bei Scheler keinen Primat der Natur vor der Geschichte, ebensowenig einen Primat der Anthropologie vor der Geschichtsphilosophie. Die Frage nach der Natur des Menschen und die Frage nach der Bestimmung des Menschen gehören für Scheler zusammen.[11] Marquards Sicht auf Scheler ist leider ausgesprochen typisch. Das liegt daran, daß Scheler heute vor allem durch seine kleine Schrift *Die Stellung des Menschen im Kosmos* bekannt ist – Marquard spricht zurecht von der „Einhelligkeit der Anerkenntnis von Schelers Schrift über die ‚Stellung des Menschen im Kosmos' als der eigentlichen Initialschrift der Gegenwartsanthropologie."[12] Daß Scheler dieses historische Verdienst zugesprochen wird, hat der Rezeption seiner Schriften nicht gut getan. Denn die einseitige Orientierung an Schelers Beitrag zur Philosophischen Anthropologie hat zu einer Fokussierung auf diese eine Schrift geführt, die sicher nicht zu den stärksten und wichtigsten Arbeiten Schelers gehört.

Einen möglichen Leitfaden für die Geschichte des Themas gibt die interessante Geschichte des Begriffs *Intersubjektivität*. An der Popularität des Begriffs zeigt sich die allgemein anerkannte Stellung normativer Gesellschaftstheorie. Die Geschichte seines jüngsten Erfolgs – die stark von Habermas bestimmt wurde – ist daher zugleich *eine* (mögliche) Geschichte der Sozialphilosophie.[13] Wenn die Beziehung zwischen

---

11 Vgl. Odo Marquard, Zur Geschichte des philosophischen Begriffs ‚Anthropologie' seit dem Ende des achtzehnten Jahrhunderts, in: ders., Schwierigkeiten mit der Geschichtsphilosophie, Frankfurt am Main 1973, S. 122-144, bzw. 213-248 (Anmerkungen), hier S. 134 ff.

12 Ebd., S. 135.

13 Das *Historische Wörterbuch der Philosophie* weist den Begriff zum ersten Mal gegen Ende des 19. Jahrhunderts bei Johannes Volkelt nach. Vgl. Historisches Wörterbuch der Philosophie, hg. von Joachim Ritter und Karlfried Gründer, Band 4, Basel 1976, Sp. 521. Hier der Hinweis auf: Johannes

Ich und Du, zwischen dem *ich* und dem oder den *Anderen* verhandelt wird, dann ist heute – unabhängig davon, ob dies von einem phänomenologischen oder einem anthropologischen, einem bewußtseinsphilosophischen oder einem pragmatistischen, einem empirischen oder einem transzendentalen, einem soziologischen oder einem psychoanalytischen Standpunkt aus geschieht – von Intersubjektivität die Rede. An der Geschichte des Begriffs zeigt sich, so unterschiedlich etwa die Ansätze Husserls und Habermas' sind, eine bestimmte Tendenz: die Tendenz, Intersubjektivität abzuleiten. Der Begriff etabliert sich Ende des 19. Jahrhunderts im Umfeld des Neukantianismus (z. B. bei Alois Riehl). Danach findet er sich bei Husserl und – seltener – auch bei anderen Autoren, die von der Phänomenologie kommen. Husserl behandelte das Problem der Intersubjektivität vom Standpunkt transzendentaler Subjektivität aus.[14] Hier setzte die Kritik zunächst an. Alfred Schütz führte Husserls Phänomenologie in den soziologischen Diskurs ein. Seine Ansicht, die Probleme der Intersubjektivität seien grundsätzlich nicht transzendental zu lösen, überzeugte die meisten Leser; Habermas verschärfte diese Kritik, identifizierte den transzendentalen Ansatz als *Be-*

Volkelt, Erfahrung und Denken. Kritische Grundlegung der Erkenntnistheorie, Hamburg und Leipzig 1886, S. 42: „Ich bemerke hier ein für allemal, daß ich statt des Ausdrucks ‚objektiv', der wegen seiner Vieldeutigkeit oft zu Mißverständnissen Anlaß geben kann, meistens den Ausdruck ‚*transsubjektiv*' gebrauchen werde. Ich bezeichne als transsubjektiv alles, was es außerhalb meiner eigenen Bewußtseinsvorgänge etwa geben mag. Unter ‚*intersubjektiv*' wäre dann alles das zu verstehen, was jeder in seinem Bewußtsein unmittelbar vorfindet." Wie aus dieser Passage deutlich hervorgeht, meint Intersubjektivität hier noch etwas ganz anderes als bei Husserl, durch dessen Einsatz der Begriff prominent wurde. Sehr früh ist auch die Verwendung bei Alois Riehl, der den Begriff bereits in einer heute noch gebräuchlichen Form verwendet. Vgl. Alois Riehl, Der Philosophische Kriticismus und seine Bedeutung für die positive Wissenschaft, Zweiter Band, Zweiter Theil, Leipzig 1887, S. 169: „Durch die intersubjektiven, oder wie sie auch heissen: altruistischen Gefühle, ist von vorneherein eine gegenseitige Verbindung zwischen dem eigenen Bewusstsein und dem unseres Nächsten hergestellt."

14 Der Rezeption von Husserls transzendentaler Phänomenologie ist es anzurechnen, daß der Begriff heute in nahezu allen Schulen anerkannt ist. In der Folge der Auseinandersetzung mit den Arbeiten Husserls haben sich im wesentlichen zwei verschiedene Aspekte herausgeschält. In der Wissenschaftstheorie wird danach gefragt, ob eine Aussage ‚intersubjektiv' überprüfbar ist, d. h. ob sie für jedermann gültig und in diesem relativen Sinn objektiv ist. Für diese Geschichte des Begriffs ‚Intersubjektivität' sind die frühen Arbeiten Rudolf Carnaps aus dem Jahr 1928 wichtig. Carnap, der 1924 und 1925 an Husserls Oberseminaren teilgenommen hatte, kannte die *Cartesianischen Meditationen* Husserls 1928 vermutlich noch nicht. Vgl. Rudolf Carnap, Scheinprobleme in der Philosophie. Das Fremdpsychische und der Realismusstreit, Berlin 1928; sowie: Der logische Aufbau der Welt, Berlin 1928, §139 ff, v. a. §148 „Die intersubjektive Welt". Vgl. auch die frühe Verwendung bei Helmuth Plessner und Frederik Buytendijk; diess., Die Deutung des mimischen Ausdrucks. Ein Beitrag zur Lehre vom Bewußtsein des anderen Ichs, in: Philosophischer Anzeiger, I (1925) I, S. 72-126; Helmuth Plessner, Die Einheit der Sinne, Leipzig 1923, S. 121 f. Bei Scheler kommt der Begriff, soweit ich sehe, nur zweimal vor. Vgl. Max Scheler, Idealismus – Realismus, in: Philosophischer Anzeiger, II (1927) III, S. 255-324, hier S. 314; sowie: Max Scheler: Erkenntnis und Arbeit, in: ders., Die Wissensformen und die Gesellschaft, Leipzig 1926, S. 233-486, hier S. 377.

wußtseinsphilosophie und übergab Thema und Begriff einem sprachphilosophischen Ansatz. Zusammen mit Tugendhat vertritt er die These, daß das bewußtseinsphilosophische Paradigma der Sprachphilosophie nach dem *linguistic turn* hoffnungslos unterlegen sei.[15] Der von Husserl herkommende Begriff der Intersubjektivität wird heute mit der Wende zur Sprachphilosophie verbunden. Er hat sich aus dem transzendentalen Rahmen Husserls emanzipiert. Dies spricht dafür, daß sich die Popularität des sprachphilosophischen Paradigmas dem Umstand verdankt, daß eine sprachphilosophisch fundierte Theorie der Intersubjektivität die Probleme des Fremdseelischen besser in den Griff bekommen hat als der Versuch Husserls. Allein es wird zu prüfen sein, ob Habermas die Probleme Husserls wirklich in den Griff bekommen hat, und es wird zu prüfen sein, ob das bewußtseinsphilosophische oder das sprachphilosophische Paradigma oder am Ende keines von beiden eine überzeugende Theorie der Sphären sozialen Miteinanders begründen kann. Denn zwischen dem, was Habermas als Bewußtseinsphilosophie bezeichnet, und seinem eigenen Ansatz gibt es tiefere Gemeinsamkeiten als es zunächst scheinen möchte. Die Gemeinsamkeit besteht darin, daß in beiden Ansätzen versucht wird, die Erfahrung des Anderen als Resultat einer Vermittlung zu erklären, d. h. Intersubjektivität von bestimmten Bedingungen abzuleiten.[16]

---

[15] Vgl. Ernst Tugendhat, Vorlesungen zur Einführung in die sprachanalytische Philosophie, Frankfurt am Main 1976. Von Habermas vgl. die andernorts aufgeführten Schriften.

[16] Vorliegendes Buch verfolgt die Frage nach dem *anderen ich* bei einer selektiven Auswahl von Positionen und Autoren. Selbstverständlich wäre es interessant, noch andere Autoren und Debatten ins Gespräch zu bringen. Vgl. etwa: Anita Avramides, Other Minds, London 2001. Die Autorin behandelt eine andere Linie des Problems (Descartes, Malebranche, Locke, Berkeley, Thomas Reid, Mill bis hin zu Carnap, Schlick, Wittgenstein und Davidson), die sich jedoch an manchen Punkten durchaus mit vorliegender Arbeit schneidet. Zu der Auswahl ihrer Autoren vgl. die Bemerkung S. xii: „I did at one point believe I could include the work of philosophers such as Husserl, Max Scheler, Heidegger, and Merleau-Ponty, but I soon realized that I could not do their work justice within the scope of a book such as this." Auch wäre eine Auseinandersetzung mit den in der angelsächsischen Psychologie und *Philosophy of mind* geführten Debatten um *theory theory* und *simulation theory* naheliegend, die fast ohne historische Anleihen auskommt. Das ist bemerkenswert, denn die beiden Positionen weisen eine ausgeprägte Ähnlichkeit mit Analogieschluß- und Einfühlungstheorie auf, ohne jedoch deren erkenntnistheoretisches Niveau zu erreichen. Vgl. Peter Carruthers, Peter K. Smith (Hg.), Theories of theories of mind, Cambridge 1996. Eine Zusammenfassung der Debatte bietet: Manuela Lenzen, In den Schuhen des Anderen, Paderborn 2005. Auch auf eine Einbeziehung der Arbeiten von Emanuel Levinas mußte leider verzichtet werden. Ich hoffe dies an anderer Stelle nachholen zu können.

1. Subjektivität und Intersubjektivität
Die Aporien in der Debatte um Subjektivität und Intersubjektivität

Dem Begriff Intersubjektivität ist eine Einschränkung eingeschrieben: im wörtlichen Sinne bedeutet Intersubjektivität die Sphäre der Beziehungen zwischen den je Einzelnen. Das *Zwischen* der *Inter*subjektivität zielt auf die wahrgenommene und empfundene Differenz und die Distanz, die zwischen *ego* und *alter* besteht. Nicht jede Form menschlichen Miteinanders ist ein Fall von *Inter*subjektivität. Menschen begegnen sich nicht in allen Formen menschlichen Miteinanders als Individuen, die jeweils im Bewußtsein der Individualität des je Anderen leben. Das gilt zum einen für alle Formen menschlicher Begegnungen, die ontogenetisch vor jener Lebensphase liegen, in der es möglich ist, die Erfahrung zu machen: da vor mir steht ein Anderer, der seine eigenen Absichten, Wünsche, Gefühle und Gedanken hat. Zum anderen kann man an das weite Feld von Stimmungen und Atmosphären denken, die (in allen Lebensphasen) *zwischen* Menschen entstehen. Gemeinsam geteilte oder konfrontativ aufgeladene Stimmungen und Atmosphären spielen eine bedeutende Rolle im Entwicklungsprozeß des Individuums und sind wesentlich auch noch für jene Kommunikation, die der Sphäre entwickelter Intersubjektivität entspricht, auch wenn sie in *dem* (fraglos bedeutendsten) Medium *entwickelter* Intersubjektivität, der Sprache, nicht direkt abgebildet werden können. Die Rede von *entwickelter Intersubjektivität* verweist auf das anvisierte Problem. In der Regel ist, wenn von Intersubjektivität gesprochen wird, gemeint, daß Individuen in einem reziproken Verhältnis je Bewußtsein davon haben, daß sie ihresgleichen sind. Jeder macht die Erfahrung des Anderen, d. h. jeder macht die Erfahrung, daß der Andere dieses oder jenes denkt, fühlt, vorhat etc. Die diesem reziproken Verhältnis von *ego* und *alter* entsprechende Form menschlichen Miteinanders wird daher im folgenden als *entwickelte Intersubjektivität* bezeichnet. Das Adjektiv *entwickelt* verdeutlicht nur, was in der Regel gemeint ist, wenn von Intersubjektivität die Rede ist. Die Rede von *entwickelter Intersubjektivität* hat aber den Vorzug, daß sie eindeutig ist, weil sie von jenen Formen menschlichen Miteinanders unterschieden werden kann, die nicht von der Erfahrung des Anderen als Anderen begleitet werden. Gegen diese einschränkende Verwendung des Begriffs Intersubjektivität könnte man einwenden, daß doch gerade die unter dem Namen Intersubjektivität auftretenden Theorien zumeist darauf aus sind, die durch und durch soziale Natur des Menschen gegen alle subjektivistische Verengung der Struktur menschlicher Selbstverhältnisse zu betonen.

Diesem Einwand ist entgegenzuhalten, daß die durch und durch soziale Natur des Menschen nicht hinreichend bestimmt ist, wenn durch eine einseitige Ausrichtung an den *inter*subjektiven Formen menschlichen Miteinanders, also an denjenigen Formen, in denen der je Andere als *Anderer* wahrgenommen wird, jene Formen menschlichen Miteinanders tendenziell ausgeblendet werden, die sich dadurch auszeichnen, daß in ihnen der Andere *nicht*, *nicht nur* oder *noch nicht* als *Anderer* wahrgenommen wird. Weil entwickelte Intersubjektivität bloß *eine* Form der sozialen Natur des Menschen umfaßt, muß eine Sozialphilosophie, der es um alle Formen der sozialen Natur des Menschen geht, fundamentaler ansetzen.

Die noch auszuweisende These vorliegender Arbeit zielt darauf ab, entwickelte Intersubjektivität so zu denken, daß die Sprache zwar das in ihr angelegte zentrale Medium, keineswegs aber konstitutiv für entwickelte Intersubjektivität ist. Vorliegende Arbeit versteht sich daher als Korrektiv der Theorie sprachlich vermittelter Intersubjektivität. Es soll nachgewiesen werden, daß die durch und durch soziale Natur des Menschen nicht allein mit einer Theorie sprachlich vermittelter Intersubjektivität begründet werden kann. Zwei Aspekte gilt es dabei im besonderen herauszustellen: erstens ist die These zu verhandeln, daß Intersubjektivität aus der Sprache abgeleitet werden kann – hier gilt es zu zeigen, daß entwickelte Intersubjektivität nicht auf Sprache angewiesen ist; zweitens geht es um die Behauptung, daß Subjektivität in Intersubjektivität fundiert ist – hier soll dargelegt werden, daß die Sphäre sozialen Miteinanders, die vor der Sphäre entwickelter Intersubjektivität liegt, nicht adäquat beschrieben werden kann, wenn es keinen Begriff von (primitiver) Subjektivität gibt, der den Individuen dieser Sphäre zuerkannt wird.

Ein gängiges Argumentationsmuster vieler Theorien sprachlich vermittelter Intersubjektivität – etwa derjenigen von Habermas und Tugendhat – sieht in etwa so aus: der Individuierung des *ich* geht die Intersubjektivität der *Anderen* voraus. Erst wenn ein *ich* im kommunikativen System der Sprache angekommen ist, kann es sich selbst und Anderen etwas zuschreiben. Diese Fähigkeit heißt dann Selbstbewußtsein und jedes so verstandene Selbstbewußtsein ist ein Fall von Selbstzuschreibung. Das Fehlen theoretischer und begrifflicher Mittel, um eine Sphäre menschlicher Interaktion zu beschreiben, die vor oder neben der Sphäre entwickelter Intersubjektivität liegt, hängt damit zusammen, daß in der Theorie sprachlich vermittelter Intersubjektivität keine Unterscheidung von Bewußtsein und Selbstbewußtsein gemacht wird. Genauer gesagt: es hängt damit zusammen, daß keine Unterscheidung gemacht wird zwischen einem *Bewußtsein von etwas* und einem *Bewußtsein von etwas als etwas*. Im ersten Fall (*Bewußtsein von etwas*) geht es um das Phänomen, von dem die phänomenologische Bewegung ihren Ausgang nimmt. Dieses Phänomen wird mit dem Namen *Intentionalität* bezeichnet (wobei zu beachten ist, daß der Begriff im angelsächsischen Kontext anders verwendet wird). Der Grundgedanke läßt sich in etwa so beschreiben:

das Bewußtsein ist nie bei sich selbst, sondern immer schon auf etwas gerichtet: ich sehe einen Baum neben den vielen anderen Bäumen, ich höre einen Ton neben anderen Tönen etc. Im zweiten Fall (*Bewußtsein von etwas als etwas*) geht es um das Phänomen, das in der Tradition der modernen Sprachphilosophie als *propositionales Bewußtsein* bezeichnet wird: ich sehe einen Baum und identifiziere das, was ich sehe, als Baum, d. h. als etwas, das auch von Anderen als Baum identifiziert wird. Mir ist *etwas* (das, was ich sehe) *als etwas* (als von der intersubjektiv geteilten Sprachgemeinschaft so und so Bezeichnetes) bewußt. Zwar sind wir bei der Auswahl der Gegenstände, auf die sich unser Bewußtsein richtet, sicher davon beeinflußt, daß bestimmte Gegenstände eine besondere Bedeutung durch die Sprache gewinnen können: mitunter werden sie sogar erst durch die in der Sprache gewonnenen intersubjektiven Bedeutungen wahrgenommen. Wir können Dinge anders sehen, indem wir über sie sprechen, und manche Dinge bemerken wir erst, wenn wir Andere über sie sprechen hören. Aber daraus folgt nicht, daß es intentionales Bewußtsein nur im Verbund mit gleichzeitig auftretendem propositionalem Bewußtsein geben kann. Diese Position vertritt jedoch Ernst Tugendhat in seinem Buch *Selbstbewußtsein und Selbstbestimmung*: „Wenn nun alles intentionale unmittelbare Bewußtsein entweder unmittelbar propositional ist oder propositionales Bewußtsein impliziert, können wir den allgemeinen Satz aufstellen: Alles intentionale Bewußtsein überhaupt ist propositional. [...] Es bezieht sich nicht auf Objekte im üblichen Sinn dieses Wortes, sondern auf Propositionen. Es hat oder impliziert die Struktur *Bewußtsein daß p*."[1] Da bei Tugendhat Bewußtsein nicht einfach als intentionales, d. h. bloß auf etwas gerichtetes Bewußtsein verstanden wird, sondern immer schon als propositionales, d. h. als Bewußtsein, das auf einen Sachverhalt Bezug nimmt, ist eine Unterscheidung der Phänomene Bewußtsein und Selbstbewußtsein nicht mehr ausweisbar. Denn propositionales Bewußtsein ist nur im Medium intersubjektiv geteilter Bedeutungen – also im Medium der Sprache – möglich. Mit anderen Worten: es gibt bei Tugendhat keinen Begriff von Subjektivität bzw. Bewußtsein, mit dem sich das Erleben eines Individuums beschreiben läßt, das noch nicht im intersubjektiven System der auf Konvention beruhenden Sprache angekommen ist.

Wenn es sich dabei bloß um eine terminologische Verschiebung handeln würde, d. h. wenn Tugendhat mit dem Begriff des intentionalen Bewußtseins etwas anderes meinen würde als beispielsweise Husserl, den er explizit kritisiert, so wäre das noch unproblematisch.[2] Man müßte dann jedoch einen Begriff für jene Formen lebendiger Subjektivität haben, die nicht bzw. noch nicht in der Sphäre der Sprache angekommen

---

1 Ernst Tugendhat, Selbstbewußtsein und Selbstbestimmung, Frankfurt am Main 1979, S. 20 f.

2 Ebd., v. a. S. 13-21. Es ist ein ausgesprochen seltsamer hermeneutischer Gewaltakt, den Tugendhat mit Husserls Idee des intentionalen Bewußtseins durchführt. Auch wenn man von der bloßen Polemik absieht („diese Rede von einem Gerichtetsein ist offenbar eine Metapher, die, wenn man sie genauer besieht, nichts hergibt", S. 15), bleibt kaum ein Argument übrig, das die Position Husserls

sind. Das aber ist bei Tugendhat und auch bei Habermas, der eine ähnliche Position vertritt, nicht der Fall. Daher stellt sich folgendes Problem: weil Tugendhat und Habermas als Anhänger eines von der Sphäre der sprachlich erschlossenen Intersubjektivität abkünftigen Selbstbewußtseins keinen gehaltvollen Begriff für die Formen lebendiger Subjektivität haben, in denen die Welt noch nicht sprachlich erschlossen ist, kann in ihrer Philosophie auch die Idee eines im Ursprung (um-)weltoffenen Bewußtseins, das den Eintritt in die Sphäre entwickelter Intersubjektivität noch vor sich hat, keine Rolle spielen. Auch eine primitive Form von Subjektivität – etwa ein Erleben, das noch nicht von einer Unterscheidung zwischen *ich* und *Außenwelt* getragen ist – müßte nach dieser Theorie abkünftig sein von Intersubjektivität, also von dem Eintritt in die Sphäre, in der *ego* den *Anderen* als *Anderen* erfährt. So beraubt sich diese Theorie im Ansatz der Möglichkeit, die Wirklichkeit *des ego* zu beschreiben, das noch nicht in der Sphäre entwickelter Intersubjektivität angekommen ist. Tugendhat und Habermas kennen keine Begriffe für eine Subjektivität, in denen ein nicht-monadenhaftes Sein in der Welt ausgewiesen werden kann.

Befragen wir Habermas und Tugendhat dahingehend, wie eine Sphäre menschlichen Miteinanders vorstellbar ist, die vor bzw. jenseits einer erlebten Geschiedenheit von *ich* und *Anderen* liegt, so bekommen wir äußerst spärliche und vage Antworten.[3] Diese Sphäre menschlichen Miteinanderseins muß aber Thema sein, wenn es zu erklären gilt, wie Selbstbewußtsein bzw. ein Bewußtsein von einem Gegenüber *möglich ist* bzw. *entstehen kann*. Will man eine solipsistische Erklärung von Selbstbewußtsein vermeiden, muß man an diesem Punkt ansetzen. Denn gerade dann kann sich nur von einer vor-intersubjektiven Sphäre menschlichen Miteinanders aus die Sphäre der Intersubjektivität abheben, in der sich Individuen als Einzelne unter Anderen begreifen. Diesen Weg versperrt man sich, wenn man das Subjekt so denkt, daß es erst durch den Eintritt in die Sphäre der Intersubjektivität auch in einen lebendigen Austausch mit seinen Mitmenschen treten kann. Wie das Weltverhältnis des Subjekts vor dem Eintritt in die Sphäre entwickelter Intersubjektivität zu beschreiben ist – also bevor es ‚Subjekt' ist –, kann dann ja gar nicht erhellt werden. Solange Subjektivität in Abhängigkeit von entwickelter Intersubjektivität gedacht wird, kann nicht ausgewiesen werden, weshalb die Vorstellung eines zunächst in seinem Bewußtsein eingeschlossenen *ich*, das erst durch den Eintritt in das Spiel symbolisch vermittelter Interaktion aus der Immanenz seiner sinnlichen Erlebnisse befreit wird, falsch ist.

Wenn man wie Habermas kein *primitives ich* bzw. kein *primitives Bewußtsein* kennt, das der Sphäre der Intersubjektivität logisch und ontogenetisch vorhergeht, dann lassen sich die Interaktionen von Menschen, die noch nicht im intersubjektiven System

tatsächlich trifft. Husserl denkt Bewußtsein nicht als ‚innere Wahrnehmung', wie Tugendhat ihm unterstellt.

3 Ebd., S. 26; zu Habermas vgl. unten.

der Sprache angekommen sind, nur behavioristisch beschreiben. Es bleibt unter dieser Prämisse gar keine andere Möglichkeit, als eine Perspektive von außen einzunehmen. Die Erlebnisse, die ein noch nicht sprechendes Individuum hat, können unter der Voraussetzung, daß dieses Individuum kein Bewußtsein hat, nur als bloß sinnliche, kognitiv nicht relevante Vorkommnisse gedeutet werden. Sie werden zwar nicht geleugnet, aber als für die Interaktion zwischen den Individuen unbedeutend eingestuft. Eine reine Erklärung von ‚außen' zeichnet dann den Weg in eine egozentrische Konzeption des *ich* vor. Der behavioristische Standpunkt kennt nur Reize und Reaktionen und führt da, wo Bewußtsein nicht geleugnet wird, immer in die Konsequenz des Epiphänomenalismus. Bevor ein Subjekt in das intersubjektive System der Sprache eintritt, kann sein Verhalten nicht anders als eine Reaktion auf die permanente Konditionierung durch seine Umwelt verstanden werden. Sinnliche Erlebnisse, die ein Subjekt vor seinem Eintritt in die Sphäre der Intersubjektivität hat, können der Natur dieses Ansatzes gemäß keinen nennenswerten Einfluß auf Interaktionen mit anderen Subjekten bzw. auf den Prozeß der Konditionierung durch die Umwelt haben.

Habermas versucht der Annahme eines solipsistischen und egozentrischen Bewußtseins zu entgehen, indem er das zu erklärende Phänomen schlicht unterschlägt, d. h. indem er den Begriff ‚Bewußtsein' erst für reifere Formen von Subjektivität gelten läßt. So bleibt aber unterbelichtet, inwiefern Begegnungen mit Anderen möglich sind, die noch nicht im Modus *Erfahrung der Anderen als Andere* gemacht werden, und welche Rolle diese Erfahrungen spielen. Vermutlich würde Habermas dieser Interpretation vehement widersprechen. Schließlich will er gerade die angedeuteten Konsequenzen vermeiden. Hier geht es aber nicht darum, dem Selbstverständnis von Habermas gerecht zu werden, sondern darum, bestimmte Konsequenzen seiner theoretischen Philosophie, die seinen eigenen Intentionen entgegengesetzt sind, offen zu legen, indem die in den Prämissen angelegte Theorie konsequent zugespitzt wird.

Auch Habermas dürfte klar sein, daß für das frühkindliche *ich* die Anderen nicht einfach *da* sind wie andere Lebewesen oder die unbelebte Umwelt. Kleine Kinder agieren zusammen mit anderen Menschen, lange bevor sie in der Lage sind, ihren Interaktionspartner als ein selbständiges Individuum wahrzunehmen, das eigene Gefühle, Erlebnisse und Absichten hat. Sie lernen von Anderen, schon lange bevor sie in der Lage sind zu sprechen bzw. in symbolische Interaktion zu treten, die nach dem Modell der Sprache als auf Konvention beruhender Zeichensprache gedacht werden kann. Blendet man jenen Bereich aus, in dem die Subjekte miteinander in Beziehung stehen, bevor sie in die Sphäre der *Inter*subjektivität gelangen, d. h. bevor sie sich in jener Sphäre menschlichen Miteinanders bewegen, in der der je Andere als von einem selbst unterschiedener Anderer mit eigenen Erlebnissen, Gefühlen, Absichten erlebt wird, dann muß der Eindruck entstehen, das *ich* sei zunächst in der Immanenz seiner Erlebnisse gefangen und werde erst durch die Sprache aus ihr befreit. Die Theorien sprachlich vermittelter Intersubjektivität sind hier trotz ihrer Anleihen bei George Herbert Mead und dessen Idee einer durch Gesten vermittelten Interaktion, die nicht nach dem Modell der Sprache gedacht wird, stark korrekturbedürftig, gerade weil sie Mead hinsichtlich dessen Unterscheidung von Geste und intersubjektiv geltendem Symbol korrigieren wollen.[4] Gegenüber dieser Interpretation Meads wird zu zeigen sein, daß die durch und durch soziale Natur menschlicher Subjektivität nicht erst mit dem Spracherwerb aufbricht, sondern auch jene Formen menschlichen Zusammenlebens bestimmt, die ontogenetisch ursprünglicher sind.

Bekanntlich sind die Theorien sprachlich vermittelter Intersubjektivität hinsichtlich ihrer These einer Abkünftigkeit der Subjektivität von Intersubjektivität von Anhängern eines ursprünglichen Selbstbewußtseins wiederholt kritisiert worden. Dieser Kritik ist zwar in ihrem kritischen Gehalt beizupflichten; die positiven Konsequenzen, die aus dieser Kritik gezogen wurden, sind aber zu großen Teilen fragwürdig. Um genauer darzulegen, in welchen Hinsichten die von Habermas und Tugendhat verfochtene Theorie sprachlich vermittelter Intersubjektivität problematisch ist, müssen daher einige Probleme genauer sondiert werden.

Die Frage nach dem Verhältnis von Subjektivität und Intersubjektivität ist noch zu unscharf. Sie wird schärfer, wenn zwischen *Subjektivität*, *Selbstbewußtsein*, *Intersubjektivität* und *Sprachkompetenz* unterschieden wird. Damit sind vier Phänomene angesprochen, deren Verfassung in vier Schritten geklärt werden soll. Die Ordnung der vier Probleme, die im folgenden vorgeschlagen wird, gibt zugleich den Leitfaden der Kritik an den *beiden* Parteien im Streit um Subjektivität und Intersubjektivität; an Habermas und Tugendhat ebenso wie an Henrich und Frank. Das mag zunächst befremden, denn dem Selbstverständnis beider Parteien entsprach es stets, daß je nur eine Alternative möglich sei. Dieses stillschweigend geteilte Selbstverständnis, es handle sich je bei der kritisierten Position um die einzige denkbare Alternative, soll gebrochen werden, indem die Möglichkeit eines dritten Standpunktes aufgewiesen wird. Dieser dritte Standpunkt geht zurück auf die (später so genannte) *nichtegologische* Theorie intentionalen Bewußtseins, die Husserl in der ersten Fassung des zweiten Bandes der *Logischen Untersuchungen* entwickelte.[5]

---

[4] Vgl. Jürgen Habermas, Theorie des kommunikativen Handelns, Frankfurt am Main 1981, Band 2, S. 19 ff; vgl. dagegen: Hans Joas, Praktische Intersubjektivität. Die Entwicklung des Denkens von G. H. Mead, Frankfurt am Main 1980, S. 114 f.

[5] Vermutlich ging von keinem anderen Gedanken Husserls eine ähnlich fruchtbare Wirkung aus: der Ansatz bei einer nichtegologischen Theorie des Bewußtseins in Verbindung mit dem Modell des intentionalen Bewußtseins wurde zum tragenden Ausgangspunkt weiter Teile der phänomenologischen Bewegung. Es waren im weiteren Verlauf der Entwicklung jedoch andere Autoren, die den Ansatz des frühen Husserl in Anwendung brachten: Scheler, Sartre und Merleau-Ponty, um nur einige zu nennen. Husserl distanzierte sich bald von der These eines nichtegologischen Bewußtseins. Spätestens in den *Ideen zu einer reinen Phänomenologie* von 1913 machte er sich für eine *egologische* Deutung des Bewußtseins stark – d. h. er vertrat nun den Standpunkt, daß jeder mögliche Fall

Das Buch, in dem die Theorie sprachlich vermittelter Intersubjektivität am bündigsten begründet wurde, Ernst Tugendhats *Selbstbewußtsein und Selbstbestimmung*, wurde den Vertretern einer von Tugendhat so bezeichneten Heidelberger Schule Anlaß einer heftigen, in der Sache gleichwohl begründeten Kritik.[6] Henrich und Frank – um nur die beiden im folgenden behandelten Autoren zu nennen – beließen es jedoch nicht allein bei einer Zurückweisung der kritisierten Position, sondern versuchten aus der Schwäche der angegriffenen Position theoriestrategisch Kapital zu schlagen und im Scheitern der Theorie sprachlich vermittelter Intersubjektivität auch ein Argument für die eigene Theorie einer der sozialen Natur des Menschen vorgelagerten *ursprünglichen Vertrautheit mit sich selbst* zu sehen.[7] Im folgenden soll gezeigt werden, daß die Argumente Henrichs und Franks gegen die These vorgängiger Intersubjektivität zwar einen wunden Punkt treffen, aber keineswegs die eigene Theorie zu stärken vermögen. Eine erste Gelegenheit, einen dritten möglichen Standpunkt ins Spiel zu bringen, bietet ein Vergleich der Fragen, die dem subjektivistischen und dem intersubjektivistischen Ansatz zugrunde liegen. Die eine Frage lautet: wie ist die Erfahrung des *eigenen ich* möglich? Die andere Frage lautet: wie ist die Erfahrung *anderer iche* möglich?

In beiden Fragen ist das gleiche Problem angesprochen, wenn man sie auf folgende Weise liest: die eine Frage lautet dann: wie ist es möglich, daß ich mir selbst etwas zuschreibe? Die andere Frage lautet: wie ist es möglich, daß ich einem Anderen etwas zuschreibe? Unter jener Fähigkeit, jemandem etwas zuzuschreiben, soll verstanden werden: jemandem zuschreiben, daß er dieses Gefühl hat, daß er bestimmte Absichten hat, etc. In beiden Fällen liegt das Problem bei der Erklärung, wie ein *ich* die Erfahrung eines *ich* machen kann, ohne schon mit diesem *ich* bekannt zu sein – ob das *ich*, dessen Bekanntschaft gemacht wird, mein eigenes oder das eines Anderen ist, ist hier von untergeordneter Bedeutung. Ein Vergleich der beiden Fragen zeigt nämlich, daß die Frage nach dem Selbstbewußtsein – wenn man unter Selbstbewußtsein die Fähigkeit der Selbstzuschreibung versteht – in strenger Analogie genau dieselben Schwierigkeiten aufweist wie die Frage nach dem Fremdbewußtsein. Henrich und Frank haben

---

von Bewußtsein ein Fall von Selbstbewußtsein sei. Damit tat Husserl den entscheidenden Schritt, auf den die Aporien seiner Intersubjektivitätstheorie zurückzuführen sind.

6 Hermann Schmitz, Zwei Subjektbegriffe. Bemerkungen zu dem Buch von Ernst Tugendhat: Selbstbewußtsein und Selbstbestimmung, in: Philosophisches Jahrbuch, 89 (1982), S. 131-142; Dieter Henrich, Noch einmal in Zirkeln. Eine Kritik von Ernst Tugendhats semantischer Erklärung von Selbstbewußtsein, in: Mensch und Moderne. Beiträge zur philosophischen Anthropologie und Gesellschaftskritik, hg. von Clemens Bellut und Ulrich Müller-Scholl, Würzburg 1989, S. 93-132, v. a. S. 100 ff; Manfred Frank, Selbstbewußtsein und Selbsterkenntnis. Essays zur analytischen Philosophie der Subjektivität, Stuttgart 1991, Abschnitt III, Subjektivität und Intersubjektivität, S. 410-477.

7 Dieter Henrich, Fichtes ursprüngliche Einsicht, Frankfurt am Main 1966; ders., Selbstbewußtsein. Kritische Einleitung in eine Theorie, in: Hermeneutik und Dialektik, hg. von Rüdiger Bubner, Konrad Cramer, Rainer Wiehl, Band 2, Tübingen 1970, S. 257-284. Von Manfred Frank siehe neben der schon genannten Arbeit v. a.: Die Unhintergehbarkeit von Individualität, Frankfurt am Main 1986.

sich in ihrer Kritik der Position von Habermas und Tugendhat aber ganz einseitig auf das Argument konzentriert, daß über eine Vermittlung sprachlicher Intersubjektivität das Phänomen Subjektivität nicht erklärt werden kann. Ihre Gegenposition lautet: der Sphäre der Intersubjektivität muß ursprüngliche, nicht ableitbare Subjektivität vorausgehen; die „subjektive Gewißheit" hat, wie Frank formuliert, „einen Vorsprung vor der Intersubjektivität der Sprachkonditionierung".[8] Problematisch an dieser These ist nun, daß bei Henrich und Frank zwischen Subjektivität und Selbstbewußtsein nicht streng unterschieden wird. Zwar können Henrich und Frank zurecht die These zurückweisen, daß *Subjektivität* von Intersubjektivität abkünftig ist, keineswegs ist aber ihre Gegenthese zu rechtfertigen, daß *Selbstbewußtsein* der Sphäre der Intersubjektivität vorgängig ist. Diese Gegenthese folgt für Henrich und Frank aus der Zurückweisung der These der Abkünftigkeit von Subjektivität aus Intersubjektivität allein deshalb, weil sie keine Unterscheidung zwischen Bewußtsein und Selbstbewußtsein machen. Die Einebnung dieser Unterscheidung – die, sobald es an Phänomenbeschreibungen geht, schnell überwunden ist: Henrich spricht von einem *ichlosen Selbstbewußtsein*, Hermann Schmitz von einem *Selbstbewußtsein ohne Selbstzuschreibung* und einem mit der Fähigkeit der Selbstzuschreibung[9] – hat ihr Motiv darin, daß jede strenge Unterscheidung unweigerlich die schwierige Frage nach dem Übergang von Bewußtsein zu Selbstbewußtsein mit sich bringt. Bei der Beantwortung dieser Frage ‚Wie kann ein *ich* sich selbst *erfahren?*' entstehen jene bekannten von Schmitz und Henrich aufgedeckten Zirkel, die eine Erklärung dieses Übergangs aussichtslos erscheinen lassen.[10]

Um einer zirkulären Erklärung zu entgehen, hat Henrich daher beide Phänomene ineinander geschoben. Diese Strategie wird aber weder den Phänomenen gerecht, noch ist sie die einzig mögliche, um dem Zirkelproblem zu entgehen. Dies zeigt sich, wenn man das Verhältnis von Selbstbewußtsein und Intersubjektivität von einem Standpunkt aus in den Blick nimmt, der zwischen Bewußtsein (Subjektivität) und Selbstbewußtsein unterscheidet. Wenn man mit Henrich und Frank die Ansicht vertritt, daß Subjektivität kein Effekt von Intersubjektivität ist, sondern der Intersubjektivität vorgängig sein muß, so folgt daraus keineswegs, daß auch jenes Phänomen der Intersubjektivität vorgängig ist, das den Namen Selbstbewußtsein verdient: die Fähigkeit der Selbstzuschreibung. Sobald man eine Unterscheidung der Phänomene Bewußtsein und Selbstbewußtsein (als Selbstzuschreibung) stark macht, löst sich die harte Frontstellung auf, die zwischen der *subjektivistischen* und der *intersubjektivistischen* Posi-

[8] Manfred Frank, Psychische Vertrautheit und epistemische Selbstzuschreibung, in: Denken der Individualität, Festschrift für Josef Simon, Berlin, New York 1995, S. 67-86, hier S. 69.

[9] Andernorts spricht Henrich auch von einem *selbstlosen Bewußtsein vom Selbst*. Vgl. Henrich, Selbstbewußtsein. Kritische Einleitung in eine Theorie, a. a. O., S. 276 f. und S. 280; Hermann Schmitz, Selbstbewußtsein und Selbsterfahrung, in: Logos, 1 (1993), S. 104-122, v. a. 110 f.

[10] Vgl. neben den schon erwähnten Arbeiten Henrichs: Hermann Schmitz, System der Philosophie I, Bonn 1964, S. 249 f.

tion besteht: Henrich und Frank behaupten eine Vorgängigkeit des Selbstbewußtseins vor der Intersubjektivität, obwohl sie lediglich eine Vorgängigkeit bloßer Subjektivität (ohne Selbstbewußtsein) ausweisen können; während Habermas und Tugendhat in geradezu umgekehrter Perspektive die Abkünftigkeit der Subjektivität von Intersubjektivität behaupten, obwohl sie lediglich die Abhängigkeit des Selbstbewußtseins ausweisen können.

An diesem Punkt muß noch einmal auf die Frage zurückgegangen werden: wie kann ein *ich* sich selbst erfahren? Die Frage ist doppeldeutig. Denn sie kann einmal die Frage nach dem Bewußtsein, nach Subjektivität bedeuten (man könnte dann auch fragen – und damit auf das irreführende, weil nicht reflexiv zu verstehende *sich selbst* verzichten: wie kann ein *ich* Erfahrungen machen, Erlebnisse haben?). Die Frage ‚wie kann ein *ich* sich selbst erfahren?' kann aber auch die Frage nach der Fähigkeit der Selbstzuschreibung, nach dem Selbstbewußtsein bedeuten. Versteht man sie in dem zuletzt genannten Sinn und vergleicht sie mit der Frage nach der Fähigkeit der Fremdzuschreibung, also der Frage nach der Erfahrung Anderer, dann zeigen sich die gleichen Schwierigkeiten. Bei beiden Fragen hat man mit dem Problem der Vermittlung zu kämpfen und gerät – wenn man die Idee einer vermittelten Erkenntnis nicht aufgeben will – immer wieder in die gleichen Zirkel.

Ein aussichtsreicher Versuch, das Verhältnis von Subjektivität und Intersubjektivität zu klären, verlangt nach einer genauen Analyse der möglichen Abhängigkeiten der in Frage stehenden Phänomene. Im Rahmen dieser Analyse soll gezeigt werden, daß sich die Erfahrung des *eigenen ich* ebenso wie die Erfahrung des *fremden ich* je nur als eine ursprüngliche, nicht ableitbare Erfahrung denken läßt. In der Begründung dieser These erweist sich, daß in erkenntnistheoretischer Perspektive nicht so sehr entscheidend ist, ob man entweder beim *ich* bzw. beim Bewußtsein oder beim Subjekt, das eine Erfahrung macht, den Ausgang nimmt, oder ob man in einer Perspektive von außen das Verhalten von *ich* und Anderen analysiert, sondern daß der eigentlich entscheidende Schritt in einem Bruch mit der Idee der Konstitution und Vermittlung zu sehen ist. Die Theorietradition, die bei Habermas und Tugendhat in betont negativer Konnotation als *Bewußtseinsphilosophie* apostrophiert wird, ist nicht deshalb im Ansatz problematisch, weil sie vom Bewußtsein ausgeht und dieses setzt, sondern weil sie von diesem Bewußtsein ausgehend alle anderen Erfahrungen als schrittweise Vermittlung denkt. Um sich von dieser Tradition und ihren unüberwindbaren Problemen wirklich zu verabschieden, reicht es aber nicht, den Ausgang beim Bewußtsein durch eine pragmatische, am Verhalten orientierte Perspektive von außen zu ersetzen, sondern es muß mit der Idee der Konstitution durch Vermittlung gebrochen werden. In diesem Punkt aber stellen sich Habermas und Tugendhat nicht gegen die Tradition, sie bleiben der Idee der Konstitution durch Vermittlung treu und werden daher auch das Problem der Zirkularität in keiner Weise los.

Gerade Habermas teilt mit der klassischen Erkenntnistheorie den Ausgang bei der Idee der Konstitution, d. h. er fragt nicht nur nach notwendigen Bedingungen, sondern von welchen anderen Phänomenen Selbstbewußtsein *abgeleitet* werden kann. Während die klassische Erkenntnistheorie dieses Programm von der unmittelbaren Evidenz des *cogito* ausgehend durchführt, will Habermas das gleiche Programm aus einer Außenperspektive durchführen. Die Probleme, die sich für eine Erkenntnistheorie der Konstitution ergeben, die vom Bewußtsein aus operiert, stellen sich aber gleichermaßen für jede Erkenntnistheorie, die an der Idee der Konstitution und Ableitung festhält. Wenn auf die Frage, wie X möglich ist (bzw. wie X konstituiert wird), nur Antworten möglich sind, in denen X von bestimmten Vorbedingungen und Vorleistungen abgeleitet wird, dann kann die Möglichkeit von X immer nur als Ergebnis einer Vermittlung angesehen werden. Nicht im Ausgang vom Bewußtsein, sondern in der Idee, daß das Phänomen X auf einem rational rekonstruierbaren Weg der Vermittlung konstituiert werden kann, ist der problematische Grundzug der ‚klassischen bewußtseinsphilosophischen Erkenntnistheorie' zu sehen.

Folgende vier Probleme gilt es nun in drei Abschitten zu erläutern. Die Anordnung der Probleme gibt den Leitfaden der im folgenden entwickelten Kritik:

1.1. Subjektivität

Der erste Problemkomplex hängt mit folgenden Fragen zusammen: wie ist die primitivste Form von Subjektivität zu *beschreiben*? Oder: wie ist Subjektivität in ihrer primitivsten Form *möglich*? Ist Subjektivität von einer nicht weiter aufklärbaren Unmittelbarkeit (wie Henrich und Frank annehmen) oder lassen sich eindeutig bestimmte Vorleistungen angeben, die ihr Zustandekommen ermöglichen (wie Habermas und Tugendhat behaupten)? Inwiefern muß eine Theorie der Subjektivität eine anthropologische Theorie sein, d. h. inwiefern muß eine Theorie der Subjektivität die für Menschen typische Form lebendiger Subjektivität berücksichtigen?

Als ein Kandidat für die denkbar primitivste Form von Subjektivität wird häufig jenes Phänomen angesetzt, das als Empfindung bzw. als phänomenales Bewußtsein bezeichnet wird. Von diesem Phänomen ist die Rede, wenn gefragt wird, wie sich etwas anfühlt – terminologisch ausgedrückt, wenn gefragt wird, was das *Quale* eines Erlebnisses ist. Häufig wird in diesem Sinn auch von *zuständlichen* oder *sinnlichen* Erlebnissen gesprochen. Besonders umstritten ist die Frage, welche Rolle die vermutete Unmittelbarkeit des Quale- Erlebens bzw. sogenannter *Qualia* für das menschliche Selbst- und Weltverhältnis spielt. Schon in einer Diskussion dieser Frage kann die Schwäche beider Positionen gezeigt werden.

Die Theorie sprachlich vermittelter Intersubjektivität steht angesichts der Frage nach dem Ursprung von Subjektivität vor zwei mit ihren begrifflichen Mitteln unlösbaren Aufgaben. Diese für sie unlösbaren Aufgaben werden mit zwei nicht immer streng unterschiedenen Fragen anvisiert. Es ist erstens die Frage nach dem *ich*, das die Erfahrung anderer Subjekte macht; zweitens die Frage nach der Erklärung des *Quale*-Erlebens. Beide Fragen sind gleichermaßen angesprochen, wenn von *menschlicher* Subjektivität die Rede ist. Noch ganz allgemein formuliert lautet die Frage für die Theorie sprachlich vermittelter Intersubjektivität: wie kann Subjektivität erklärt werden in einer Theorie, die prinzipiell die Abkünftigkeit der Subjektivität von Intersubjektivität behauptet? Offenkundig ist der schon erwähnte Zirkel, in den sich jede mögliche Antwort verstrickt. Denn die Entstehung einer intersubjektiven Struktur braucht ein *ich*, das die Erfahrung des Anderen als Anderen macht; sie braucht mindestens ein *ich* in der Verfassung einer primitiven Subjektivität. Mit anderen Worten: Subjektivität muß eine notwendige Bedingung für Intersubjektivität sein, weil es ein – und sei es noch so primitives – Subjekt geben muß, das die Erfahrung des Anderen macht.

Die Kritik an der Theorie sprachlich vermittelter Intersubjektivität setzt denn auch an diesem Punkt an. Manfred Frank hat in zahlreichen Aufsätzen argumentiert, daß die unmittelbare Kenntnis sogenannter *mentaler Zustände* nicht mit einem Modell erklärt werden kann, das eine prinzipielle Gleichrangigkeit der Perspektive von erster und dritter Person behauptet, wie es das Modell propositionalen und insofern prinzipiell fallibien Bewußtseins fordert. Frank hat die Irreduzibilität der Perspektive der ersten Person, die ihren Grund in der Unvertretbarkeit und Evidenz des Erlebens hat, gegenüber jeder Außenperspektive in verschiedenen Diskussionszusammenhängen verteidigt. So wendet er sich einerseits gegen alle naturalistischen, andererseits gegen alle sprachphilosophischen Versuche der Erklärung von Selbstbewußtsein.[11] Die „unmittelbare Kenntnis" unseres Erlebens, so Frank, ist vorgängig und unableitbar „nicht nur, weil Zuschreibungen aus Verhaltens- oder introspektiven Beobachtungen *mittelbar* wären, sondern vor allem darum, weil alle Identifikation-aufgrund-von-Beobachtung Kriterien anwendet, während Selbstzuschreibungen aus der ‚ich'-Perspektive kriterienlos und ohne Identifikation erfolgen. (Letztere bilden ein ‚Wissen, wie [es ist, im entsprechenden psychischen Zustand φ sich zu befinden]', kein propositionales ‚Wissen, daß φ'.) So läßt sich das merkwürdig cartesianische Evidenzgefühl, das unsere mentalen Zustände begleitet, gar nicht verständlich machen aus der Perspektive (wie immer interaktionistisch standardisierten) Verhaltens-Observationen; denn Observationen – vor allem solche, die begrifflich an Typen des Sprachverhaltens ausgerichtet

11 Vgl. aus der großen Zahl seiner Aufsätze zum Thema z. B.: Frank, Psychische Vertrautheit und epistemische Selbstzuschreibung, a. a. O.

sind – führen zu Wissen, und alles Wissen ist prinzipiell fallibel, während Selbstzuschreibung mentaler Zustände infallible Gewißheit erzeugt."[12]

Dem von Frank vorgebrachten Argument, daß das unmittelbare Erleben und Fühlen nicht abgeleitet werden kann, dürfte schwer etwas entgegenzuhalten sein, ohne das betreffende Phänomen zu leugnen. In Franks Beschreibung des Phänomens der unmittelbaren Erlebniswirklichkeit gehen aber unter der Hand Momente mit ein, die durch die These der Unableitbarkeit unmittelbarer Subjektivität keineswegs gedeckt sind. Schon die Rede einer *Kenntnis* von eigenen Zuständen ist problematisch, weil sie ein vorgängig reflexives Verhältnis des *ich* anklingen läßt. Vollends deutlich wird dieser Zug, wenn die unmittelbare Kenntnis mentaler Zustände als ein Akt der *Selbstzuschreibung* beschrieben wird. Denn die unmittelbare Evidenz aller Erlebnisse meint doch nur das bloße *Haben* der Erlebnisse. Dieses *Haben* können wir in der Tat nicht in Frage stellen, es ist einfach da und es ist unmittelbar da. Wir brauchen es uns eben nicht erst *zuzuschreiben*, damit es da ist.

1.2. Intersubjektivität und Selbstbewußtsein

Obgleich das erste Problem noch nicht hinreichend diskutiert wurde, ist es nötig, eine zweite und dritte Frage ins Spiel zu bringen. Die zweite Frage lautet: wie ist Intersubjektivität möglich? Die dritte Frage lautet: wie ist Selbstbewußtsein möglich? Die beiden Fragen werden gemeinsam vorgestellt, weil sie zusammengehören.

Ausgangspunkt war das Programm, die Phänomene Subjektivität, Intersubjektivität, Selbstbewußtsein und Sprachkompetenz zu unterscheiden. Vorgreifend soll an dieser Stelle eine These formuliert werden: Subjektivität ist ein eigenständiges, nicht ableitbares ursprüngliches Phänomen. Wie Subjektivität in einer Sphäre sozialen Miteinanders realisiert ist, die noch vor der Sphäre entwickelter Intersubjektivität liegt, wird später zu klären sein. Wichtig ist, daß Subjektivität so gedacht wird, daß sie nicht Immanenz, sondern Weltoffenheit bedeutet (im Sinne von *Umwelt*offenheit). Subjektivität ist notwendige, aber keinesfalls hinreichende Bedingung für den Eintritt in die Sphäre von entwickelter Intersubjektivität und Selbstbewußtsein. Intersubjektivität und Selbstbewußtsein sind zwei Momente einer Struktur, deren Entstehung aus (primitiver) Subjektivität nicht aufgeklärt werden kann. Die Struktur von Intersubjektivität und Selbstbewußtsein ist auf einer höheren Ebene gleichsam ebenso ursprünglich und unableitbar wie die Sphäre der Subjektivität. Intersubjektivität und Selbstbewußtsein

---

[12] Manfred Frank, Selbstbewußtsein und Selbsterkenntnis. Essays zur analytischen Philosophie der Subjektivität, Stuttgart 1991, Abschnitt III, Subjektivität und Intersubjektivität, S. 412. Vgl. auch: ders., Wider den apriorischen Intersubjektivismus. Gegenvorschläge aus Sartrescher Inspiration, in: Gemeinschaft und Gerechtigkeit, hg. von Micha Brumlik und Hauke Brunkhorst, Frankfurt am Main 1993, S. 273-289.

bilden einen Strukturzusammenhang, d. h. weder ist die Intersubjektivität aus dem Selbstbewußtsein ableitbar noch umgekehrt. Sprachkompetenz hingegen ist kein eigenständiges Phänomen, sondern entsteht als Möglichkeit ineins mit der Ausbildung einer Struktur der Intersubjektivität und des Selbstbewußtseins. Sie muß aber nicht zur Entfaltung kommen, damit die Sphäre der Intersubjektivität realisiert ist.

Der Zusammenhang von Intersubjektivität und Selbstbewußtsein zeigt sich bereits in einer Analyse der beiden Begriffe. Die Frage nach der Möglichkeit von Intersubjektivität lautet: wie ist die Erfahrung Anderer als Anderer möglich? Diese Frage läßt sich noch einmal präzisieren, wenn man unter der Fähigkeit, die Erfahrung Anderer zu machen, die Fähigkeit versteht, Anderen etwas *zuzuschreiben* – wobei Zuschreibung auch ohne (prädikative) Urteile möglich ist: ich sehe dem Anderen an, daß er traurig ist. Die Fragen lauten dann: wie ist Fremdzuschreibung möglich? In welcher Weise geht menschliche Subjektivität in die Fähigkeit der Fremdzuschreibung ein? Ist menschliche Subjektivität überhaupt eine notwendige Bedingung für Fremdzuschreibung?

Setzt man als konstitutives Moment von Intersubjektivität die Fähigkeit, Anderen etwas zuzuschreiben, dann liegt es nahe, das Verhältnis zu sich selbst in Analogie zur Fremdzuschreibung als ein durch Selbstzuschreibung bestimmtes Verhältnis zu beschreiben. Die Frage nach dem konstitutiven Moment von Selbstbewußtsein lautet dann: wie ist Selbstzuschreibung möglich? Wenn man unter Selbstzuschreibung im Gegensatz zu Frank nur Formen der Erfahrung versteht, bei denen man sich auch irren kann, dann wird deutlich, daß Selbstzuschreibung und Fremdzuschreibung auf einer Ebene liegen. So setzt ja die Fremdzuschreibung eines *ich*, das sich im spiegelnden Glas nicht erkennt, sondern glaubt, einen Anderen zu sehen, genauso wie eine mögliche Fehlidentifikation (einer hält sich für einen Anderen, der er nicht ist), voraus, daß wir die Erfahrung Anderer als Anderer gemacht haben. Sofern man unter Selbstbewußtsein die Fähigkeit der Selbstzuschreibung versteht, ist Selbstbewußtsein fallibel. Auch in der Zuschreibung der Schmerzen, die wir haben, können wir uns ja irren; wir irren uns dabei natürlich nicht hinsichtlich der Tatsache, daß wir Schmerzen haben, daß die Schmerzen unsere Schmerzen sind. Diese Tatsache bedarf aber auch keiner Zuschreibung: die Schmerzen sind einfach da. Irren können wir uns, sobald wir die Schmerzen qualifizieren: z. B. als Zahnschmerzen. Sprechen wir davon, daß wir Zahnschmerzen haben, so behaupten wir ja, die Schmerzen irgendwie lokalisieren zu können, und dabei können wir uns irren. Wir irren uns dabei nicht hinsichtlich unseres Gefühls, die Schmerzen an einem unbestimmten Ort zu spüren, sondern nur das auffassende Moment des Gefühls kann fehlgehen. Im Prinzip kann es uns ähnlich ergehen wie einem, dem ein Arm amputiert wurde, und der dennoch glaubt, Schmerzen in seinem Arm zu haben.

Kehren wir zur Diskussion der Position Henrichs und Franks zurück. Problematisch ist deren Deutung des Phänomens der sogenannten cartesianischen Gewißheit. Bei Frank zeigt sich hier (ebenso wie bei Henrich) die Tendenz, die unmittelbare Evidenz der Erlebnisse eines *ich* schon als Selbstbewußtsein auszugeben, obwohl mit der Tatsache, daß da ein *ich* ist, das Erlebnisse hat, noch keinerlei Fähigkeit zur Reflexion bzw. Zuschreibung gegeben ist. Selbstbewußtsein in diesem Sinn des Begriffs verlangt Selbstzuschreibung. Selbstzuschreibung ist jedoch, anders als Frank suggeriert, nicht unmittelbar, sondern mittelbar und fallibel. Ein klassischer Fall von echter Selbstzuschreibung, die auch diesen Namen verdient, ist die Erkenntnis beim Blick in den Spiegel: dieses Bild ist ein Bild von mir. Diese Erkenntnis ist aber mittelbar und fallibel. Wir können uns täuschen. Zum einen können wir das Bild eines Anderen für ein Bild von uns selbst halten, so wie wir auch umgekehrt in unserem eigenen Bild einen Anderen erkennen können, analog zu dem Fall Ernst Machs, der sich, als er in einen Bus stieg, beim Anblick seines Spiegelbildes in einer Scheibe des Busses nicht erkannte, sondern dachte: was für ein herabgekommener Schulmann steigt denn da gerade ein.[13] Schon dieses Beispiel zeigt ganz im Gegensatz zu Franks Deutung, daß Selbstbewußtsein, das die Fähigkeit der Selbstzuschreibung einschließt, immer schon Fremdbewußtsein und die Fähigkeit der Fremdzuschreibung miteinschließen muß. Was sollte sonst die Redeweise bedeuten, daß ich mir etwas zuschreibe, wenn ich das, was ich mir zuschreibe, prinzipiell nicht auch einem Anderen zuschreiben könnte?

Den bisher diskutierten Einwand der Zirkularität, in den sich die Theorie sprachlich vermittelter Intersubjektivität verstrickt, hat Frank explizit gegenüber der von Habermas vertretenen Position, Selbstbewußtsein resultiere aus der Perspektivenübernahme des kommunikativen Handelns, geltend gemacht. Habermas, so Frank, mache „sich anheischig, das Phänomen der cartesianischen Gewißheit als abkünftig zu erweisen aus Verhältnissen, in denen die er/sie-Perspektive den Vorrang vor der ‚ich'-Perspektive behauptet. Solche Versuche, die irrelationale Vertrautheit von Bewußtsein aus Verhältnissen – sei's der Verhaltensbeobachtung, sei's der Rollenübernahme – abzuleiten, münden früher oder später in die von Dieter Henrich aufgezeigten Zirkel – denn wie kann ein Irrelatives das Resultat von Relationen sein."[14] Der Vorwurf Franks trifft, und doch verkennt Frank das eigentliche Problem. Denn daß Habermas die cartesianische Gewißheit nicht anerkennen würde, ist nur ein Aspekt des Problems. Viel gewichtiger ist, daß Habermas den Begriff und das Phänomen lebendiger Subjektivität, das jeder Intersubjektivität vorausgehen muß, nicht kennt. Lebendige Subjektivität anzuerkennen, wäre Voraussetzung, um den Einwand zu parieren. Es würde zugleich auch bedeuten, daß der Theorie sprachlich vermittelter Intersubjekti-

13 Ernst Mach, Beiträge zur Analyse der Empfindungen, Jena 1886, S. 34.
14 Manfred Frank, Selbstbewußtsein und Selbsterkenntnis, Stuttgart 1991, S. 412.

vität die Möglichkeit gegeben würde, die Annahme auszuräumen, daß jene Form von Lebendigkeit, die vor der Sphäre von Sprache und Intersubjektivität liegt, eine Sphäre monadischer Immanenz ist. Die Positionen von Habermas und Tugendhat ließen sich dann gegenüber den Einwänden von Henrich und Frank verteidigen, wenn eine an den jeweiligen Fähigkeiten eines Empfindungen bzw. Erlebnisse habenden Lebewesens orientierte Unterscheidung von Bewußtsein und Selbstbewußtsein akzeptiert würde. Habermas und Tugendhat müßten einräumen, daß Bewußtsein eine notwendige, aber noch nicht hinreichende Bedingung für das Zustandekommen des notwendig an die Sphäre der Intersubjektivität angebundenen Selbstbewußtseins ist. Daß es bislang zu einer Verständigung in dieser Richtung gekommen ist, liegt daran, daß beide Seiten eine Unterscheidung zwischen Bewußtsein und Selbstbewußtsein vermieden haben, obwohl doch eigentlich offenkundig ist, daß Henrich und Frank einen Begriff des Selbstbewußtseins haben, der in vielen Beschreibungen bloß ein Bewußtsein ohne Fähigkeit der Selbstzuschreibung meint, während Habermas und Tugendhat sich an einem Selbstbewußtsein mit der Fähigkeit der Selbstzuschreibung orientieren.

Wenn man wie Habermas in geradezu idiosynkratischer Weise gegenüber den von Dieter Henrich et al. vorgebrachten Argumentationsmustern behauptet, daß keine Form von primitiver Subjektivität, die der sprachlich vermittelten Intersubjektivität vorangehen könnte, eine Rolle spiele, dann ist der vitiöse Zirkel in der Erklärung von Subjektivität unausweichlich: „Den durch die Struktur sprachlich gesetzten und über die reziproken Beziehungen von Ego, Alter und Neuter verschränkten Selbstverhältnissen braucht vorsprachliche Subjektivität nicht voranzugehen, weil sich alles, was den Namen Subjektivität verdient, und sei's ein noch so vorgängiges Mit-sich-Vertrautsein, dem unnachgiebig individuierenden Zwang des sprachlichen Mediums von Bildungsprozessen verdankt – die nicht aussetzen, solange überhaupt kommunikativ gehandelt wird.“[15] Problematisch ist hier nicht allein der oben aufgewiesene Zirkel, der darin besteht, daß es ein *ich* geben muß, das die Erfahrung des Anderen macht; problematisch ist auch, daß Habermas Formen sozialen Miteinanders nur dann anerkennt, wenn sie von sprachlicher Kommunikation getragen werden. Damit blendet er jene Formen sozialer Interaktion aus, die schon deshalb nicht sprachlich sind, weil sie ontogenetisch ursprünglicher als alle sprachlichen Formen der Kommunikation sind.

Mit dem auf diese Schwierigkeit bezogenen Urteil, die Theorie sprachlich vermittelter Intersubjektivität sei zirkulär, wird jedoch häufig noch ein andere Erklärungslücke ins Visier genommen. Dabei wird selten deutlich, daß es sich um eine durchaus eigenständige und neue Schwierigkeit handelt. Von dem Problem der Erfahrung des Anderen (d. h. hier zunächst nur: des anderen Subjekts), das die Theorie sprachlich vermittelter Intersubjektivität nicht zu lösen vermag, ist das Problem zu unterscheiden, wie die besondere Verfassung *menschlicher* Subjektivität in die Struktur intersubjek-

---

15 Jürgen Habermas, Nachmetaphysisches Denken, Frankfurt am Main 1988, S. 34.

tiver Beziehung von *menschlichen* Subjekten eingeht. Man könnte im Sinn dieser Unterscheidung – wenn nach dem Subjekt gefragt wird – unterscheiden zwischen Subjektivität im Hinblick auf Referenz (es muß ein *ich* geben, das die Erfahrung macht) und Subjektivität im Hinblick auf die Weise der Erfahrung, auf die Qualität der Erlebnisse (das *ich*, das eine Erfahrung macht, muß diese Erfahrung auf eine bestimmte Weise machen).

Das in dieser Perspektive anvisierte Problem der Theorie sprachlich vermittelter Intersubjektivität gründet darin, daß nicht nur das *ich*, das die Erfahrung anderer Subjekte macht, sondern daß auch die besondere Weise menschlicher Subjektivität – die für Menschen typische Lebendigkeit des *Ichseins* im Erleben – nicht als Effekt von Intersubjektivität erklärt werden kann. Folgendes Gedankenexperiment soll diese These erläutern: wir stellen uns fremde Wesen vor, von denen wir lediglich wissen, daß sie ein Wissen von anderen Subjekten (ihrer Gattung) haben. Weiterhin stellen wir uns von diesen Wesen vor, daß ihre Interaktionen von einer intersubjektiven Struktur, von einem System gemeinsam geteilter Bedeutungen getragen werden.

Das Interessante ist nun, daß die gemachten Prämissen keineswegs Anlaß zu der Annahme geben, daß das Wissen von anderen Subjekten, das diese fremden Wesen erlangt haben, von einer der Form und Art des Erlebens, die dem Erleben der Subjekte der Gattung Mensch ähnlich ist, begleitet bzw. getragen wird. In der Tatsache, daß die Mitglieder dieser Gattung andere Wesen ihrer Gattung als andere Subjekte wissen, liegt nicht begründet, daß sie erfahren, wie diese Wesen in einer dem Menschen ähnlichen Weise beseelte Leiber haben und sehen, hören, fühlen etc., wie es menschlichen Subjekten eigen ist. Im Gegenteil: vergleichen wir diese Wesen mit menschlichen Wesen und fragen uns, wie wir herausbekommen könnten, ob uns diese Wesen nicht ähnlicher sind, als wir bislang voraussetzen durften. Wir fragen uns also, wie diese Wesen die Erfahrung machen könnten, daß ihre Gattungsmitglieder nicht nur bestimmte Ansichten, sondern auch Empfindungen und Gefühle haben. Die Antwort lautet: um die besondere, menschenähnliche Lebendigkeit anderer Subjekte ihrer Gattung (und auch um ihre eigene Lebendigkeit) bewußt zu erfahren, müßten sie selbst menschenähnliche Subjekte sein, die Empfindungen und Gefühle haben. Denn solange diese Voraussetzung nicht erfüllt wäre, gäbe es keinen Grund anzunehmen, daß diese fremden Wesen, bloß weil sie in intersubjektiven Verhältnissen leben, uns Menschen auch hinsichtlich unserer Lebendigkeit und den in dieser Lebendigkeit gründenden Weisen des Erlebens ähnlich sind. Was aber heißt es dann eigentlich, in intersubjektiven Verhältnissen zu leben, wenn die spezifisch menschliche Form der Intersubjektivität auf eine besondere Weise organisiert ist, die nicht für alle möglichen Fälle intersubjektiver Vergesellschaftung zutreffen muß?

Kehren wir noch einmal zu unserem Gedankenexperiment zurück. Wir nehmen an: Individuen einer Gattung von Wesen künstlicher Intelligenz existieren in einer Welt intersubjektiv geteilter Bedeutungen. Wir stellen uns vor: sie teilen ein System intersubjektiv geltender Symbole und schreiben sich wechselseitig bestimmte Äußerungen zu. Damit wären alle Voraussetzungen erfüllt, um bei diesen seltsamen Wesen von *Selbstbewußtsein* und *Fremdbewußtsein*, d. h. von Intersubjektivität zu sprechen – gesetzt, man versteht unter diesen beiden Phänomenen allein die Fähigkeit der Selbst- und Fremdzuschreibung und spezifiziert das, was zugeschrieben wird, nicht derart, daß es nur auf menschliche Subjekte zuträfe.

Die Konsequenzen dieser Überlegungen sind nun folgende: eine Theorie sprachlich vermittelter Intersubjektivität, die bloß in sich widerspruchsfrei die Struktur intersubjektiver Verhältnisse bestimmen würde, wäre immer noch eine für menschliche Wesen unbefriedigende Theorie, weil sie nicht die für Menschen typische Erfahrung des anderen Subjektes als beseelten, lebendigen Subjekts berücksichtigte. Mit anderen Worten: eine Theorie der Intersubjektivität, die Intersubjektivität rein sprachlich vermittelt denkt, ist ihrer Anlage nach zu formal, weil in ihr die Lebendigkeit der menschlichen Leiber nicht vorkommt. Statt einer formalen Theorie benötigen wir eine Theorie, die an den materialen Bedingungen der Möglichkeit von Intersubjektivität orientiert ist, und zwar an den für die menschliche Gattung charakteristischen materialen Bedingungen. Im übrigen ist es eine noch offene Frage, ob im Rahmen einer Theorie der Intersubjektivität für Wesen künstlicher Intelligenz nicht *nur* eine schon ausgebildete intersubjektive Struktur widerspruchsfrei beschrieben werden kann, sondern auch die Entstehung dieser Struktur, d. h. der Eintritt der einzelnen Subjekte in diese Struktur. Die Frage wäre dann: wie kommen denn die von uns hypothetisch angenommenen fremden Wesen, die kein Erleben kennen, in ihre intersubjektive Struktur hinein? Die Schwierigkeiten, die sich bei dieser Frage zeigen, geben zu der Vermutung Anlaß, daß es vielleicht gar keine nichtlebendigen autopoietischen Wesen geben kann, die in der Struktur von Selbstbewußtsein und entwickelter Intersubjektivität existieren können.

Das erste der genannten Probleme bei der Erklärung von Subjektivität, das mit der Frage, wie ein *ich* die Erfahrung eines anderen Subjekts machen kann, angesetzt wurde, stellt sich für Henrich und Frank nicht, weil sie Subjektivität als ursprüngliches Phänomen ansehen. Aber die Rolle des *quale*-Bewußtseins können auch sie nicht befriedigend klären, wenngleich sie sich nicht – wie die Theorie sprachlich vermittelter Intersubjektivität – in offene Widersprüche verwickeln. Henrich und Frank beginnen ihre Überlegungen mit dem Argument, daß jede Erklärung von Selbstbewußtsein scheitert, die Selbstbewußtsein als in einem Akt der Vermittlung entstanden denkt, weil das vorausgesetzt werden muß, was es zu erklären gilt. Um diesem Zirkel zu entgehen, beschreiben sie die denkbar primitivste Form von Subjektivität als spontan und ursprünglich. Weil keine Vermittlung nötig ist, um die Evidenz eigener Erlebnisse zu erklären, bestimmt Henrich das Bewußtsein als *ursprünglich mit sich vertraut*, mitunter auch betonend, daß jenes *Mitsichvertrautsein* nicht als Selbstzuschreibung, sondern als irrelationales Phänomen verstanden werden muß.

Unklar bleibt bei Henrich und Frank, wie jemals die Egozentrik des bloß vorreflexiven *Mitsichvertrautseins* überwunden werden kann. Zwar mag man Henrich und Frank Recht geben, wenn sie argumentieren, daß sich primitive Subjektivität in keiner Weise als Resultat einer Vermittlung denken läßt. Aber mit dieser Einsicht ist nur ein erster Schritt getan. Wenn man anerkennt, daß Subjektivität der erste Schritt ist, um ein Verhältnis zu sich selbst und zur Welt auszubilden, dann muß das Phänomen Subjektivität so beschrieben werden, daß der Übergang von primitiver vorreflexiver Subjektivität zu entwickelter Intersubjektivität verständlich werden kann. Das aber ist in der egozentrischen Bestimmung einer immer schon mit sich selbst ursprünglich vertrauten Subjektivität nicht möglich. Problematisch ist dabei weniger das paradoxe Moment der Figur des *Mitsichvertrautseins* – eines Selbstbezuges, der doch kein eigentlicher Bezug sein darf –, sondern das Fehlen einer plausiblen Beschreibung, was primitive Subjektivität mehr zu leisten vermag als das Haben bloßer Empfindungen. Denn die unmittelbare und nichtrelationale *Vertrautheit mit sich selbst* wird lediglich mit dem Hinweis expliziert, daß wir, wenn wir z. B. Schmerzen haben, diese mit unmittelbarer und untrüglicher Evidenz empfinden: kein Akt der Zuschreibung ist nötig, um Schmerzen zu *empfinden*. Die Möglichkeit einer Täuschung besteht nicht. Wer Schmerzen empfindet, kann sich darin nicht irren. Die Evidenz von Erlebnissen ist unbestreitbar, sofern es sich um das Haben der Erlebnisse bzw. Empfindungen handelt. Dieses unmittelbare Haben, das gemeint ist, wenn die Frage gestellt wird, *‚wie ist es, dieses Erlebnis zu haben?‘* läßt sich – und hierin ist Henrich und Frank in ihrer Kritik an Habermas und Tugendhat zuzustimmen – nicht aus der Struktur der Intersubjektivität ableiten.

Fragen wir jedoch danach, inwiefern bloße Erlebnisse und Empfindungen kognitiv relevant sein können, d. h. inwiefern sie ein Lebewesen in einer Umwelt *orientieren* können, dann reicht die Bestimmung primitiver Subjektivität nicht aus, die Henrich und Frank geben. Lebewesen, die nur bloße Empfindungen hätten, könnten sich allein durch ihre Empfindungen nicht besser in ihrer Umwelt orientieren als ohne ihre Empfindungen. Um erklären zu können, wie Subjektivität einem Lebewesen Orientierungsleistungen ermöglicht, muß irgendein auffassendes Moment im Erleben angenommen werden. Bloße Empfindungen vermögen nicht zu orientieren. Solange man von Erlebnissen ausgeht, die bloß zuständlich sind, kann man kein triftiges Argument gegen eine epiphänomenalistische naturalistische Position vorbringen, die zwar das Vorhandensein von Bewußtsein oder sogenannter *innerer Erfahrung* nicht leugnet, die aber Bewußtsein und *innere Erfahrung* nur als bloßes Empfinden gelten läßt.

Die Schwierigkeiten, die sich ergeben, wenn man die Unmittelbarkeit der Empfindungen, Gefühle etc. als isolierbares Phänomen behandelt, zeigen sich exemplarisch bei Peter Bieri.[16] Bieri unterscheidet in einem idealtypischen Vorgehen die nominalistisch-sprachphilosophische Konzeption von *propositionaler Erfahrung* und die cartesianische Konzeption von Erfahrung als unmittelbarem, infalliblem Erleben, die er als *innere Erfahrung* anspricht. Er geht aus von der sprachphilosophisch-nominalistischen Konzeption von Erfahrung, die Tugendhat und Habermas teilen. Dieser Ansatz ist ausgesprochen interessant, weil er im Gegensatz zu Habermas und Tugendhat eine ursprüngliche und unmittelbare Erfahrung als epistemische Erfahrung anzuerkennen versucht.

In einer idealtypischen Zuspitzung der beiden Positionen zeigt Bieri, daß eine Vermittlung unmöglich ist. Bestimmt man Erfahrung als propositional, dann kann es keine *innere Erfahrung* geben, weil innere Erfahrung ihrer Natur nach nicht-propositional ist. Da Bieri weder die epistemische Bedeutung der inneren Erfahrung leugnen möchte, noch seinen Begriff von Erfahrung als propositionaler Erfahrung modifizieren will, endet er unweigerlich in einer aporetischen Situation: die nominalistische Konzeption von Erfahrung kann nicht die für Menschen typische *innere Erfahrung* ausweisen. Nun könnte man einwenden, daß dieses Ergebnis doch nur dann aporetisch ist, wenn man begrifflich nicht unterscheidet zwischen dem nominalistischen Begriff von Erfahrung und dem Begriff unmittelbarer Erfahrung im Rahmen des Konzepts der *inneren Erfahrung*. Folgt man Bieris Skizze der beiden Konzeptionen von Erfahrung, so könnte man im Hinblick auf das, was Erfahrung genannt wird, *ein Wissen, daß* ... von einem *Wissen, wie ... (es sich anfühlt)* unterscheiden.[17] Damit ist das Problem jedoch nicht gelöst, denn wenn man mit Bieri daran festhält, daß das *Wissen wie* eine epistemische (und damit eine im Handeln orientierende) Funktion hat, dann verlagert sich die Unvereinbarkeit der beiden Konzeptionen vom Begriff der Erfahrung in den Begriff des Epistemischen. Aporetisch bleibt auch dann, daß das *Wissen wie* in keiner Weise im Rahmen der nominalistischen Konzeption zu begreifen ist. Es hat hier schlichtweg keinen Ort.

Aufzulösen wäre die Aporie, wenn sich zeigen ließe, daß die nominalistische Konzeption von Erfahrung und die Konzeption von innerer Erfahrung nicht als zwei sich ausschließende Modelle von Erfahrung bzw. Wissen zu verstehen sind, sondern als Beschreibungen von zwei Phänomenen, deren Ineinandergreifen nur von einer umfassender ansetzenden Theorie erläutert werden kann. Diesen Weg verschließt sich Bieri, indem er als gegenüberstehende Alternativen ausschließlich die propositionale Erfahrung „von etwas als das-und-das“[18] und die Erfahrung ‚*wie* es ist, ein bestimmtes Erlebnis zu haben‘ gelten läßt – jede dritte Möglichkeit aber auszuschließen scheint.

---

16 Vgl. Peter Bieri, Nominalismus und innere Erfahrung, in: Zeitschrift für philosophische Forschung, 36 (1982), S. 3-24.

17 Ebd., S. 16.

18 Ebd., S. 6.

Seltsam ist im übrigen, daß Bieri das Phänomen des ‚*Wissens, wie* es sich anfühlt' mit dem historisch so stark belasteten Begriff *innere Erfahrung* bezeichnet, ohne deutlich machen zu können, weshalb eine unmittelbare Erfahrung bzw. ein unmittelbares Erleben den Zusatz *innere/s* verdient. Der Begriff *innere* Erfahrung ist ja nur dann sinnvoll, wenn es auch eine äußere Erfahrung gibt. Die unmittelbare Erfahrung bzw. die unmittelbaren Empfindungen, von denen Bieri in seinen Phänomenbeschreibungen spricht, haben diesen Zusatz weder nötig noch verdient.

Als kompliziert an unserem Problem erweist sich immer mehr folgender Umstand: wenn die ‚*Erfahrung, wie* es ist, dieses Erlebnis zu haben, diese Farbe zu sehen etc.', kein Effekt von Intersubjektivität ist, dann erscheint diese *Erfahrung* zunächst als aussichtsreicher möglicher Kandidat für das gesuchte Phänomen ursprünglicher und primitiver Subjektivität.[19] Diese Option erweist sich aber bei näherem Überlegen als Holzweg. Wenn man die ‚*Erfahrung, wie es ist* ... ' mit primitiver Subjektivität identifiziert, dann kann man nicht mehr begreiflich machen, wie der Übergang von primitiver Subjektivität zu entwickelter Intersubjektivität möglich ist, weil primitive Subjektivität in dieser Bestimmung keinen Bezug zur Umwelt herstellen kann. Nimmt man echte Immanenz des Bewußtseins an, so gibt es keine Transzendenz; die Immanenz muß immer schon – auch im Stadium primitiver Subjektivität – gebrochen sein. Streng genommen kann es keine Bewußtseinsimmanenz geben: das Bewußtsein muß immer schon in der Welt sein. Primitive Subjektivität, die der Sphäre der Intersubjektivität vorangeht, muß also anders gedacht werden. Daß primitive Subjektivität nicht mit dem zusammenfällt, was Bieri *innere Erfahrung* nennt, wird deutlich, wenn nach *den* kognitiven Leistungen der sogenannten *inneren Erfahrung* gefragt wird, die Handlungsmöglichkeiten eröffnen. Die bloße Erfahrung, *wie* es ist, eine bestimmte Empfindung zu haben, kann keine ausreichende Beschreibung primitiver Subjektivität sein.[20] Denn nur eine Beschreibung primitiver Subjektivität, die deren zwar nicht

---

19 Vgl. Frank Jackson, What Mary didn't know, in: The Journal of Philosophy, LXXXIII (1986) 5, S. 291-295.

20 Interessant ist in diesem Zusammenhang eine Bemerkung, in der Bieri die These, das nominalistische Bild von Erfahrung sei unvollständig, mit einem Hinweis auf die Popularität der Phänomenologie zu erhärten sucht. Die Idee *innerer Erfahrung* einfach durch ein nominalistisches Bild von Erfahrung zu ersetzen, sei, so Bieri, „eine hermeneutisch unvollständige Strategie", die nicht zu erklären vermag, „warum die Phänomenologie, die auf dem Gedanken eines unmittelbaren, vorbegrifflichen und trotzdem epistemischen Bewußtseins beruht, so einflussreich ist oder gewesen ist" (Bieri, Nominalismus und innere Erfahrung, a. a. O., S. 20). Dieser Hinweis erstaunt zunächst, denn Bieris Beschreibung *innerer Erfahrung* deckt sich keineswegs mit dem Begriff und Modell des intentionalen Bewußtseins, von dem die phänomenologische Bewegung ihren Ausgang nimmt. Die Idee des intentionalen Bewußtseins teilt zwar mit dem, was Bieri *innere Erfahrung* nennt, den Gedanken einer ursprünglichen, unmittelbaren, vorbegrifflichen und trotzdem epistemischen Erfahrung. Aber in dieser Idee ist stets mitzudenken, daß Bewußtsein bzw. Erfahrung *Bewußtsein von etwas* ist. Das *intentionale Bewußtsein* der Phänomenologen meint also etwas ganz anderes als Bieris *innere Erfahrung*. Gerade der frühe Husserl gehört zu den schärfsten Kritikern der Tradition, die von der Evidenz der *inne-*

begrifflichen, aber doch kognitiven Gehalt freilegt, kann die unsinnige Annahme eines in sich eingesperrten Bewußtseins, das keinen Kontakt zu seiner Umwelt herzustellen vermag, zurückweisen. Primitive Subjektivität muß erstens so bestimmt werden, daß ihre Orientierungsleistungen in einer Umwelt beschrieben werden können, die nicht von der Unterscheidung *ich* und *Außenwelt* bzw. ich und Anderer getragen wird, und doch von einem sozialen Miteinander geprägt ist; zweitens muß sie so bestimmt werden, daß in der Begegnung mit anderen Mitgliedern der Gattung die Realisierung (Entfaltung) einer gemeinsam mit diesen anderen Mitgliedern getragenen Struktur entwickelter Intersubjektivität möglich ist.

Kommen wir zur Diskussion der Position von Henrich und Frank zurück. Der Übergang von primitiver Subjektivität in eine intersubjektive Struktur der reziproken Erfahrung von anderen Subjekten wird durch die rhetorischen Konnotationen bei der egozentrischen Beschreibung der Verfassung primitiver Subjektivität als ursprünglichen *Mitsichvertrautseins* eher verbaut als erleichtert. Schon weil die unmittelbare Evidenz des Habens, die ein *ich* von seinen Erlebnissen hat, noch keine Selbstreferenz impliziert, erscheint es fragwürdig, das Vertrautsein mit dem Haben dieser Erlebnisse als ein Mit*sich*vertrautsein zu beschreiben. Noch unbefriedigender an der Figur des *Mitsichvertrautseins* ist jedoch, daß sie in keiner Weise die Orientierungsleistungen primitiver Subjektivität erklären kann. Die Beschreibung primitiver Subjektivität als ein *Mitsichvertrautsein* weist hinsichtlich der Erklärung möglicher kognitiver Leistungen durch ihren egozentrischen Zug in die falsche Richtung. Denn daß ein *ich* in der Verfassung primitiver Subjektivität mit seinen Empfindungen vertraut ist, vermag in keiner Weise auszuweisen, wie dieses *ich* durch das Haben seiner Empfindungen in einem kognitiven Bezug zu seiner Umwelt lebt.

Gegenüber der Beschreibung primitiver Subjektivität als Mitsichvertrautsein bietet es sich statt dessen an, in freier Variation einer Formulierung Merleau-Pontys von einer *ursprünglichen Vertrautheit mit der Welt* zu sprechen.[21] In dieser Formulierung ist das treffende Moment in der Beschreibung des Mitsich*vertrautseins* aufgenommen. Die Unmittelbarkeit primitiver Subjektivität läßt sich durchaus als ein *ursprüngliches Vertrautsein* beschreiben, weil ein Subjekt ja erst durch ein reflexives Selbstverhältnis zur Distanznahme, d. h. zu einem Bruch mit den ihm in der Unmittelbarkeit des

---

ren Erfahrung bzw. *inneren Wahrnehmung* ihren Ausgang nimmt. Wie die phänomenologische Idee des intentionalen Bewußtseins zu der Konzeption *innerer Erfahrung* steht, wird später ausführlicher verhandelt werden (vgl. Abschnitt 4.1). Entscheidend ist hier zunächst, daß die hermeneutische Strategie Bieris, die phänomenologische Bewegung der Konzeption *innerer Erfahrung* anzunähern, als fragwürdig erkannt wird. Denn auf diese Weise versperrt sich Bieri den Weg, der aus der Aporie von *innerer Erfahrung* und propositionalem Bewußtsein herausführen würde.

21 Vgl. Maurice Merleau-Ponty, Das Sichtbare und das Unsichtbare, München 1984, S. 76 f: „Man wird also sagen, vor der Reflexion und zu ihrer Ermöglichung bedarf es einer naiven Vertrautheit mit der Welt; und dem Selbst, auf das man zurückkommt, muß ein Selbst vorausgehen, das entfremdet ist oder ek-statisch im Sein lebt.“

Erlebens gegebenen Wahrnehmungen fähig ist. Weil ein *ich* in der Verfassung primitiver Subjektivität das unmittelbar Erlebte noch nicht distanzieren kann, kann es die Vertrautheit nicht brechen. Weil diese Vertrautheit mit seinen Erlebnissen aber Erlebnisse meint, die auf die Umwelt bezogen sind, obgleich dieses primitive *ich* noch keine Unterscheidung von sich und seiner Umwelt kennt, ist es sinnvoller, diese Vertrautheit als eine ungebrochene Vertrautheit mit der Sphäre der Umwelt zu begreifen. Zwar mag die Figur einer *unmittelbaren Vertrautheit mit der Welt* insofern problematisch sein, als die Welt hier eben noch nicht als von einem *ich* unterschiedene *Außenwelt* erlebt wird. Aber immerhin ist primitive Subjektivität in dieser Formulierung so bestimmt, daß eine für die Handlungsfähigkeit des Subjekts kognitiv relevante Orientierung denkbar ist. Die Beschreibung primitiver Subjektivität als *ursprünglicher Vertrautheit mit der Welt* kann dann nicht nur als Vertrautheit mit der Welt gedeutet werden, sondern auch als Vertrautheit mit den Anderen, die noch nicht im Modus *als Andere* erfahren werden.

Husserl hat in der *V. logischen Untersuchung* eine Bestimmung des Bewußtseins gegeben, die die egozentrischen Implikationen der Annahme, es gäbe ein bloßes Quale-Bewußtsein, vermeidet, ohne das Phänomen zu leugnen. Wichtig an den Ausführungen, die Husserl hier gibt und die später ausführlicher vorgestellt werden sollen, sind v. a. drei Momente.[22] Als erstes Moment ist hervorzuheben die grundsätzliche Bestimmung des Bewußtseins: Bewußtsein ist immer intentional, d. h. wenn ich fühle, fühle ich etwas, wenn ich höre, höre ich etwas. Die Bezogenheit auf *etwas* bedeutet jedoch keine Vergegenständlichung. Diese wird erst in einer reflexiven Wendung erreicht. Wenn Husserl annimmt, daß die Gegenstände, die ich wahrnehme, indem ich sie wahrnehme, etwas bedeuten, dann will er nicht sagen, daß *Bedeuten* hier im Sinne sprachlichen Ausdrucks verstanden werden darf. *Bedeutung* meint hier etwas

---

22 Vgl. die ausführliche Diskussion von Husserls Begriff des Bewußtseins in Abschnitt 4.3. Es ist bemerkenswert, daß sowohl die sogenannte *Heidelberger Schule* (Henrich, Frank u. a.) als auch die Theoretiker der sprachlich vermittelten Intersubjektivität (Habermas, Tugendhat u. a.) kein gutes Haar an Husserl und der Phänomenologie lassen, wenn es um das Phänomen des Bewußtseins geht. Beide Positionen haben sich immer wieder dezidiert gegen Husserl ausgesprochen. Vgl. aus der einen Richtung: Dieter Henrich, Über die Grundlagen von Husserls Kritik der philosophischen Tradition, in: Philosophische Rundschau, 6 (1958), S. 1-26; ders., Selbstbewußtsein. Kritische Einleitung in eine Theorie, a. a. O., v. a. S. 261-263; Manfred Frank, Fragmente einer Geschichte der Selbstbewußtseinstheorie von Kant bis Sartre, in: ders., Klassische Theorien des Selbstbewußtseins, Frankfurt am Main 1991, S. 413-599, die Passagen zu Husserl, S. 530-546. Vgl. aus der anderen Richtung: Tugendhat, Selbstbewußtsein und Selbstbestimmung, a. a. O., S. 13-21; Jürgen Habermas, Vorstudien und Ergänzungen zur Theorie des kommunikativen Handelns, Frankfurt am Main 1984, die zweite Vorlesung: *Phänomenologische Konstitutionstheorie der Gesellschaft: die fundamentale Rolle von Geltungsansprüchen und die monadologischen Grundlagen der Intersubjektivität* aus den *Vorlesungen zu einer sprachtheoretischen Grundlegung der Soziologie (1970/71)*, S. 35-59 (vgl. Abschnitt 4.4).

Ursprünglicheres als die intersubjektive Bedeutung der Sprache.[23] Die Idee des intentionalen Bewußtseins sperrt sich gegen die Vorstellung, es gäbe da ein Subjekt, das sich ein Objekt vorstellig macht, indem ihr gemäß Bewußtsein als ein einstelliger nichtrelationaler Akt gedacht wird. Dabei muß zweitens, so der frühe Husserl, das Mißverständnis vermieden werden, „daß die Beziehung auf das Ich etwas zum wesentlichen Bestande des intentionalen Erlebnisses selbst Gehöriges sei".[24] Das dritte Moment ist im aktuellen Zusammenhang der Gedankenführung am wichtigsten. In jedem Bewußtseinsakt, so Husserl, verschmelzen sinnliche und kognitive Momente, die wir umgangssprachlich nicht auseinanderhalten, wenn von *Erlebnissen* die Rede ist. Sprechen wir von Erlebnissen, so meinen wir zum einen die Qualität der Empfindung, zum anderen das Auffassen der Empfindung, durch das die Empfindung z. B. als Schmerz qualifiziert wird. Husserl hat hier zunächst von den *reellen*, später von den *noetischen* Inhalten gesprochen und eine Reihe wichtiger Konsequenzen gezogen, die sich aus dem Aufdecken dieser Unterscheidung ergeben. Entscheidend ist nun folgendes: die Unterscheidung besagt nur, daß es sich um zwei in manchen Fällen isolierbare Phänomene, nicht aber um voneinander unabhängig mögliche Phänomene handelt. Eine reine Empfindung, d. h. eine Empfindung, die nicht eingelassen ist in irgendein noch so unbewußtes intentionales Auffassen, gibt es für Husserl nicht. Das Quale-Bewußtsein ist bloß eine Abstraktion, die als isoliertes Phänomen nur einen Grenzfall intentionalen Bewußtseins darstellt, nämlich denjenigen Fall, in dem das intentionale, auffassende Moment im Erleben gegen null tendiert. Als Beispiele können hier nur sogenannte Grenzerfahrungen angeführt werden. In extremen Situationen werden Schmerzen kaum noch bewußt wahrgenommen, weil die Aufmerksamkeit auf Anderes gerichtet ist. Wenn ein unter normalen Umständen als schmerzhaft erlebtes Ereignis nicht wahrgenommen wird, bleibt nicht die Empfindung übrig. Je weiter das intentionale Moment gegen null tendiert, umso mehr verschwindet die Empfindung selbst aus dem Bereich der Aufmerksamkeit. Die reine Empfindung ist eine Abstraktion, von der schon vor Wittgenstein vermutet worden ist, daß es sich nur um einen Rechenpfennig handelt.[25] Auf die angesprochenen Probleme wird im weiteren Verlauf der Arbeit noch mehrfach zurückgegangen. Zunächst wenden wir uns jedoch der vierten und letzten Frage zu.

---

23 In dieser Hinsicht hat Husserl seinen Standpunkt nicht geändert. Vgl. die deutliche Formulierung in: Edmund Husserl, Ideen zu einer reinen Phänomenologie und phänomenologischen Philosophie, Halle an der Saale 1913, S. 256 (zitiert in Abschnitt 4.3, S. 113).

24 Edmund Husserl, Logische Untersuchungen, Zweiter Band, I. Teil, Halle an der Saale 1901, S. 357.

25 Siehe unten S. 163 (Anmerkung 44).

1.3. Intersubjektivität und Sprachkompetenz

Die vierte Frage lautet: in welchem Verhältnis stehen nun Intersubjektivität und Sprachkompetenz? Der bei den bislang aufgewiesenen Schwierigkeiten der Theorie sprachlich vermittelter Intersubjektivität in verschiedenen Varianten vorgebrachte Einwand der Zirkularität bei der Erklärung von Selbstbewußtsein kommt auch bezüglich der Frage nach dem Verhältnis von Intersubjektivität und Sprachkompetenz ins Spiel. Die Ordnung der Phänomene Subjektivität, Selbstbewußtsein, Intersubjektivität (Fremdbewußtsein) und Sprachkompetenz verlangt angesichts der These sprachlich vermittelter Intersubjektivität nach einer weiteren strengen Unterscheidung der Abhängigkeit der zu erklärenden Phänomene. Es gilt also die These zu prüfen, ob Intersubjektivität tatsächlich abkünftig von Sprachkompetenz ist, wie Habermas und Tugendhat behaupten.

Der Mangel einer Unterscheidung von Bewußtsein und Selbstbewußtsein ist auch hier ein Schlüssel zur Klärung des Problems. Weil propositionales Bewußtsein noch kein Fall von Selbstbewußtsein ist, solange keine *Selbstzuschreibung* hinzukommt, kann eine bloße Analyse der Sprachkompetenz, so sieht Habermas richtig, die Struktur von Selbstverhältnissen nicht erklären. Daher greift Habermas auf die von Mead herkommende Idee performativer Rollenübernahme zurück und schlägt eine pragmatische Erweiterung der semantischen Fragestellung vor. Selbstbewußtsein, so Habermas, stellt sich performativ „durch die vom Sprecher übernommene Perspektive des Hörers" ein.[26] Nicht der referentielle, sondern der performative Gebrauch des Ausdrucks *ich* biete den Schlüssel zur Lösung des Problems.[27]

Auch diese Bestimmung des Phänomens Selbstbewußtsein ist zirkulär – und zwar in einer von den bisher aufgezeigten Zirkeln verschiedenen Hinsicht. Bislang waren zwei Zirkel herausgestellt worden. Ein erster Zirkel entsteht unter der Bedingung, daß man keine Unterscheidung zwischen einem Bewußtsein macht, das noch nicht die Fähigkeit zur Selbst- und Fremdzuschreibung hat, und einem Selbstbewußtsein, das über jene Fähigkeit verfügt. Der Zirkel entsteht, weil das, was eigentlich erst konstituiert werden soll, schon vorausgesetzt werden muß: irgendeine vermutlich noch sehr primitive Subjektivität bzw. irgendein *ich* muß ja die Perspektive des Anderen *übernehmen*, damit Selbstbewußtsein entsteht. Der zweite Zirkel bestand darin, daß die für Menschen besondere Lebendigkeit (der aus der ich-Perspektive die Erfahrung, *wie es sich anfühlt* … entspricht) nicht als Effekt von Intersubjektivität erklärt werden kann.

Diese beiden Zirkel betrafen jeweils die Subjektseite; sie betrafen das *ich*, das die Erfahrung Anderer macht. Der neue, dritte Zirkel, der nun herausgestellt werden soll, betrifft das *ich* des *Anderen*. Genau genommen ist es nicht *ein* Zirkel, sondern es sind

---

[26] Habermas, Nachmetaphysisches Denken, a. a. O., S. 34.

[27] Habermas, Theorie des kommunikativen Handelns, Band 1, a. a. O., S. 531.

auch hier *zwei* Zirkel. Beide Zirkel entstehen, wenn man auch die Erfahrung des Anderen als eines anderen Menschen, der wahrnimmt, fühlt, fühlend Absichten etc. hat, aus der Fähigkeit ableiten will, sich sprachlich in der Welt zu orientieren. Diese Fähigkeit, so die These von Habermas und Tugendhat, wird von Anderen und im Umgang mit Anderen erlernt. In der Konsequenz ihrer einseitigen Ausrichtung an der welterschließenden Funktion der Sprache liegt die Annahme, daß nicht allein das Selbstbewußtsein als Fähigkeit der Selbstzuschreibung, sondern auch das Fremdbewußtsein als Erfahrung, daß überhaupt ein *anderes ich* da ist, das die Fähigkeit hat, Anderen etwas zuzuschreiben, als Effekt des Erwerbs der Sprachkompetenz angesehen wird. Allein: die Erfahrung des Anderen als eines individuellen, von mir unterschiedenen *ich*, kann so nicht erklärt werden (erster Zirkel). Außerdem stellt sich eine zweite Schwierigkeit: aus einer erkenntnistheoretischen Perspektive läßt sich unter Rückgriff auf das schon oben angestellte Gedankenexperiment einwenden: ohne weiteres könnte man sich vorstellen, daß es sprachbegabte Wesen gibt, die mit anderen Lebewesen sprechen, ohne daß sie die besondere Lebendigkeit dieser Subjekte erfahren. Das Verständnis einer Proposition muß ja nicht von der Erfahrung begleitet werden, daß da ein Anderer ist, der Erlebnisse hat, der fühlt und fühlend Absichten verfolgt (zweiter Zirkel). Eine Theorie, die so allgemein ansetzt, daß sie die menschlichen Formen von Selbst- und Fremderfahrung nicht erklären kann, ist unbefriedigend. Für menschliche Lebewesen ist Kommunikation nicht denkbar ohne die Erfahrung des Anderen als eines *anderen lebendigen ich*; dieses anthropologische Minimum muß eine Theorie der Intersubjektivität ausweisen können. Der Theorie sprachlich vermittelter Intersubjektivität gelingt dies nicht. Sie ist auch bezüglich des Phänomens der Fremderfahrung insofern zirkulär, als sie voraussetzen muß, was sie doch erst erklären will: die Erfahrung anderer lebendiger, beseelter Lebewesen.

Den generellen Einwand, daß eine rein sprachlich vermittelte Erfahrung des Anderen zirkulär ist, hat Habermas zu vermeiden gesucht, indem er die Performanz der Perspektivenübernahme als das entscheidende Moment herauszuarbeiten suchte: „Die reziproken, durch die Sprecherrollen festgelegten interpersonalen Beziehungen ermöglichen ein Selbstverhältnis, welches die einsame Reflexion des erkennenden oder handelnden Subjekts auf sich als vorgängiges Bewußtsein keineswegs voraussetzt. Vielmehr entsteht die Selbstbeziehung aus einem *interaktiven* Zusammenhang. Ein Sprecher kann sich nämlich in performativer Einstellung an einen Hörer nur unter der Bedingung adressieren, daß er sich – vor dem Hintergrund potentiell Anwesender – aus der Perspektive seines Gegenübers in demselben Maße sehen und verstehen lernt, wie der Adressat dessen Perspektive auf sich seinerseits übernimmt. Dieses aus der Perspektivenübernahme des kommunikativen Handelns *resultierende* Selbstverhältnis läßt sich anhand des Systems der drei durch Transformationsbeziehungen verknüpften Personalpronomina untersuchen und je nach Kommunikationsmodus auch differenzieren."[28] Habermas macht hier – in Reaktion auf Einwände Henrichs – das Zugeständnis, daß sich auf dem Wege einer semantischen Analyse das Phänomen des Selbstbewußtseins nicht aufklären lasse.[29] Diese Aufklärung, so Habermas, ist erst durch die Annahme performativer Rollenübernahme gegeben. Diese Rollenübernahme denkt Habermas als Einnahme einer *Sprecher*rolle. Rollen werden realisiert, indem man das System der Personalpronomina erlernt.

Daß eine Selbst*beziehung*, die diesen Namen verdient, nur im Umgang mit Anderen entstehen kann, ist fraglos anzuerkennen. Als problematisch erweist sich jedoch, daß Habermas den Umgang mit Anderen nur als sprachliche Kommunikation denken kann: indem wir sprechen lernen, übernehmen wir die Rolle des Anderen, d. h. erst indem wir sprechen, erfahren wir den Anderen als Anderen. Wie dies möglich sein soll, daß wir, allein indem wir sprechen lernen, den Anderen als Anderen erfahren, d. h. das, was eigentlich erklärt werden soll, kann Habermas jedoch nicht ausweisen. Die Struktur der Intersubjektivität, die von der Erfahrung des Anderen als Anderen getragen wird, bleibt weiter im Dunkeln. Was heißt es denn, daß einer die Sprecherrolle einnimmt, d. h. wodurch nimmt einer die Sprecherrolle ein – allein dadurch, daß er spricht? Die Sprecherrolle einzunehmen, kann doch nur heißen, daß ich für Andere da bin und diese für mich da sind. Ich spreche zu Anderen, die mir zuhören. Das bedeutet: die Sprecherrolle einzunehmen, heißt zunächst eine Rolle einzunehmen. Daß einer seine Rolle verkörpert, indem er spricht, ist zweitrangig und kann nicht erklären, daß er in der Lage ist, eine Rolle einzunehmen. Intersubjektivität kann nicht von Sprache abkünftig sein, weil die Erfahrung des Anderen als Anderen notwendig Bedingung dafür ist, überhaupt in das System der Sprache hineinzukommen. Nur dann, wenn ich das, was ein Anderer spricht, höre als von dem Anderen Gesprochenes, kann ich seine Rolle einnehmen und ihn verstehen bzw. lernen ihn zu verstehen.[30] Intersubjektivität muß der Sprachkompetenz vorausgehen und kann schon deshalb nicht Effekt sprachlicher Kommunikation sein.[31]

Nachdem sich gezeigt hat, daß die Theorie sprachlich vermittelter Intersubjektivität auch hinsichtlich der Ordnung der Phänomene Intersubjektivität und Sprachkompetenz fehlgeht, soll auch die Position von Henrich in einer Perspektive auf die angesprochenen Phänomene befragt werden. Henrich hat in seinem programmatischen Aufsatz *Selbstbewußtsein. Kritische Einleitung in eine Theorie* (1970) eine Position skizziert, die er seitdem in zahlreichen Arbeiten konkretisiert und modifiziert hat, wobei er den dort ausgesprochenen Grundgedanken treu geblieben ist. Sein Vorgehen

---

28 Habermas, Nachmetaphysisches Denken, a. a. O., S. 32 f, vgl. auch S. 210 ff.

29 Ebd., S. 31.

30 Im übrigen ist hier mit Mead zwischen *konkretem* und *verallgemeinertem Anderen* zu unterscheiden.

31 Die These ist im übrigen von der Verhaltensforschung gut belegt und seit Jahren anerkannt. Vgl. den klassischen Aufsatz: David Premack & G. Woodruff, Does a chimpanzee have a theory of mind?, in: The Behavioral and Brain Sciences, 1 (1978), S. 515–526.

bezeichnet er selbst als Verfahren ex negativo. Indem man zeigt, an welchen Punkten alle bisherigen Erklärungen von Selbstbewußtsein scheitern, soll der Weg gewiesen werden für eine Theorie, die die Probleme der traditionellen Theorien vermeidet. So kommt Henrich zu folgender Regieanweisung, der jede erfolgversprechende Theorie Genüge leisten muß: „Ein Minimalprogramm von Bewußtseinstheorie ist es also, Bewußtsein so zu denken, daß die Eigenschaften, welche die Reflexionstheorie plausibel machen, erhalten bleiben, ohne daß sich die Konsequenz ergibt, welche die Reflexionstheorie scheitern läßt: Die Zirkel in der Interpretation.“[32] Denkt man Bewußtsein als Selbstbeziehung eines Subjekts, dann entsteht ein erster Zirkel, weil man nicht vermeiden kann, auch diesem Subjekt die Eigenschaft zuzuerkennen, bewußt zu sein. Denkt man Bewußtsein als *wissende* Selbstbeziehung eines Subjekts, dann entsteht ein zweiter Zirkel, da man nicht umhin kann, dem erkennenden Subjekt Kenntnis von sich zuzuschreiben, weil es ohne diese Kenntnis sich niemals als es selber finden könnte.

Henrich zieht aus dieser Analyse folgende Konsequenz: Bewußtsein muß so beschrieben werden, „daß es weder bewußte Selbstbeziehung noch Identifikation mit sich ist, – jedoch zugleich so, daß zugestanden bleibt, mit Bewußtsein unmittelbar vertraut zu sein, so daß kein Fall von Bewußtsein möglich ist, in dem Zweifel hinsichtlich der Tatsache laut werden könnte, daß Bewußtsein besteht.“[33] Henrich lehnt eine Unterscheidung von bloßem Bewußtsein und Selbstbewußtsein ab mit dem Argument, daß sich kein Fall von Bewußtsein denken läßt, in dem dieses nicht schon mit sich vertraut ist: Bewußtsein kann ohne *Kenntnis von sich* nicht auftreten;[34] es ist von einer Unmittelbarkeit der Selbstgewißheit, die einer hat, der Schmerzen empfindet und sich nicht die Frage stellen muß, ob es sich um seine Schmerzen handelt.[35] Daß die *Kenntnis*, von der Henrich hier spricht, nicht durch eine Identifikation oder Selbstobjektivierung ins Dasein kommt, leuchtet ein. Aber die Frage bleibt, ob jene unmittelbare Kenntnis schon als Selbstbewußtsein bezeichnet werden kann, ohne daß von dem so verstandenen Selbstbewußtsein ein Selbstbewußtsein unterschieden wird, das die Fähigkeit der Selbstzuschreibung impliziert. Versteht man Selbstbewußtsein als Fähigkeit der Selbstzuschreibung in der Weise, daß Selbstbewußtsein auch fehlgehen kann, dann läßt sich der Zirkelvorwurf unter einer Bedingung entkräften. Der Übergang von Bewußtsein, das unmittelbare infallible Kenntnis seiner selbst meint, zu Selbstbewußtsein im Sinne von prinzipiell fehlbarer Selbstzuschreibung muß genauso wie der Grund von Bewußtsein als unmittelbar und nicht ableitbar gedacht werden, damit kein Zirkel in der Erklärung auftritt.

---

32 Henrich, Selbstbewußtsein. Kritische Einleitung in eine Theorie, a. a. O., S. 275.

33 Ebd., S. 275.

34 Ebd., S. 278.

35 Ebd., S. 267.

In einem neueren Text *Subjektivität als Prinzip* (1998) hat Henrich seinen Standpunkt zugespitzt. Nun wird deutlich, daß Henrich mit dem Begriff Selbstbewußtsein nicht bloß ein nichtpropositionales *Wissen wie*, sondern ein propositionales *Wissen daß* als auszeichnendes Moment verbindet. Zunächst setzt sich Henrich mit der zentralen These der Theorie sprachlich vermittelter Intersubjektivität auseinander, daß der regelgerechte Gebrauch der Personalpronomina Voraussetzung dafür ist, um von uns selbst wissen zu können. Henrich weist dies entschieden zurück. Erst sehr spät beherrschen Kinder das System der Personalpronomina. Dies habe seinen Grund darin, daß der Gebrauch des Wortes ‚ich' eine reflektierte Beziehung zu unserem Selbstverhältnis voraussetzt. Zwar artikulieren wir unsere wissende Selbstbeziehung in der Ich-Rede, aber diese Beziehung gehe nicht im Gebrauch der Personalpronomina auf.

Henrich wiederholt die schon angesprochenen Argumente gegen jede logisch-genetische Erklärung von Selbstbewußtsein. Sein Fazit ist auch hier, daß sich kein Selbstbewußtsein denken läßt, das zunächst bloß Bewußtsein war: „Es läßt sich nicht denken, daß der, der von sich weiß, zunächst ohne ein solches Wissen von sich ist, was immer er auch dann schon wissen möchte, um in der Folge in einem weiteren Akt des Wissensgewinns nunmehr auch von sich selbst ein Wissen zu gewinnen." Das zentrale Argument lautet: im Wissen von sich ist einer, der gewußt wird, vorausgesetzt. Diese Voraussetzung, so Henrich, ist in einer genetischen Perspektive nicht zu verstehen. Auch läßt sich die Selbstbeziehung nicht als Beziehung zweier irgendwie unabhängiger Einheiten fassen: „Subjekte entstehen spontan und in einem mit dem Wissen von sich".[36]

Solange Selbstbewußtsein nur als ursprüngliche unmittelbare Kenntnis qualifiziert wird, dürfte Henrichs Analyse wenig entgegenzuhalten sein. Henrich hat aber – und hierin unterscheidet sich seine Position von derjenigen Manfred Franks – die viel weitergehende These, daß auch Selbstbewußtsein als unmittelbare Kenntnis seiner selbst ein *Wissen daß* impliziert. Das *Wissen von sich*, so Henrich ausdrücklich, ist „propositional verfaßt": „Kein Wissen von sich, von dem nicht *als solchem* gewusst wird, *dass* es nämlich Wissen von sich ist."[37]

Damit ist der Punkt markiert, an dem die Kritik an Henrich ansetzen muß. Propositionales Wissen ist fallibel. Schreibe ich mir selbst etwas zu, so kann ich mich irren. Schreibe ich mir die Urheberschaft an einem Gedanken zu, so kann ich mich irren – nicht darin, daß ich den Gedanken denke –, sondern in der Zuschreibung der Urheberschaft. Aus Henrichs These, daß die Kenntnis des *eigenen ich* – und auch die Fähigkeit der Selbstzuschreibung – der Beherrschung der Personalpronomina vorhergeht, folgt nicht, daß dem *ich* im System der Personalpronomina ein Vorrang eingeräumt wer-

---

[36] Dieter Henrich, Subjektivität als Prinzip, in: Deutsche Zeitschrift für Philosophie, 46 (1998) 1, S. 31-44, hier S. 36.

[37] Ebd., S. 35.

den kann.[38] Die Fähigkeit der Selbstzuschreibung – und nur diese ist propositional verfaßt – verlangt ineins Fähigkeit bzw. Möglichkeit der Fremdzuschreibung. Das bedeutet: *ich* und *du* sind innerhalb des Systems der Personalpronomina von gleichem Gewicht.

Henrich hat in seiner Frage nach der wissenden Selbstbeziehung nicht unterschieden hinsichtlich zweier Aspekte, dessen, was als wissende Selbstbeziehung bezeichnet werden kann. Für Henrich sind das unmittelbare *Wissen wie* und das propositionale *Wissen daß* zwei Momente eines Strukturzusammenhangs. Sie müssen für Henrich als notwendige Momente *eines* Strukturzusammenhangs gedeutet werden, weil sich jede Erklärung eines Übergangs in Zirkel verstrickt: „Die wissende Selbstbeziehung kann von keiner der Komponenten her, die in ihre Verfassung eingehen, aufgebaut und so in einer Art von Rekonstruktion verständlich gemacht werden. Die Komponenten müssen alle zugleich eintreten, und sie sind durch ihren Wechselbezug bestimmt und modifiziert. Das hat Folgen auch für die entwicklungsgeschichtliche Betrachtung des bewussten Lebens: Die wissende Selbstbeziehung kann zwar wohl über viele Stufen hinweg zur voll artikulierten Deutlichkeit und zum eigentlichen Vernunftleben reifen. Sie muß Voraussetzungen und mag auch Vorgestaltungen haben, muß dann aber als solche gänzlich spontan aufkommen – trotz aller Voraussetzungen, zu denen sie ins Verhältnis gesetzt wird. Sie muß, grundsätzlich betrachtet, von Beginn an ein und dieselbe Wissensweise sein. Es ist zwar möglich, und, wie zu zeigen ist, sogar notwendig, daß die Entwicklung in der die wissende Selbstbeziehung aufkommt, von außen angeregt wird. [...] Die Explikation des Selbstwissens als eines Ganzen kann dennoch nur approximativ sein. Sobald die Philosophie versucht, vom Komplex nicht nur auszugehen, sondern ihn rekonstruktiv zu beherrschen, wird sie in die Zirkularitäten zurückgetrieben. Man hat diese Zirkel deshalb auch als Symptom eines Unternehmens zu begreifen, das methodisch falsch orientiert und angesetzt ist."[39]

Henrichs These, daß jedes Bewußtsein schon Selbstbewußtsein impliziert, gründet darin, daß jeder Übergang notwendig zirkulär ist. Diese seine ganze Theorie fundierende Einsicht trifft aber nur dann zu, wenn der Übergang von Bewußtsein, das unmittelbare Kenntnis einschließt, zu Selbstbewußtsein, das auf einer Ebene mit Fremdbewußtsein steht, als *vermittelter Übergang* gedacht wird, denn nur dann kann ja eine zirkuläre Begründung der Art entstehen, daß vorausgesetzt wird, was doch eigentlich erklärt werden soll. Gegenüber einer Theorie, die sowohl Bewußtsein als auch Selbstbewußtsein und Fremdbewußtsein als je ursprüngliche Phänomene betrachtet, verlieren die Einsprüche Henrichs ihre Grundlage, denn seiner Einsicht, daß die Struktur des Selbstbewußtseins rekonstruktiv nicht beherrscht werden kann, ist dann entsprochen.

---

[38] Ebd., S. 35.
[39] Ebd., S. 38.

Eine interessante Frage im Streit um Subjektivität und Intersubjektivität ist, inwiefern Henrichs Einsicht, daß jeder philosophische Versuch scheitert, die Selbstbeziehung des Subjekts rekonstruktiv zu beherrschen, auch auf die Erklärung der Erfahrung des *anderen ich* zutrifft. Wenn sich nämlich zeigt, daß es ebenso unmöglich ist, die Erfahrung des *anderen ich* in ihrer Entstehung abzuleiten, dann hat dies Folgen für die Bestimmung des Verhältnisses von Selbstbewußtsein und Intersubjektivität. Immer wieder hat sich Henrich dafür ausgesprochen, daß die Natur von Subjektivität nicht von Intersubjektivität bzw. von Intersubjektivität und Sprache her aufzuklären ist. Wie aber denkt Henrich Intersubjektivität bzw. das Verhältnis von Intersubjektivität und Sprache? Seine diesbezüglichen Ausführungen sind ausgesprochen knapp gehalten, können aber durchaus als Positionsbestimmung gelten.[40] Henrich denkt Intersubjektivität als ein im *Für-mich-Sein* der Subjektivität angelegtes anderes Moment von deren Verfassung. Im *Für-mich* des Ich-Gedankens begreift sich das Subjekt als Einzelnes. Sich als Einzelner zu begreifen impliziert aber den Gedanken möglicher anderer Subjekte und einer Ordnung, in der sich die Beziehungen von Subjekten abspielen. Henrich nennt diesen Gedanken eine Minimalbestimmung von Intersubjektivität.

Wie kann sich nun ausgehend von dieser Minimalbestimmung Intersubjektivität herstellen, d. h. wie kann ein *ich* die Erfahrung eines Anderen machen bzw. was heißt es, diese Erfahrung zu machen? Es kann nicht heißen, so Henrich, einen Anderen im Modus von dessen *Für-sich-Sein* zu erfahren, denn das würde bedeuten, daß es keinen Unterschied zwischen erkennendem Subjekt und dem Anderen geben würde. Bestimmt man das Sein eines Subjekts als *Für-sich-Sein*, dann kann der Andere nur auf dem Weg einer Vermittlung erfahren werden: „Subjekte können also füreinander nur über irgendeine Art von Verkörperung erschlossen werden." Verkörperung bedeutet noch nicht Interaktion zwischen Subjekten. Mit anderen Subjekten in Interaktion zu treten, setzt für Henrich voraus, daß ein verkörpertes Subjekt einem Anderen sein eigenes *Für-sich-Sein* vergegenwärtigt: „Solches aber leistet die Sprache."[41] Allerdings ist die Sprache, so Henrich, nur Medium, nicht aber Instrument der Verständigung, das Intersubjektivität erst herstellt. Die Aufnahme von Kommunikation setzt eine reale Gemeinsamkeit zwischen den wechselseitig aufeinander bezugnehmenden Subjekten voraus. Die Erfahrung des *Für-sich-Seins* des Anderen kann aber nicht, so Henrich, aus der Kommunikation hergeleitet werden. Sie muß aus unverfügbarem Grund spontan aufkommen.

Aus diesen Ausführungen Henrichs läßt sich folgende Problemlage herausstellen: wenn Intersubjektivität nur im Medium der Sprache eine besondere Entfaltung erfährt,

---

[40] Vgl. den Hinweis auf ein noch unveröffentlichtes Manuskript „Subjektivität und Intersubjektivität" (Vortrag 2000) bei: Michael Theunissen, Der Gang des Lebens und das Absolute. Für und wider das Philosophiekonzept Dieter Henrichs, in: Deutsche Zeitschrift für Philosophie, 50 (2002) 3, S. 343-362, hier S. 348.

[41] Henrich, Subjektivität als Prinzip, a. a. O., S. 42.

Sprache aber nicht konstitutives Moment einer Struktur der Intersubjektivität ist – und darauf scheinen Henrichs zuletzt referierte Gedanken zu zielen –, dann kann die Sprache nicht das leisten, was Henrich ihr positiv zuerkennt: die Sprache kann den Subjekten nur unter der Bedingung ermöglichen sich zu verkörpern, daß sie die Erfahrung des Anderen als Anderen schon gemacht haben. Die Erfahrung des Anderen als Anderen beschreibt Henrich als aus *unverfügbarem Grund spontan aufkommend*; diese Einsicht unterläuft Henrich jedoch selbst, wenn er annimmt, daß ein Subjekt die Erfahrung des Anderen nur auf vermitteltem Weg machen kann, d. h. indem der Andere *durch irgendeine Art der Verkörperung erschlossen* wird. Liest man dieses *Erschließen* nicht als bloßes *Erfahren*, dann liegt dieser Einwand auf der Hand. Soll die Antwort auf die Frage, wie eine Erfahrung des Anderen möglich ist, zirkelfrei sein, dann kann die Erfahrung des Anderen, wie Henrich selbst sagt, nur *aus unverfügbarem Grund spontan aufkommen*, nicht aber *erschlossen* werden.

Die Erfahrung des Anderen ist genauso wenig rekonstruktiv zu beherrschen wie die Erklärung von infalliblem Selbstbewußtsein und falliblem Selbstbewußtsein. Wenn man Henrichs Einsicht in die Unmöglichkeit rekonstruktiver Erklärung der genannten Phänomene aufnimmt, so muß dies – wie gezeigt wurde – keineswegs bedeuten, auf eine Unterscheidung von Subjektivität und Selbstbewußtsein zu verzichten. Macht man diese Unterscheidung gegenüber Henrich stark, dann erweisen sich die Schlußfolgerungen, die Henrich und Frank gegenüber allen Intersubjektivitätstheorien geltend gemacht haben, als falsch. Nur primitive Subjektivität muß der Intersubjektivität vorangehen. Nichts spricht aber dafür, Selbstbewußtsein, das prinzipiell fallibel ist, als der Sphäre der Intersubjektivität vorgängig zu behaupten.

Wenn in vielen sozialphilosophischen Ansätzen ein Primat intersubjektiver Strukturen vor der Entstehung des Selbstbewußtseins behauptet wird, so ist diese These nicht pauschal zurückzuweisen, sondern in zweierlei Hinsicht zu modifizieren: zum einen kann Selbstbewußtsein nicht aus Strukturen der Intersubjektivität abgeleitet werden; die Vorgänge, in denen ein *ich* jene Sphäre primitiver Subjektivität und die ihr korrespondierende Sphäre des Sozialen, die vor der Erfahrung des Anderen als Anderen liegt, transzendiert, hin zu jener Sphäre in der ineins mit der Erfahrung des Anderen (Intersubjektivität) Selbstbewußtsein entsteht, können nur beschrieben, nicht aber abgeleitet werden. Treffend formuliert Plessner hinsichtlich der kognitiven Entwicklung des Kindes: „Das Verständnis für Allgemeines kann in seiner äußeren Genese von Woche zu Woche verfolgt, aber als solches nicht aus anderen hergeleitet werden."[42] Zum anderen muß man darauf achten, aus welcher Perspektive von den Strukturen der Intersubjektivität die Rede ist. Für das *ich*, das noch nicht die Erfahrung des Anderen als Anderen gemacht hat, sind die Anderen zwar da, aber sie sind es eben noch nicht im Modus *Andere als Andere* (daher wurde der Begriff des sozialen Miteinanders ein-

[42] Helmuth Plessner, Conditio humana, Pfullingen 1964, S. 50.

geführt). Aus einer neutralen Beobachterperspektive sieht die Sache anders aus. Denn viele der Anderen, die das *ich* im Stadium primitiver Subjektivität umgeben, leben in der Sphäre entwickelter Intersubjektivität und behandeln das *ich* primitiver Subjektivität bereits so, als sei es selbstbewußtes Subjekt. Dies mag ein wichtiges Moment in jenen Prozessen sein, in denen der Andere als Anderer erfahren wird, rechtfertigt jedoch nicht die pauschale Rede vom Primat intersubjektiver Strukturen.[43]

---

[43] Gegen den Begriff primitiver Subjektivität könnte man einwenden, daß gerade das, was er leisten soll, im Begriff nicht getroffen wird. Auch primitive Subjektivität ist Subjektivität, und Subjektivität verlangt nach einer Subjekt-Objekt-Struktur, die doch gerade im Begriff primitiver Subjektivität bestritten wird. Trotz dieser Schwierigkeiten habe ich diesen Begriff gewählt: die Zurückweisung anderer Theorien wird nicht durch Einführung eines neuen Vokabulars geleistet, sondern in der neuen Ordnung der Phänomene, deren Folge dann notwendig eine Transformation des Vokabulars mit sich bringt.

2. Analogieschluß und Einfühlung Die zwei Antworten des bewußtseinsphilosophischen Standpunktes

Die Frage nach der Beziehung zwischen dem *ich* und den *Anderen* wurde im 19. Jahrhundert auf ganz verschiedene Weise virulent: in Hegels Theorie der Anerkennung und seiner Lehre vom objektiven Geist, bei den konservativen Historikern der deutschen historischen Schule ebenso wie in der von Marx herkommenden Theorie des historischen Materialismus, bei Nietzsche und Freud, bis hin zur Darwinschen Abstammungslehre. Allen diesen Theorien ist es gemeinsam, die Abhängigkeit des Einzelnen von seiner Mitwelt in einer bisher nicht gekannten Weise zu behaupten. Vor dem Hintergrund dieser Theorien, die im folgenden nicht weiter interessieren, stellte sich gegen Ende des 19. Jahrhunderts für die akademische Philosophie immer hartnäckiger die Frage, wie ein *ich* die Erfahrung eines *anderen ich* machen kann. Diese Frage nach der Möglichkeit einer Erfahrung vom *anderen ich* hat bis 1900, im weitesten Sinne als erkenntnistheoretische Frage verstanden, vornehmlich zwei konkurrierende Antworten gefunden. Bevor in den folgenden Abschnitten die Positionen Diltheys und Husserls ausführlicher verhandelt werden, sollen in Grundzügen die zwei Positionen vorgestellt werden, die um 1900 als Alternativen galten. Es handelt sich um die sogenannte *Analogieschlußtheorie* und die sogenannte *Einfühlungstheorie*.[1] Beide sind wesentlich älter als ihre Namen, die sich erst nach 1900 als mehr oder weniger feststehende Ausdrücke etablieren.

Der Ausgangspunkt beider Theorien wird verständlich, wenn man sich die seit Descartes populäre Unterscheidung von *res cogitans* und *res extensa*, von *Körper* und *Seele* und die daran anknüpfende Unterscheidung von *Physik* und *Psychologie* vergegenwärtigt, wie sie sich in der im neunzehnten Jahrhundert entstandenen Gegenüberstellung von Natur- und Geisteswissenschaften ausgeprägt hat – und zwar in jener

---

[1] In der zeitgenössischen Literatur wird häufig auch noch eine dritte Theorie genannt, auf die hier nicht eingegangen wird, da sie nur eine weniger überzeugende Spielart der Einfühlungstheorie ist: es handelt sich um die sogenannte Assoziationstheorie, die man in Abgrenzung zur Einfühlungstheorie als reine Assoziationstheorie bezeichnen könnte, da auch die Einfühlungstheorie in ihren unterschiedlichen Ausprägungen dem Phänomen der Assoziation eine wichtige Rolle zuerkennt. Vgl. z. B.: Moritz Geiger, Über das Wesen und die Bedeutung der Einfühlung, in: Bericht über den 4. Psychologenkongreß in Innsbruck 1910, S. 29-73, S. 41 f. Zur Assoziationstheorie vgl. die Bemerkungen unten S. 70.

Fassung, die in Deutschland auf Wilhelm von Humboldt, Droysen, Dilthey u. a. zurückgeht.[2]

In der schon im 19. Jahrhundert nicht unumstrittenen Unterscheidung von Natur- und Geisteswissenschaften liegt eine bestimmte Sichtweise in besonders typischer und reiner Form vor, die auch heute noch vielerorts anzutreffen ist. Der Gegenüberstellung von Natur- und Geisteswissenschaften entsprechen die Unterscheidungen von *Erklären* und *Verstehen*, von *Physischem* und *Psychischem*. Auf der einen Seite – in den Naturwissenschaften – wird, so Diltheys Redeweise, *erklärt*, d. h. man behandelt die Wirkungen, die Körper auf Körper ausüben. Das Prinzip von Ursache und Wirkung heißt Kausalität. Der Bereich der Naturwissenschaften ist in sich geschlossen, d. h. Physisches kann immer nur auf Physisches einwirken. Das Psychische hat in einer naturwissenschaftlichen Perspektive keinen mit den Begriffen der Naturwissenschaften bestimmbaren Ort.

Auf der anderen Seite wird die Sphäre des Psychischen als eine streng von der Sphäre des Physischen zu unterscheidende Sphäre nicht in den Naturwissenschaften, sondern in den Geisteswissenschaften behandelt. In den Geisteswissenschaften haben die Begriffe der Naturwissenschaften nur einen übertragenen Sinn. Psychisches wirkt auf Psychisches – ob man annimmt, daß diese Wirkungen der kausalen Wirkung von Physischem auf Physisches korrespondieren oder ob das Verhältnis von Psychischem zu Physischem anders zu denken ist, bleibt unbestimmt. Psychische Ereignisse werden *verstanden* und nicht *erklärt*, sie entziehen sich der naturwissenschaftlichen Perspektive. Sie können nur in einer künstlichen Perspektive zergliedert werden, aber nicht in eine Kette von kausal verursachenden und verursachten Ereignissen gebracht werden.

Analogieschluß- und Einfühlungstheorie können als gegenläufige Ansätze verstanden werden. Dennoch treffen sie sich in zwei grundsätzlichen Prämissen. Bei beiden ist die Annahme wesentlich, daß nur die eigenen psychischen Erlebnisse direkt erfahrbar sind. Damit ist ein gemeinsamer Ausgangspunkt gegeben. Für beide Theorien stellt sich das Problem, daß das *Fremdpsychische* nur über die vorgängige Wahrnehmung von *Eigenpsychischem* zur Gegebenheit gebracht werden kann. Es ist daher wenig verwunderlich, daß beide Theorien auch eine zweite wichtige Gemeinsamkeit zeigen. Diese besteht in der Annahme, daß es sich um eine vermittelte Erfahrung, genauer formuliert, um eine Vermittlung durch eine Analogie handelt. In beiden Theorien wird angenommen, daß ausgehend vom *eigenen ich* die Analogie des *anderen ich* entwickelt wird. Der wesentliche Unterschied der beiden Ansätze liegt lediglich darin,

---

[2] Diese Gegenüberstellung deckt sich nicht mit der im Ansatz ähnlich gelagerten Unterscheidung von Natur- und Kulturwissenschaften, wie sie programmatisch Wilhelm Windelband in seiner berühmten Straßburger Rede, Heinrich Rickert (den Standpunkt Windelbands modifizierend) und andere Neukantianer vertraten. Vgl. Wilhelm Windelband, Geschichte und Naturwissenschaft, Straßburg 1894; Heinrich Rickert, Kulturwissenschaft und Naturwissenschaft, Freiburg im Breisgau 1899.

daß es sich im Fall der Analogieschlußtheorie um einen bewußt vollzogenen Akt der Zusprechung handelt, während in der Einfühlungstheorie jener Akt der Vermittlung unbewußt, d. h. als nicht bewußt vollzogener Schluß gedacht wird.

Beide Theorien werden hier nicht allein deshalb vorgestellt, weil es gilt, die schrittweise Entwicklung eines Problems zu dokumentieren. Eine schrittweise Entwicklung nachzuzeichnen, bedeutete in der Regel ja nicht mehr, als in historischer Perspektive zu zeigen, wie sich aus Theorien – z. B. aufgrund bestimmter Argumentationsschwächen – die ihnen nachfolgenden Theorien entwickeln. In diesem Fall sollte sich zeigen, daß der Fall schwieriger liegt, weil es sich nicht um isolierbare Schwierigkeiten handelt. Die Aporien von Analogieschluß- und Einfühlungstheorie gründen in der skizzierten Unterscheidung von Physischem und Psychischem. Diese nicht hinterfragte Prämisse präjudiziert alle weiteren Schwierigkeiten, in die sich Analogieschluß- und Einfühlungstheorie und diejenigen, die ihre Prämissen teilen – Lipps, Dilthey, Husserl – verwickeln. Im weiteren Fortgang der Argumentation soll gezeigt werden, daß eine Klärung der Frage, wie ein *ich* die Erfahrung eines *anderen ich* machen kann, nur dann möglich ist, wenn auch die Prämissen von Analogieschluß- und Einfühlungstheorie fallengelassen werden: die Erfahrung eines *anderen ich* kann nur dann widerspruchsfrei erklärt werden, wenn sie nicht als vermittelte Erfahrung gedacht wird. Mit der Idee einer vermittelten Erfahrung zu brechen, so wird weiter zu zeigen sein, ist aber nur dann möglich, wenn auch mit der traditionellen Unterscheidung von *Physischem* und *Psychischem* gebrochen wird.

2.1. Die Analogieschlußtheorie

Analogieschluß- und Einfühlungstheorie gründen in der cartesianisch gedachten Unterscheidung einer körperlichen Welt und einer nur sich selbst zugänglichen Seele. Fragen wir von diesem Standpunkt aus, wie uns Fremdpsychisches zur Erfahrung kommt, so kann die Antwort immer nur lauten: auf indirektem, d. h. auf vermitteltem Weg, z. B. durch die äußere Wahrnehmung des fremden Körpers.[3] Nun bieten sich zwei Möglichkeiten an: zum einen kann man von der Selbstgegebenheit des *eigenen ich* ausgehen und versuchen, von diesem über eine Wahrnehmung des anderen Körpers zu der *Erfahrung* eines *anderen ich* zu gelangen; dies ist der Weg der Einfühlungstheorie. Zum anderen kann man auch direkt bei der Wahrnehmung des anderen Körpers ansetzen; dies ist der Weg der Analogieschlußtheorie. In der Alltagspsycho-

[3] Eine generelle Kritik an der cartesianischen Theorie des Fremdpsychischen findet sich z. B. bei Plessner. Vgl. Helmuth Plessner, Die Stufen des Organischen und der Mensch, Leipzig und Berlin 1928, den Abschnitt: *Die Unzugänglichkeit des fremden Ichs nach dem Prinzip des Sensualismus*, S. 60-63; vgl. außerdem Gilbert Ryle, Der Begriff des Geistes, Stuttgart 1969.

logie wird häufig folgende Fassung der Analogieschlußtheorie vertreten: da mir die Ausdrucksbewegung des fremden Gesichtes von meinem eigenen Gesicht bekannt ist, glaube ich, daß auch der fremde Körper beseelt ist. Dieses Glauben beruht auf einem Schluß. Ich schließe: der andere Körper ist von einem *ich* beseelt, so wie mein eigener Körper von einem *ich* beseelt ist.

Gegen Analogieschlüsse dieser Art sind vielerlei Einwände vorgebracht worden. Prominent sind die Einwände von Theodor Lipps, dessen Position im nächsten Abschnitt vorgestellt wird. Einige der Einwände gegen die Analogieschlußtheorie seien bereits hier angeführt: für den Fall einer bloß optischen Wahrnehmung muß die Analogieschlußtheorie die erkannte Ähnlichkeit meines Ausdrucks mit dem Ausdruck des Anderen voraussetzen. Diese kann aber nicht ohne weiteres vorausgesetzt werden. Ich müßte ja meine eigenen Ausdrucksbewegungen immer schon aus einem Spiegel kennen, um ihre Ähnlichkeit mit denen des Anderen zu erkennen. Schon diese Annahme erweist sich als problematisch. Aus meiner Perspektive spüre ich – z. B. wenn ich zornig werde – nur die Muskelbewegungen meines Gesichts. Ich sehe eventuell einen kleineren Ausschnitt meiner Umwelt, wenn sich meine Wangenmuskulatur zusammenzieht, aber ich sehe nicht meinen eigenen Gesichtsausdruck.

Das eigentliche Problem ist aber von noch grundsätzlicherer Art. Selbst wenn ich durch einen Spiegel mit meinem eigenen Gesichtsausdruck vertraut wäre, könnte ich ja nur dann auf Fremdpsychisches *schließen*, wenn ich bereits von der Existenz *fremder iche* ausgehen würde. Analoges gilt für die entwicklungspsychologisch vermutlich kaum weniger bedeutende akustische Wahrnehmung. Hier ist der oben vorgebrachte Einwand berücksichtigt: ich höre die von mir geäußerten Laute ebenso wie ein Anderer.[4] Aber um die Lautäußerungen des Anderen *als Äußerungen eines Anderen* zu hören, müßte ich mit dem Anderen *als Anderen* bereits bekannt sein. Ein *ich*, das noch keine Erfahrung eines *fremden ich* gemacht hat, könnte die konkrete Erfahrung eines *anderen ich* nur dann durch einen Schluß machen, wenn es mit der Existenz *anderer iche* schon vertraut wäre. Diese Annahme aber kann nicht als eine durch einen Schluß vermittelte erklärt werden. Es würde hier vorausgesetzt werden, was es erst zu erklären gilt. Mit anderen Worten: die Analogieschlußtheorie ist zirkulär, weil sie die Erfahrung des *anderen ich* als bewußte Vermittlung denkt.

Die Analogieschlußtheorie hat aber nicht nur in der Alltagspsychologie Anhänger. Eine klassische Fassung geht auf John Stuart Mill zurück.[5] Mill argumentiert: Ana-

---

[4] Über die Vorzüge der Lautgebärde vgl.: George Herbert Mead, Geist, Identität und Gesellschaft, Frankfurt am Main 1968, S. 100 ff. Zu Mead vgl. S. 170 f (Anmerkung 58).

[5] John Stuart Mill, An Examination of Sir William Hamilton's Philosophy, London 1889, Chapter XII; deutsche Übersetzung als: Eine Prüfung der Philosophie Sir William Hamiltons, Halle an der Saale 1908, hier S. 270-272. Vgl. die ausführlichere Darstellung und Diskussion der Analogieschlußtheorie in: Aron Gurwitsch, Die mitmenschlichen Begegnungen in der Milieuwelt [1931], hg. und eingeleitet von A. Métreaux, Berlin, New York 1977, S. 14-27.

logieschlüsse, bei denen auf fremde Gefühle geschlossen wird, werden vollzogen, indem mir zunächst im eigenen Erleben eine Kette von Ereignissen bewußt wird: äußere Einwirkungen auf meinen Körper („modifications of my body") führen zu bestimmten Gefühlen bzw. Bewußtseinszuständen („feelings"), die dann eine äußere Reaktion („outward demeanour") in meinem Benehmen zur Folge haben. Wenn ich nun bei Anderen das erste und das letzte Glied der dreigliedrigen Ereigniskette wahrnehme, dann kann ich auf das mittlere Glied schließen und annehmen, daß der Andere ebenso Gefühle bzw. Bewußtseinszustände hat wie ich selbst.[6]

Abgesehen davon, daß es sich hierbei nicht um eine Erklärung handeln kann, wie sich die alltägliche Erfahrung unserer Mitmenschen als lebendiger Menschen vollzieht, bleiben die oben erwähnten Einwände bestehen: Wenn ich nicht schon mit der *Erfahrung* vertraut bin, daß meine Mitmenschen ebenso Empfindungen, Gefühle etc. haben wie ich selbst, dann kann gar nicht erklärt werden, was einen solchen *Schluß*, der allenfalls eine nachträgliche Rechtfertigung darstellte, motivieren würde. Nach der Analogieschlußtheorie gibt es aber gar keine ‚echte' Erfahrung des Anderen, sondern bloß ein urteilsmäßiges Wissen von Anderen. Das Problem ist folglich, daß hier ein Wissen behauptet wird, das nicht in einer Erfahrung fundiert ist. Anders müssen daher natürlich jene Autoren beurteilt werden, die in der Analogieschlußtheorie lediglich eine Art nachträglicher Versicherung der schon bekannten Erfahrung des *fremden ich* sehen.[7] Diese Autoren behandeln dann aber eine andere Frage, die hier nicht weiter von Belang ist.

Es ist im übrigen bemerkenswert, daß für viele klassische Autoren die Erkenntnis des *fremden ich* gar kein ausgezeichnetes Problem war. Als Beispiel kann hier Descartes dienen. Descartes hat sich in seinem Rückzugsgefecht auf die unhintergehbare Gewißheit des *cogito* vorrangig damit beschäftigt, die Existenz der Außenwelt und die Existenz Gottes zu beweisen. Wie uns Fremdpsychisches zur Erfahrung kommt, interessierte ihn nur am Rande, obgleich ja durch seine Unterscheidung von *res cogitans* und *res extensa* das Problem virulent wird, auf das die Analogieschlußtheorie antwortet.[8] Daß ein so scharfsinniger Autor wie Descartes die Schwierigkeiten dieses Problems gar nicht erkannte, hängt wohl auch damit zusammen, daß er – der so oft als Vater des neuzeitlichen Selbstbewußtseins bezeichnet wird – weder einen Begriff für das Phänomen des Selbstbewußtseins noch eine ausgefeiltere Theorie desselben hatte. Descartes' *cogito* erweist sich als indifferent gegenüber der Unterscheidung eines bloßen Bewußtseins von Empfindungen und eines reflexiven und repräsentationalen Bewußtseins. Das zeigt die Ratlosigkeit seiner Interpreten hinsichtlich der Frage, ob

6 Ähnliche Auffassungen wurden immer wieder vertreten. Vgl. z. B. in Deutschland: Benno Erdmann, Wissenschaftliche Hypothesen über Leib und Seele, Köln 1907, in England: Bertrand Russell, Das menschliche Wissen, Darmstadt o. J., S. 470 ff.

7 Vgl. Erich Becher, Geisteswissenschaften und Naturwissenschaften, München und Leipzig 1921.

8 Vgl. z. B. das Ende der 2. Meditation der *Meditationes de prima philosophia*.

das *cogito ergo sum* als Schluß oder als unmittelbare Evidenzerfahrung zu verstehen ist. Hätte Descartes diese Schwierigkeiten ausführlicher thematisiert, wäre er vermutlich auch sensibilisiert gewesen für die Schwierigkeiten des Problems der Fremderfahrung.[9]

2.2. Die Einfühlungstheorie

> „Erregen, beleben, beseelen, um jeden Preis – ist das nicht das Losungswort einer erschlafften, überreifen, übercultivirten Zeit?“[10]

Als das grundsätzliche Problem der Analogieschlußtheorie ist die Mittelbarkeit der Fremderfahrung herausgestellt worden. Ein *ich* müßte immer schon die Erfahrung anderer *iche* gemacht haben, um bei einer wahrgenommenen Äußerung oder Erscheinung eines anderen *ich* dieses andere *ich* auch als *anderes ich* wahrzunehmen. Angesichts dieser Schwierigkeiten läßt sich die Einfühlungstheorie als direkter Gegenentwurf zur Analogieschlußtheorie ansehen, weil sie versucht, die Erfahrung *des anderen ich* als eine nicht durch einen bewußten Denkvorgang vermittelte Erfahrung zu denken. Dabei darf jedoch nicht übersehen werden, daß sie die Prämissen, auf denen die Analogieschlußtheorie aufbaut, unangetastet läßt: auch die Einfühlungstheorie operiert mit der Annahme, jedem *ich* seien nur die eigenen psychischen Gehalte unmittelbar zugänglich. Die Einfühlungstheorie in jener Form, in der sie um 1900 bekannt wurde, hat ihre Wurzeln in der Romantik. Ihren Namen erhielt sie – obgleich der Begriff *Einfühlen* bei Herder, Jean Paul und anderen nachgewiesen ist – vermutlich erst durch die Arbeiten Friedrich Theodor Vischers, Johannes Volkelts und vor allem durch Theodor Lipps. Die übliche historische Verortung, daß Einfühlung eine romantische Idee ist, darf nicht zu eng gesehen werden. Die antike Poetik kannte vermutlich Ähnliches.[11] Es ist wohl kein Zufall, daß sich sowohl Johannes Volkelt als auch Theo-

---

9 Es ist interessant zu sehen, wie der Versuch, eine cartesianische Position bzw. Descartes selbst gegenüber dem Vorwurf des Skeptizismus bezüglich des Fremdpsychischen zu verteidigen, immer wieder scheitert. Selbst wenn man glaubt, durch einen Analogieschluß die Erfahrung *fremder iche* zu erklären, ist es schwierig, Descartes zu verteidigen. So meint z. B. Dominik Perler, es reiche aus, aufgrund kreativer Sprachfähigkeit zu schließen, daß ein Wesen Geist habe. Damit wäre aber eben nicht das Fremdpsychische erklärt, sondern nur, daß es außer mir auch andere Wesen gibt, die einen Geist haben. Ob dieser Geist der Geist eines lebendigen Wesens ist, ob er Empfindungen und Gefühle hat, ist damit aber keinesfalls erwiesen. Vgl. Dominik Perler, Descartes über Fremdpsychisches, in: Archiv für Geschichte der Philosophie, 77 (1995) 1, S. 42-62.

10 Friedrich Nietzsche, Menschliches, Allzumenschliches I, §141, KSA 2, München 1988, S. 137.

11 Vgl. Karl Gross, Das innere Miterleben in der älteren Ästhetik, in: Annalen der Philosophie, Band 3, 1922, S. 400-417.

dor Lipps intensiv mit antiken Tragödientheorien auseinandergesetzt haben.[12]

Einfühlung wird gewöhnlich beschrieben als das Hineinverlegen des *eigenen ich* in ein Objekt. Zunächst wurde der Ausdruck als terminus technicus eingeführt, der eine ästhetische Erfahrung charakterisieren sollte. Ästhetische Einfühlung meint einen Akt, in welchem die Phantasie das *ich* in eine äußere Erscheinung hineinverlegt, um diese zu *beleben* und zu *beseelen.*[13] Nimmt man diese Bestimmung als Ausgangspunkt, dann ist das Fremdverstehen eigentlich nichts anderes als ein besonderer Fall von ästhetischer Einfühlung. Das *eigene ich* wird in ein *fremdes ich hineinverlegt* (*eingefühlt*), um psychische Gehalte des *fremden ich* zu verstehen. *Einfühlung* ist demzufolge „Versetzung meiner selbst in andere".[14]

Schon das Bewußtsein dieser Herkunft provoziert eine kritische Haltung gegenüber den Theorien, die die Fremderfahrung als Einfühlung verstehen. Die Einfühlung in ein Lebewesen, das Bewußtsein hat, muß ja von der Einfühlung in leblose Körper zu unterscheiden sein, wenn gesichert sein soll, was als das Selbstverständlichste gilt: daß leblose Körper auch dann, wenn wir sie einfühlend *beseelen*, kein Bewußtsein haben, und umgekehrt: daß Lebewesen, die Bewußtsein haben, sich dadurch von anderen Lebewesen und leblosen Körpern unterscheiden. Schon im Begriff der Einfühlung scheint etwas Problematisches zu liegen: die Erfahrung des Fremdpsychischen scheint nur möglich zu sein als durch etwas von *meinem ich* Hervorgebrachtes, das *meinem ich* im Angesicht des Anderen nicht direkt offenbar ist. Wenn die Lebendigkeit des Anderen keine ursprüngliche, sondern nur eine abgeleitete Erfahrung ist, dann ist sie letzten Endes nur eine Schein-lebendigkeit. Sie ist das Werk der Phantasie genauso wie die in tote Materie eingefühlte Lebendigkeit. Nicht nur die Erfahrung des An-

---

12 Vgl. Johannes Volkelt, Ästhetik des Tragischen, München 1897; Theodor Lipps, Der Streit um die Tragödie, Hamburg 1891.

13 Vgl. Theobald Ziegler, Zur Genesis eines ästhetischen Begriffs, in: Zeitschrift für vergleichende Literaturgeschichte, 7 (1894), S. 113-120; [Art.] Einfühlung, in: Rudolf Eisler, Wörterbuch der philosophischen Begriffe, Erster Band, Berlin 1910^3, S. 256 f. Nach Theodor Lipps, [Art.] Ästhetik, in: Die Kultur der Gegenwart, Teil I, Abteilung VI, Systematische Philosophie, hg. von Paul Hinneberg, Berlin und Leipzig 1908^2, S. 351-390, hier S. 387, kommt die Sache von Herder, der Begriff von Lotze. Vgl.: Hermann Lotze, Geschichte der Ästhetik in Deutschland, München 1868. Zu Lotzes Theorie der Einfühlung vgl. Fritz Bamberger, Lotze. Untersuchungen zur Entstehung des Wertproblems in der Philosophie des 19. Jahrhunderts, Halle an der Saale 1924, Abschnitt III,3: Das einfühlende Verstehen, S. 87-91. Meistens wird hingewiesen auf: Wilhelm Perpeet, Historisches und Systematisches zur Einfühlungsästhetik, in: Zeitschrift für allgemeine Kunstwissenschaft, XII (1967) 1, S. 193-216. Neuerdings sehr selektiv aus ästhetischer Perspektive und die erkenntnistheoretische Dimension tendenziell ausblendend: Martin Fontius: [Art.] Einfühlung/Empathie/Identifikation, in: Ästhetische Grundbegriffe, Band 2, Stuttgart 2001, S. 121-142. Über die Frühgeschichte des ästhetischen Einfühlungsmodells vgl. Paul Stern, Einfühlung und Association in der neueren Ästhetik. Ein Beitrag zur psychologischen Analyse der ästhetischen Anschauung, Hamburg und Leipzig 1898.

14 Lipps, [Art.] Ästhetik, a. a. O., S. 362.

deren, sondern die Erfahrung lebendiger, d. h. beseelter Lebewesen überhaupt bleibt vom Standpunkt der Einfühlungstheorie ausgehend ein ungelöstes Rätsel.

Für das Verständnis des als *Einfühlung* bezeichneten Phänomens ist es hilfreich, sich der Geschichte des Begriffs zuzuwenden. Die Popularität von Lipps' Einfühlungstheorie führte zu einer Äquivokation, die mitunter noch heute für Verwirrung sorgt: Meistens bezeichnet der Begriff eine bestimmte Theorie des Fremdverstehens, mitunter wird er aber auch als Name für das Fremdverstehen überhaupt verwendet – und zwar vornehmlich von denjenigen, die selbst einer Spielart der Theorie der Einfühlung anhängen. Max Scheler kritisiert unter dem Namen Einfühlung ausschließlich Lipps' Theorie bzw. Theorien, die derjenigen von Lipps nahestehen.[15] Edith Stein und Edmund Husserl hingegen reklamieren den Begriff Einfühlung trotz ihrer Kritik an Lipps als Name für jede Theorie des Fremdverstehens. So heißt es etwa bei Edith Stein, das Erfassen fremder Bewußtseinserlebnisse – Empfindungen, Gefühle etc. – sei eine einheitlich typische Bewußtseinsmodifikation und bedürfe eines einheitlichen Namens: „wir haben dafür den für einen Teil der hergehörigen Phänomene bereits üblichen Begriff der ‚Einfühlung' gewählt".[16]

Der Grund für diese unterschiedliche Stellung, die dem Begriff der Einfühlung zuerkannt wird, liegt darin, daß es eine Differenz gibt, die den Ansatz Schelers von denjenigen Ansätzen, die als Theorie der Einfühlung auftreten, in einem grundsätzlicheren Sinn unterscheidet, als dies bei den Theorien von Lipps und Husserl der Fall ist. An sich sind solche Begriffsstreitereien nur zu verständlich und gewöhnlich auch in der Sache begründet. Das gilt auch in diesem Fall. Es sollte bloß nicht übersehen werden, daß dort, wo der Begriff Einfühlung als Name für die Erfahrung des *fremden ich* verwendet wird, bereits eine bestimmte Tendenz der Theorie ausgesprochen ist. Das gilt auch für den heute populären Begriff der Empathie, der bekanntlich auf den Begriff der Einfühlung zurückgeht. Der in Nordamerika lehrende populäre englische Psychologe Edward B. Titchener führte den Ausdruck *empathy* als Übersetzung des deutschen Ausdrucks *Einfühlung* ein. Heute wird das englische *empathy* nicht mit *Einfühlung* zurückübersetzt, sondern stattdessen wird auch im Deutschen immer häufiger der Ausdruck *Empathie* verwendet. Dabei ist denen, die ihn im Mund führen, selten bewußt, daß in diesem Begriff tendenziell eine bestimmte Theorie der Fremderfahrung angelegt ist.[17]

---

15 Vgl. unten S. 148 ff.

16 Edith Stein, Zum Problem der Einfühlung, Halle an der Saale 1917, S. 68.

17 E. B. Titchener, der in Leipzig bei Wilhelm Wundt studierte, schrieb mehrere bekannte Standardwerke der Psychologie (am bekanntesten: An Outline of Psychology, New York 1896, dt. Übersetzung: Lehrbuch der Psychologie, Leipzig 1910) und übersetzte wichtige Werke Wilhelm Wundts und Oswald Külpes ins Englische. Vgl.: Edwin G. Boring: Edward Bradford Titchener 1867-1927, in: The American Journal of Psychology, 38 (1927), p. 489-506.

2.3. Johann Gustav Droysen

Im folgenden interessiert diejenige Theorie der Erfahrung des Fremdseelischen, für die später der Begriff Einfühlung in ausgezeichneter Weise verwendet wurde. Sie soll zunächst vorgestellt werden am Beispiel Johann Gustav Droysens und seiner berühmten *Historik*. Droysens Position ist ausgesprochen typisch für jene Phase, in der die Theorie der Einfühlung bereits äußerst populär ist, obgleich sie noch nicht auf den Begriff gebracht worden war. An zentraler Stelle heißt es in Droysens Historik: „Die Möglichkeit des Verstehens ist dadurch bedingt, dass die geistig-sinnliche Natur des Menschen jeden inneren Vorgang zu sinnlicher Wahrnehmbarkeit äussert, in jeder Aeusserung innere Vorgänge spiegelt. Wahrgenommen erregt die Aeusserung, sich in das Innere des Wahrnehmenden projizierend, den gleichen inneren Vorgang. Den Schrei der Angst vernehmend, empfinden wir die Angst des Schreienden u. s. w.“[18]

Diese Formulierungen – die für Droysens Hermeneutik von grundlegender Bedeutung sind – müssen als naive und unreflektierte Version einer Theorie der Einfühlung angesehen werden.[19] Zu offensichtlich ist der Einwand: gesetzt, ich nehme den Ausdruck eines Anderen auf die beschriebene Weise wahr, so daß er in mir das gleiche Gefühl oder den gleichen Gedanken hervorruft, so ist mir damit keinesfalls die Erfahrung dieses Gefühls oder Gedankens *als Gefühl oder Gedanken eines Anderen* gegeben. In Droysens Beschreibung ist allenfalls angesprochen, wie ich das Gefühl eines Anderen fühlen kann, nicht aber: daß ich es *als Gefühl des Anderen* erfahre. Aber selbst wenn ich das Gefühl als Gefühl eines Anderen erfahren und dabei dieses Gefühl erleben würde, scheint seine Erklärung fragwürdig – fragwürdig insofern, als sie das Verstehen allgemein aufklären will. Denn das bedeutete, daß jedes Verstehen eine zumindest qualitative Reproduktion des Gefühls des Anderen erforderte: ich müßte tatsächlich das Gefühl des Anderen fühlen, um zu verstehen, was er fühlt. Einerseits erscheint der Gedanke absurd, das Gefühl eines Anderen zu *verstehen* fordere, das Gefühl selbst zu erleben. Aber andererseits muß man sich vergegenwärtigen, was die Alternative ist: beschreibt man die Erfahrung, daß ein Anderer dieses oder jenes fühlt, als bloßes Wissen um das Gefühl des Anderen, so scheint die Art der Vergegenwärtigung des Fremdpsychischen viel zu abstrakt: solange ich bloß weiß, daß der Andere ein bestimmtes Gefühl hat, ist er mir nicht wirklich gegenwärtig; denn solange ich bloß weiß, daß der Andere ein bestimmtes Gefühl hat, mache ich noch gar nicht die *Erfahrung* des Anderen als Anderen. Jener schillernde Begriff des *Verstehens*, der für die hermeneutische Tradition typisch ist, in der Droysen steht, zeigt hier seinen tiefen Sinn: *Verstehen* meint eine Erfahrung des Anderen, die sich von jeder Erkennt-

---

18 Johann Gustav Droysen, Grundriss der Historik, Leipzig 1868, S. 9.

19 Zur Stellung von Droysens Historik innerhalb der Geschichte der Hermeneutik vgl. Joachim Wach, Das Verstehen, Band 3, Tübingen 1933, S. 134 ff.

nis, die wir von Physischem (Körpern) haben, fundamental unterscheidet: *Verstehen* kann man nur andere Lebewesen, die empfinden, fühlen, handeln, die Ziele verfolgen, Gründe haben und in Sinnbezügen stehen. Für Droysen ist Verstehen nur möglich durch Mitvollzug der Gefühle des Anderen. Daher ist Verstehen immer schon Mitfühlen – eine Ansicht, die Droysen mit vielen anderen seiner Zeit teilt; auch bei Lipps und Dilthey findet sich diese Idee wieder, auf die noch ausführlicher zurückzukommen ist.

2.4. Theodor Lipps

Eine der umsichtigsten und am weitesten ausgearbeiteten Theorien der Einfühlung stammt von Theodor Lipps. Seine erkenntnistheoretische Hermeneutik hat vermutlich – neben derjenigen Johannes Volkelts – am meisten dazu beigetragen, den Begriff der Einfühlung als ästhetischen und erkenntnistheoretischen Begriff zu etablieren.[20] *Einfühlung* ist für Lipps zum einen der Name für den Vorgang, in dem das *Wissen eines fremden Ich* zustande kommt, zum anderen der Name für das Erlebnis, in dem das *andere ich* erlebt wird. Bemerkenswert an der von Lipps häufig gebrauchten Formulierung *Wissen von fremden Ichen* ist zweierlei. Zum einen bedeutet *Wissen* für Lipps nicht mehr als Erfahrung; es bedeutet nicht einen reflexiv vollzogenen Akt des Urteilens. Und zum anderen ist die Frage nach dem Anderen (dem *fremden ich)* die Frage danach, wie wir die Erfahrung fremder psychischer Gehalte machen können. Lipps' Zugang ist primär erkenntnistheoretisch orientiert, obgleich bei ihm ähnlich wie bei Droysen keine strenge Unterscheidung zwischen *Verstehen* und *Mitfühlen* möglich ist. Da jedes Auffassen fremder psychischer Erlebnisse kein bloßes Auffassen, sondern tendenziell immer schon Mitfühlen der Erlebnisse Anderer ist, sieht Lipps in seiner

[20] Theodor Lipps (1851-1914) lehrte von 1894 bis zu seinem Tod in München. Er entfaltete zu Lebzeiten eine außerordentlich breite Wirkung in seinen beiden Themen: der Ästhetik und der Psychologie. Heute ist er fast völlig vergessen. Allenfalls in der Husserlphilologie findet er noch Aufmerksamkeit. Die Frühgeschichte der Phänomenologie ist wesentlich durch seine Persönlichkeit und seinen Schülerkreis – die sogenannte Münchener Phänomenologie: Alexander Pfänder, Moritz Geiger, Adolf Reinach u. a. – geprägt. Vgl. Herbert Spiegelberg, The Phenomenological Movement, Volume One, Den Haag 1960, S. 171 f; sowie: Eberhard Avé-Lallemant (Hg.) u. a., Die Münchener Phänomenologie, Den Haag 1975, v. a. ders., Die Antithese Freiburg-München in der Geschichte der Phänomenologie, S. 19-38. Lipps' Schriften sind auch heute noch höchst anregend und dies nicht nur, weil weder die Arbeiten Husserls noch die Schelers ohne sein Werk denkbar sind. Neuere Literatur über Lipps gibt es kaum. Einen kurzen Überblick vermitteln: Niels W. Bokhove und Karl Schumann: Einleitung zu: Bibliographie der Schriften von Theodor Lipps, in: Zeitschrift für philosophische Forschung, 45 (1991), S. 112-118. Jüngst ist erschienen: *Una ‚scienza pura della coscienca': l'ideale della psicologia in Theodor Lipps* a cura di Stefano Besoli, Marina Manotta e Ricardo Martinelli, Discipline Filosofiche Anno XII, numero 2, Macerata 2003, interessant v. a. hinsichtlich des in meiner Darstellung vernachlässigten Ich-Begriffs: Wolfhart Henckmann, La dottrina dell'Altro in Theodor Lipps, S. 149-171.

Theorie der Einfühlung auch die Grundlage jeder ethischen Theorie. Wenn man gegenüber jenen Intersubjektivitätstheorien, die die erkenntnistheoretische Frage nach dem Anderen in den normativen Kontext einer Theorie der Anerkennung eingliedern, den Einwand vorbringt, Probleme zu vermengen, die zunächst einmal auseinanderzuhalten sind, so kann man Lipps den gleichen Vorwurf in umgekehrter Richtung machen. Lipps sieht in seiner Theorie bereits eine Ethik angelegt, ohne daß ihm das Problem der Anerkennung des Anderen als Grundproblem normativer Intersubjektivitätstheorie bewußt gewesen ist.

Jeder Versuch einer hermeneutischen Vergegenwärtigung von Lipps' Philosophie – und dies gilt im besonderen für seine Theorie der Einfühlung – steht angesichts seiner vielen weit verstreuten und immer wieder neue Aspekte ansprechenden Arbeiten vor der Frage, ob eine systematische oder eine werkchronologische Vorgehensweise vorzuziehen ist. Eine chronologische Vorgehensweise ist angesichts verwirrender Unterschiede, die keine einheitliche Entwicklung erkennen lassen, für eine primär an dem sachlichen Gehalt orientierte Vergegenwärtigung wenig fruchtbar. Ihrer Anlage gemäß zielte sie vorrangig auf eine Herausstellung der Inkonsistenzen. Daher wird im folgenden einem systematischen Zugang der Vorzug gegeben. Denn in Lipps' zahlreichen Arbeiten zur Einfühlung läßt sich weder eine einheitliche Position noch eine mehr oder weniger kontinuierliche Entwicklung ausmachen.

Am Beginn des Abschnitts des für unseren Zusammenhang entscheidenden Abschnitts *Erkenntnisquellen. Einfühlung* seines *Leitfaden der Psychologie* legt Lipps die Grundannahmen seiner Philosophie offen: „Es gibt drei Erkenntnisgebiete. Ich weiß von den Dingen, von mir selbst, und von anderen Individuen. Jene erste Kenntnis hat zur Quelle die sinnliche Wahrnehmung. Die zweite die innere Wahrnehmung, d. h. das rückschauende Erfassen des Ich mit seinen Qualitäten, Gefühlen, und seinen Beziehungen auf Inhalte und Gegenstände. Die Quelle der dritten Erkenntnisart endlich ist die Einfühlung."[21] Auf diesen Grundannahmen basiert alles Weitere. Es ist wichtig, dies schon hier herauszustellen, denn im folgenden gilt es zu zeigen, daß dieser Standpunkt alle weiteren Probleme hinsichtlich der Frage nach dem *anderen ich* vorbestimmt.

Lipps hat die Probleme der gängigen Analogieschlußtheorien scharf herausgearbeitet. So kam er zu der Ansicht, daß durch einen Schluß auf keinen Fall das Wissen *fremder Iche* erklärt werden könne. Es handelt sich bei diesem Wissen, so Lipps, nicht um einen Analogieschluß, „sondern um den Übergang zu einer völlig neuen Tatsache."[22]

---

21 Theodor Lipps, Leitfaden der Psychologie, Leipzig 1903, S. 187, 1906², S. 193, 1909³, S. 222. Um Lipps' Überarbeitungen transparent zu machen wird hier und im folgenden auf alle drei Fassungen dieses Buchs verwiesen. Geringfügige Änderungen werden nicht kenntlich gemacht. Der Wortlaut der Zitate entspricht jeweils der frühesten Fassung.

22 Theodor Lipps, Das Wissen von fremden Ichen, in: Psychologische Untersuchungen, hg. von Th. Lipps, Band I, Heft 4, 1907, S. 694-722, hier S. 709. Schon in seinem ersten größeren Werk, den

Auf die Frage, wie wir zu einem Wissen vom *fremden Ich* gelangen, ist die Antwort des Analogieschlußtheoretikers unzulässig: wir können nicht argumentieren, daß wir unsere eigenen psychischen Gehalte kennen und auch wissen, wie wir diese äußern, und nun, da wir eine fremde Lebensäußerung sehen, schließen wir auf ein *anderes ich*. Lipps führt verschiedene Gründe für die Unzulänglichkeit der Analogieschlußtheorie an: zum einen weist er bezüglich der Gebärde des Gesichtsausdrucks auf die Unbekanntheit mit dem eigenen Ausdruck hin, die keinen Schluß gestatte. Aber auch bezüglich der Lautgebärde sei ein Schluß unmöglich: denn ich höre zwar den fremden Laut wie meinen eigenen, aber es fehlt das zugehörige Gefühl: „Ich fühle eben doch, indem ich den fremden Laut höre, keinen Schreck."[23] Dem zuletzt genannten Einwand liegt die schon von Droysen geteilte problematische Annahme zugrunde, daß die Erfahrung des *anderen ich* nur möglich sein soll, wenn der Gemütszustand des *anderen ich* von einem selbst gefühlt wird (auf diese Annahme ist noch zurückzukommen). Der grundsätzliche Einwand der Zirkularität, daß ein Analogieschluß auf das *andere ich* voraussetzen muß, was er eigentlich erst erklären will, findet sich erstaunlicherweise nicht in allen der vielen Schriften von Lipps zum Problem der Einfühlung. Deutlich ist der Einwand in dem kurzen Aufsatz *Das Wissen von fremden Ichen* entwickelt.[24] Lipps stellt hier eine Parallele zwischen den Fragen nach der Gewißheit der Existenz der Außenwelt und der Gewißheit nach der Erfahrung des *fremden ich* her. Niemals, so Lipps, könnten wir uns durch einen Schluß der Gewißheit der Außenwelt versichern. Wer davon ausgeht, diese Gewißheit hätten wir, weil jedes Auftreten einer neuen Empfindung eine Ursache brauche und diese Ursache als ein dinglich Reales identifiziert, setzt voraus, daß jenes unerfahrene *ich* bereits mit der Möglichkeit einer Ursache vertraut ist. Es wird uns also zugemutet, „daß wir, ohne von objektiver Wirklichkeit vorher zu wissen, diese aus der Tatsache unserer Empfindungen auf dem Wege des bloßen Denkens herausklauben sollen. Aber auch in diesem Fall verhält es sich so wie es sich überall verhält. Um von unseren Empfindungen auf objektive Wirklichkeit zu schließen, müßten wir schon wissen, daß es objektive Wirklichkeit gibt." An unserem Bewußtsein der objektiven Wirklichkeit, so Lipps, gibt es nichts zu ‚erklären', dieses Bewußtsein ist einfach da und spottet jeder Erklärung. Es ist eine nicht weiter zurückführbare Tatsache, die Lipps daher eine „instinktive Tatsache" nennt. Das bedeutet: so wie wir als Menschen organisiert sind, können wir gar nicht anders, als die

---

Grundtatsachen des Seelenlebens von 1883, behandelt Lipps kurz die Frage nach dem „Bewußtsein der Wirklichkeit eines fremden Ich", hält aber damals die Analogieschlußtheorie offenbar noch für unproblematisch. Vgl. Theodor Lipps, Grundtatsachen des Seelenlebens, Bonn 1883, S. 447. Am ausführlichsten ist die Widerlegung in seinem letzten Werk: Theodor Lipps, Zur Einfühlung, in: Psychologische Untersuchungen, hg. von Th. Lipps, II. Band, 2. und 3. Heft, Leipzig 1913, S. 111-491, hier S. 423-444 (auch als Separatdruck erschienen).

23 Lipps, Leitfaden der Psychologie, 1903, S. 192, 1906², S. 199, in der Ausgabe von 1909³ fehlt diese Stelle.

24 Vgl. auch: Lipps, Zur Einfühlung, a. a. O., S. 111-491, S. 448.

Gegenstände der sinnlichen Empfindung als etwas von dieser Empfindung unabhängig Existierendes anzusehen. Analog zu dem Problem der Gewißheit der Außenwelt verhält sich auch das Problem des *Wissens von fremden Ichen.* Die Erfahrung des *anderen ich* ist – verglichen mit allen anderen Erfahrungen – ein Novum und als solche aus keiner anderen Erfahrung ableitbar.[25]

Zunächst ist mit der Zurückweisung der Analogieschlußtheorie nur ex negativo bestimmt, in welche Richtung eine Problemlösung möglich ist. Lipps nimmt an, daß die Erfahrung des *fremden ich* durch eine Art Instinkt ermöglicht wird. Er nennt ihn mit einem Grundbegriff der zeitgenössischen Ästhetik: *Instinkt der Einfühlung*. Aus diesem ästhetischen Grundbegriff, so fordert Lipps, soll auch ein psychologischer und soziologischer Grundbegriff werden. Schon im Namen des zu erklärenden Phänomens der *Erfahrung eines fremden ich* soll deutlich werden, daß es sich nicht um einen reflexiven Denkakt bzw. um einen Schluß handelt: „Einfühlung ist aber nicht der Name für irgend einen Schluß, sondern es ist der Name für eine ursprüngliche und nicht weiter zurückführbare, zugleich höchst wunderbare Tatsache, die von jedem Schluß verschieden, ja damit völlig unvergleichbar ist."[26]

Zwar soll es sich bei der Erfahrung eines *anderen ich* für Lipps um eine ursprüngliche Tatsache handeln, aber zugleich soll sichergestellt sein, daß *das Wissen anderer iche* nicht unmittelbar auf Grund der sinnlichen Wahrnehmung entstehen könne. Wir sehen nicht und hören nicht das Fühlen, Wollen, Denken eines *anderen ich*, sondern erleben dergleichen einzig in uns. Man könnte hier einwenden: ich sehe doch im Gesichtsausdruck des Anderen, wie dieser sich fühlt. Vermutlich würde Lipps das nicht bestreiten. Er scheint hier jedoch sagen zu wollen: ich kann die Erlebnisse (die Empfindungsqualitäten) des Anderen nicht erleben, sie sind mir unzugänglich. Nur unsere eigenen Erlebnisse können wir erleben. Die einzig denkbare Möglichkeit, von den Erlebnissen Anderer zu erfahren, besteht darin, daß wir die aus eigenem Erleben bekannten Erlebnisse dem Anderen *einfühlen*, um seine psychischen Gehalte zu verstehen. Das ist jedoch nur möglich, wenn uns die einzufühlenden psychischen Gehalte von uns selbst bekannt sind: „Aus den Zügen der eigenen Persönlichkeit müssen wir also die Fremde weben."[27] An dieser These zeigt sich eine relative Nähe zur Analogieschlußtheorie: denn jede mögliche Fassung einer Analogieschlußtheorie muß davon ausgehen, daß der Ausdruck und das dem Ausdruck entsprechende Gefühl dem *ich*, das die Erfahrung eines Anderen macht, schon bekannt ist. Allerdings stellt sich die Frage, ob die Einfühlungstheorie zwingend diese Voraussetzung machen muß. Darauf wird später zurückzukommen sein.

---

[25] Lipps, Das Wissen von fremden Ichen, a. a. O., S. 696 f.

[26] Ebd., S. 713.

[27] Lipps, Leitfaden der Psychologie, 1903, S. 192, 1906^2, S. 199, in 1909^3 wurde die Passage gestrichen!

Eine unmittelbare sinnliche Wahrnehmung des Anderen kann für Lipps nicht der Ausgangspunkt der Erklärung sein – schon deshalb nicht, da die behauptete Unmittelbarkeit eine Erfahrung des Anderen immer schon voraussetzen würde. Lipps' Erklärung setzt daher bei einem unreflektierten Prozeß an: zunächst ist ein unmittelbar wirksamer instinktiver Trieb des Miterlebens anzunehmen, der durch eine innere Nachahmung hervorgerufen wird: ich sehe eine Gebärde; diese erregt in mir vermöge eines nicht weiter erklärbaren Instinktes[28] einen affektiven Zustand, der dem affektiven Zustand des die Gebärde äußernden Anderen entspricht – d. h. ich erlebe diesen affektiven Zustand. Vorausgesetzt ist dabei jedoch, daß ich diesen Zustand schon einmal selbst erlebt habe. Das Erleben des Affektes bleibt aber an die wahrgenommene Gebärde gebunden bzw. in ihr mitgegeben: ich erlebe den Affekt als in die Gebärde *eingefühlt* bzw. – wie Lipps sich mitunter auch ausdrückt – *hineinprojiziert*[29]. Lipps illustriert dies an folgendem Beispiel: ich sehe jemanden gähnen. Unbegreiflicherweise, so Lipps, verspüre ich nun, indem ich den Anderen gähnen sehe, die instinktive Tendenz, selbst zu gähnen. Dieser Tendenz kann ich entgegenwirken, ich kann ihr aber auch nachgeben. Gebe ich ihr nach, so werde ich zunächst aufmerksam auf die Tendenz, dieselbe Gebärde hervorzubringen – eine Tendenz, die in jeder Wahrnehmung einer Gebärde mitgegeben ist. Ineins mit der Tendenz zur Nachahmung der Gebärde fühle ich dann den Drang, die Gebärde selbst hervorzubringen. Indem ich nun die Gebärde hervorbringe, stellt sich der Affekt ein. In der eigenen Gebärde erlebe ich den Affekt. – Damit ist aber noch keine Erfahrung eines *anderen ich* gegeben. Lipps nennt den beschriebenen Ablauf einen Fall von *positiver Einfühlung* und bestimmt diese dadurch, daß in ihr gerade kein *anderes ich* erfahren werde: in der vollen *positiven* Einfühlung existiert nur ein einziges Erlebnis-*ich*, das in ein äußeres Objekt *projizierte* eigene *ich*. In der *Einfühlung* – d. h. in dem Hineinfühlen des *eigenen ich* in die fremde Gebärde – erlebt das *ich* dieselbe. Das Erleben ist, so Lipps ausdrücklich, zum *Mitfühlen* (zum *Miteinanderfühlen*), zur *Sympathie* geworden.

Bis zu diesem Punkt der Argumentation ist Lipps' Theorie mit derjenigen Droysens eng verwandt. Lipps war sich jedoch – zumindest in seinem in drei Auflagen 1903, 1906 und 1909 erschienenen *Leitfaden der Psychologie* – im klaren darüber, daß das so bestimmte *Mitfühlen* keineswegs die Erfahrung eines *anderen ich* bedeutet. Denn erst dann, so Lipps, wenn ich aus der *vollen Einfühlung* heraustrete, wenn

[28] Vgl. dazu folgende Bemerkung: „In der Tat wird ja durch das Wort Instinkt niemals etwas erklärt. Wir sagen damit einfach, es ist nun einmal so oder es liegt nun einmal so in unserer Natur begründet. Es sagt in unserem Falle: wir können nun einmal, so wie wir organisiert sind, nicht umhin, die Gegenstände der sinnlichen Empfindung als etwas von der Empfindung unabhängig Existierendes anzusehen." Lipps, Das Wissen von fremden Ichen, a. a. O., S. 696.

[29] Vgl. z. B. Lipps, Leitfaden der Psychologie, 1906^2, S. 37, 1909^3, S. 51. In der ersten Auflage von 1903 fehlt der gesamte Abschnitt. Lipps hat aber auch schon in dieser Fassung von einer *Projektion* gesprochen, vgl. 1903, S. 202.

ich mich dem Vollzug des Affektes widersetze, wenn ich mich bloß *negativ* einfühle, erfahre ich mich als nicht an das äußere Objekt gebunden, sondern ihm gegenüberstehend. Das an den fremden Körper gebundene, weil in ihn eingefühlte *ich* bleibt aber, nachdem die Trennung von *fremdem Körper* und *meinem ich* einmal vollzogen ist, in der Erinnerung an den fremden Körper gebunden. So „entsteht eine Teilung jenes einen Ich. Und in solcher Teilung nun entsteht mir das Bewußtsein der Mehrheit der Individuen. Und dasselbe entsteht mir ursprünglich einzig auf diesem Wege".[30] Die Erfahrung eines *anderen ich* ist für Lipps nur möglich, weil wir unser *ich* durch Einfühlung in einen anderen Körper vervielfältigen können. Das bedeutet: das *ich des Anderen* ist Modifikation meines ich: „die fremden Iche sind das Ergebnis einer instinktiven, durch bestimmte sinnliche Wahrnehmungen ausgelösten, zugleich je nach Beschaffenheit derselben modifizierten Vervielfältigung meiner selbst."[31]

Lipps' Theorie der Einfühlung hat unter seinen Zeitgenossen verschiedene Gegner gefunden: aus der sogenannten Grazer Schule Alexius von Meinongs kam eine fun-

---

30 Seltsamerweise findet sich das letzte Argument für die Entstehung der Erfahrung des *fremden ich* nur in dem zuerst 1903, dann 1906 und 1909 jeweils überarbeitet erschienenen *Leitfaden der Psychologie*, 1903, S. 194; 1906^2, S. 202; 1909^3, S. 231. In dem 1907 veröffentlichten Aufsatz *Das Wissen von fremden Ichen* verzichtet Lipps auf dieses Argument, so daß dort der Eindruck entsteht, allein im Mitfühlen erführen wir das *fremde ich* als *fremdes ich*. Hier fällt Lipps auf das Niveau der Position Droysens zurück. Vgl. Lipps, Das Wissen von fremden Ichen, a. a. O., S. 719. Auch in dem frühen Aufsatz *Aesthetische Einfühlung* von 1900 findet sich die Unterscheidung von *positiver* und *negativer Einfühlung* nicht. Der Verdacht, daß Lipps seine Theorie in diesem Punkt verändert hat, trifft jedoch nicht zu. Denn für die 2. („völlig umgearbeitete") und 3. („teilweise umgearbeitete") Auflage des *Leitfadens der Psychologie* wurden die entsprechenden Passagen nahezu unverändert übernommen. Vgl. Lipps, Leitfaden der Psychologie, 1906^2, S. 198 f., 1909^3, S. 228 f. (Abschnitt: „Einfühlung in die sinnliche Erscheinung des Menschen"). Die zweite Auflage bietet allerdings auf den Seiten 34 ff. einige wichtige Passagen, die neu hinzugekommen sind. Vgl. auch Theodor Lipps, Einfühlung, innere Nachahmung, und Organempfindungen, in: Archiv für die gesamte Psychologie, I. Band, 2. und 3. Heft, 1903, S. 185-204; sowie: Lipps, Zur Einfühlung, a. a. O., hier v. a. S. 444-466; sowie: Grundlegung der Ästhetik, Hamburg und Leipzig 1903, S. 96-154, v. a. den Abschnitt *Sympathische und negative Einfühlung*, S. 139 ff. Einige Kritiker haben die Unterscheidung von *positiver* und *negativer* Einfühlung – und damit die eigentliche Pointe von Lipps' Theorie – übersehen. So meint Aron Gurwitsch: „Das Wissen von Fremdseelischem ist nach Lipps ein Angestecktwerden von Fremdseelischem". Dieses Urteil ist nur für den Aufsatz *Das Wissen von fremden Ichen*, nicht aber für den *Leitfaden der Psychologie* zutreffend. Vgl. Gurwitsch, Die mitmenschlichen Begegnungen in der Milieuwelt [1931], a. a. O., S. 36. In seinem letzten Werk *Zur Einfühlung* von 1913 hat Lipps etwas kryptisch darauf hingewiesen, daß Kritiker, die ihm einen Widerspruch nachweisen zwischen dem, was er früher und dem, was er heute sage, besser aus der Entwicklung seines Denkens gelernt hätten – allein ein Hinweis, worin diese Entwicklung im wesentlichen besteht bzw. eine Erklärung für die auf halbem Weg stehengebliebene Theorie in dem Aufsatz *Das Wissen von fremden Ichen* findet sich nicht. Vgl. Lipps, Zur Einfühlung, a. a. O., S. 450 f.

31 Lipps, Leitfaden der Psychologie, Leipzig 1906^2, S. 36 f, 1909^3, S. 51. In der Auflage von 1903 fehlt diese Passage. Vgl. aber Lipps, Aesthetische Einfühlung, in: Zeitschrift für Psychologie und Physiologie der Sinnesorgane, 22 (1900), S. 415-450, S. 418, wo die These der *anderen iche* als Vervielfältigungen meiner selbst zum ersten Mal ausgesprochen ist.

damental ansetzende Kritik, die primär nicht darauf abzielte, daß Lipps' Theorie der Einfühlung die Erfahrung des *fremden ich* nicht erklären könne, sondern die die von Lipps gegebene Erklärung und Beschreibung jeder Form von Einfühlung abstritt. Die Kritik richtete sich also gegen die allgemeine These – das weite Feld ästhetischer Einfühlungen in Landschaften, Säulen, Werke der bildenden Kunst, aber auch *andere iche* betreffend –, daß in der Einfühlung nicht nur etwas vorstellend erlebt, sondern etwas (auch sinnlich) fühlend wahrgenommen werde. Stephan Witasek, ein Schüler von Meinongs, hielt dem Standpunkt von Lipps entgegen, „daß die Einfühlung im Wesentlichen in einem Vorstellen von psychischen Thatsachen" besteht: Witasek bezeichnet seinen eigenen Standpunkt als *Vorstellungsansicht.* Von dieser unterscheidet er die *Aktualitätsansicht*, die die „eingefühlten psychischen Tatsachen" als aktuell erlebte Gefühle auffaßt. Witasek setzt mit der Frage an, was denn die häufig verwendete Rede ‚*sich in eine andere Person hineinzuversetzen*' eigentlich bedeuten könne, und kommt zu dem Ergebnis: diese Rede könne nichts anderes bedeuten als „ein anschauliches Vorstellen des Seelenzustandes der einzufühlenden Person". Witasek versteht unter diesem Vorstellen kein bloßes Wissen eines Sachverhalts, z. B. daß ein Anderer traurig ist, sondern ein Vorstellen, wie es auch in bezug auf eigene vergangene Erlebnisse stattfinden könne. Wir stellen uns, so Witasek, möglichst anschaulich vor, wie es dem Anderen zumute ist. Dabei sei ein *anschauliches* und *unanschauliches* Vorstellen zu unterscheiden. Sowohl Physisches wie Psychisches können wir *anschaulich* und *unanschaulich* vorstellen. Unanschaulich nennt Witasek jene Vorstellung, in der das Vorgestellte bloß Symbol ist, ohne daß alle seine Eigenheiten gegenwärtig sind. Einen Ton kann ich anschaulich nur so vorstellen, „daß ich ihn innerlich erklingen lasse", unanschaulich kann ich ihn denken als „Ton dieser Taste".[32] Ob es in der Diskussion zwischen Lipps und Witasek wirklich um eine grundsätzliche Differenz ging oder ob Witaseks *anschauliches Vorstellen* als *inneres Erleben* nur eine schwächere Intensität des Erlebnisses meint, bleibt letztlich unklar. Eines aber wird an der Diskussion deutlich: daß es ganz wesentlich zu der Frage nach der Erfahrung des *anderen ich* gehört zu klären, welche Art von Erlebnis diese Erfahrung überhaupt ist. Schon Moritz Geiger wies darauf hin, daß ein konsequenter Vertreter der *Vorstellungsansicht* eigentlich nicht von einem *Erlebnis* der Einfühlung sprechen dürfte, wenn der Begriff nicht einen völlig anderen Sinn bekommen soll.[33] Einmal mehr zeigt sich hier, wie der Begriff Einfühlung am Beginn des 20. Jahrhunderts in verwirrend vielfältiger Weise verwendet wurde. Die Theorie der Einfühlung in ein *anderes ich* wurde manchmal mit der Frage nach der Erfahrung des *fremden ich* identifiziert. Und in analoger Weise

---

32 Stephan Witasek, Zur psychologischen Analyse der ästhetischen Einfühlung, in: Zeitschrift für Psychologie und Physiologie der Sinnesorgane, 25 (1901), S. 1-49, die Zitate S. 1, S. 5 und S. 10. Vgl. auch ders., Grundzüge der allgemeinen Ästhetik, Leipzig 1904, S. 122-133.

33 Vgl. Geiger, Über das Wesen und die Bedeutung der Einfühlung, a. a. O., S. 35.

wurde der allgemeine Begriff der Einfühlung mit Wahrnehmungsleistungen überhaupt identifiziert.

Es kommt nun ganz darauf an, unter welcher Perspektive man die Diskussion zwischen Witasek und Lipps betrachtet. Wenn es um die Frage nach den Möglichkeiten geht, wie die Gefühle Anderer erfahren bzw. verstanden werden können, so kann man sich auf den Standpunkt stellen, daß hier gar keine Ausschließlichkeit angenommen werden muß: beide Phänomene sind wirkliche Möglichkeiten. An Witaseks Sicht ist dann problematisch, daß die als Aktualitätsansicht bezeichnete Möglichkeit geleugnet wird. An Lipps' Sicht, daß zwar *apperzipierendes* und *einfühlendes* Erfassen unterschieden wird, aber so, daß jedes aufgefaßte Gefühl die Tendenz hat, sich im eigenen Erleben zu realisieren.[34] Wenn jedoch ästhetische Fragen verhandelt werden, z. B. die Frage, ob die *Aktualitätsansicht* oder ob die *Vorstellungsansicht* eine bestimmten künstlerischen Werken angemessene Form der Rezeption erlaubt, – und im wesentlichen ging es in dem Streit zwischen Witasek und Lipps um ästhetische Fragen, etwa darum, ob man am Beginn des Faust tatsächlich mit Faust mitfühlt oder ob man in distanzierter Betrachtung ästhetisch genießt – dann befindet man sich auf einem Gebiet, das hier nicht interessiert.[35]

---

34 Theodor Lipps, Vom Fühlen, Wollen und Denken. Versuch einer Theorie des Willens, zweite völlig umgearbeitete Auflage, Leipzig 1907, S. 234-236: „Der betrachtete Zorn ist als betrachteter nicht mein erlebter, sondern eben ein betrachteter, oder, wenn man will, ein vorgestellter Zorn. Er ist eben nur ein solcher, an dem ich, indem ich ihn betrachte, ‚Anteil' nehme; er ist miterlebt in dem Sinne, daß er betrachtet und ‚damit' zugleich erlebt ist. Kurz dieser Zorn ist etwas spezifisch anderes als das gegenwärtige einfache tatsächliche Zornigsein. Hier unterscheiden wir also gewissermaßen einen doppelten Zorn [...] Das eine Mal ist der Zorn einfach in mir. Dies ist mein Zornigsein. Das andere Mal ist der Zorn, der in mir da ist, oder da war, ‚vorgestellt', richtiger gedacht und betrachtet. Insofern ist er nicht in mir, sondern für mich da. Aber worauf es nun ankommt, das ist dies: Dieser letztere Zorn, d. h. der Zorn, der zunächst nur ‚für' mich da ist, dringt in dem Maße, als ich ihn betrachte, oder betrachtend in ihm, oder in ihn hineinversetzend bin, in mich, den Betrachtenden, ein und tendiert von mir Besitz zu ergreifen" (S. 234). Die Unterscheidung von *positiver* und *negativer* Einfühlung wendet Lipps hier nicht bloß auf die Erfahrung *fremder iche*, sondern auch auf alle anderen Gegenstände an, die eingefühlt werden können. Allerdings bekommt die Unterscheidung hier ein neues Moment, von dem Lipps unerwähnt läßt, ob es auch bezüglich der Erfahrung *anderer iche* gilt. *Positive* Einfühlung als Einswerden des erfassenden *ich* ist für Lipps „ihrer Natur nach lustgefärbte Einfühlung". Die *negative* Einfühlung hingegen, in der das erfassende *ich* Widerspruch gegen das erhebt, was sich eindrängt, wird als „unlustgefärbte Einfühlung" erlebt (S. 236). Bezieht man das auf die Erfahrung *anderer iche*, so ergibt sich die absurde Konsequenz, daß jede Begegnung, in der der Andere als Anderer erfahren wird, unlustgefärbt ist.

35 Es handelt sich hier um eine Diskussion, die in der Sache an Brechts Kritik der aristotelischen Dramentheorie erinnert. Vgl. Bertolt Brecht, Über experimentelles Theater [1939/40], ders., Thesen über die Aufgaben der Einfühlung in den theatralischen Künsten [1935/36], beide in: ders., Schriften 2, Werke Band XXII, Berlin 1993, S. 540-556 und 175 f. Vgl. außerdem Lukács' Kritik an Vischers Ästhetik: Georg Lukács, Karl Marx und Friedrich Theodor Vischer [1934], in: ders., Beiträge zur Geschichte der Ästhetik, Berlin 1956, S. 217-258.

Witaseks Kritik an Lipps ist insofern aufschlußreich, als an ihr deutlich wird, daß bei Lipps mit der Theorie der Einfühlung ganz verschiedene Probleme gelöst werden sollen, die eigentlich auseinander zu halten sind, auch wenn sie aufeinander verweisen. Für das hier im Mittelpunkt stehende Problem, wie die Erfahrung des Fremdpsychischen erklärt werden kann, sind die Einwände von Witasek ohne Belang. Denn über die Frage, wie das bloße Vorstellen der Gefühle Anderer möglich ist, schweigt sich Witasek aus. So konnte Lipps Witaseks Kritik in diesem Punkt mit gutem Grund zurückweisen.[36] In seiner Zurückweisung hat Lipps auch zu einem bislang noch nicht behandelten Punkt Stellung genommen, der nicht übergangen werden soll. Es handelt sich um die Frage, ob *Einfühlung* eine Form von *Assoziation* ist bzw. um die Frage, welche Rolle *Assoziationen* für den Prozeß der Einfühlung spielen. Schon in einer seiner ersten Arbeiten zum Thema, in dem 1900 erschienenen Aufsatz *Aesthetische Einfühlung*, hatte Lipps sich hierzu geäußert: in gewisser Weise sei Einfühlung keine bloße Assoziation. Verstehe man aber unter Assoziation allgemein das dem Bewußtsein Entzogene, das bewirkt, daß bestimmte Wahrnehmungsinhalte miteinander in Verbindung gebracht werden, dann könne man durchaus sagen, Einfühlung beruhe auf Assoziation.[37] In der Antwort auf Witasek hat sich Lipps von dieser Position distanziert und behauptet: Einfühlung ist von aller bloßen Assoziation grundsätzlich verschieden. Sein Einwand zielt nicht allein darauf, daß der eigene Körper mit anderen Körpern bzw. mit Eigenschaften, die dem Körper zugesprochen werden, assoziiert wird. Wenn wir z. B. ein Ding sehen, von dem wir wissen, daß sich ein Anderer wünscht es zu besitzen, so können wir durchaus von einer Assoziation sprechen, wenn uns das Ding, sobald wir es wahrnehmen, daran erinnert, daß ein Anderer es zu besitzen wünscht. In diesem Fall, so Lipps' entscheidendes Argument, drückt das Ding im Gegensatz zum wahrgenommenen Ausdruck des Anderen nichts aus: gerade das sei der entscheidende Unterschied zwischen einer Assoziation und Einfühlung. Einfühlung ist nur in einen Ausdruck möglich. In jedem Ausdruck drückt sich etwas aus: „Das Ausdrücken ist in jedem Falle ein *Intendieren* oder *Meinen*." Lipps nennt daher die Einfühlung im Unterschied zur Assoziation eine *symbolische Relation*: „Es besteht zwischen der Gebärde und dem, was sie ausdrückt, die Beziehung, die ich wegen ihrer Eigenart zunächst mit dem allgemeinen Namen, nämlich dem Namen der symbolischen Relation, bezeichne. Die besondere Art der symbolischen Relation wiederum, die hier in Frage steht, bezeichne ich speziell als symbolische Einfühlungsrelation, oder kurz als Relation der Einfühlung."[38]

---

36 Theodor Lipps, Weiteres zur ‚Einfühlung', in: Archiv für die gesamte Psychologie, IV (1905), S. 465-519.

37 Lipps, Aesthetische Einfühlung, a. a. O., S. 434 und 433.

38 Lipps, Weiteres zur ‚Einfühlung', a. a. O., S. 465-519, hier S. 466. Lipps verweist hier – ohne genaue Quellenangabe – auf den Einfluß Johannes Volkelts, der schon 1876 in seiner Schrift *Der Symbolbegriff in der neuesten Ästhetik* (Jena) bestritten hatte, daß Einfühlung ein Fall von Assoziation sei.

Hier bietet sich eine erste Betrachtung des Verhältnisses von Theorie des Selbstbewußtseins und Intersubjektivitätstheorie bei Lipps an. Lipps denkt diesen Zusammenhang nach der vorgestellten Lesart in etwa folgendermaßen: das *andere ich* erfahre ich nur durch Modifikation meines *ich*, aber zugleich wird mein *ich* erst durch das *andere ich* zu *meinem ich*. Das unmittelbare Bewußtsein, das ich von mir habe, ist noch kein individuelles Bewußtsein. Eine noch nicht individuelle Subjektivität ist bei Lipps der Intersubjektivität vorgängig. Die von Lipps gedachte noch nicht individuelle Subjektivität ist allerdings insofern schon als Selbstbewußtsein auszuzeichnen, als jedes Erlebnis einen Ichbezug hat: jedes Erlebnis ist in einem noch nicht individuierenden Sinn mein Erlebnis.[39] Aber erst mit dem Eintritt in die Sphäre der Intersubjektivität stellt sich Subjektivität im Sinne reflexiven Selbstbewußtseins her. *Einfühlung* ist daher für Lipps nur ein anderer Name für *Selbstobjektivation*. Der Übergang von der *positiven* zur *negativen* Einfühlung ist *Selbstobjektivation*. Indem ich ein Bewußtseinserlebnis „‚objektiviere', d. h. indem es für mein Bewußtsein an einen von mir unterschiedenen Gegenstand gebunden ist, ist es zum ‚fremden' Bewußtseinserlebnis geworden." Selbstobjektivation meint: ich objektiviere ein „eigenes, instinktiv in mir sich regendes, aus den Elementen meines eigenen Lebens heraus gestaltetes und doch mir von außen aufgenötigtes" Bewußtseinserlebnis. Daß ich es *objektiviere,* heißt: mir wird bewußt, daß es an einen von mir unterschiedenen Gegenstand, an einen nun als *fremdes ich* ausgezeichneten Gegenstand, gebunden ist.[40]

Die wesentlichen Punkte von Lipps' Theorie sind angesprochen worden. Von zwei unterschiedlichen Standpunkten ist seine Theorie nun zu beurteilen: zum einen gibt es einige gewichtige Einwände, die in einem Widerstreit von Analyse und Beschreibung der beteiligten Phänomene gründen. Zum anderen gibt es einige immanente Schwierigkeiten, die auch dann bestehen, wenn man geneigt ist, Lipps' Analyse der Phänomene zu folgen. Den ersten Punkt betreffend ist anzumerken: wenn man Lipps in der Annahme folgt, daß es durch unwillkürliche Nachahmung erregte Gefühlszustände gibt, die in etwa dem Gefühl entsprechen, daß derjenige hat, der die Nachahmung evoziert, so bedeutet dies noch nicht einmal im Ansatz eine Zustimmung zu seiner Theorie. Denn es ist bei diesem von anderen Autoren in der Regel als *Gefühlsansteckung* bezeichneten Phänomen fragwürdig, ob es das leistet, was Lipps behauptet – also

---

Vermutlich bezog sich Lipps auf eine Diskussion zwischen Paul Stern und Johannes Volkelt, die Paul Sterns *Einfühlung und Association in der neueren Ästhetik* (1898) in Gang gesetzt hatte. Vgl. Johannes Volkelt, Zur Psychologie der ästhetischen Beseelung, in: Zeitschrift für Philosophie und philosophische Kritik, 113 (1898), S. 161-179; sowie die Antwort Sterns und die Replik Volkelts: Paul Stern, Die Theorie der ästhetischen Anschauung und die Association; Johannes Volkelt, Nachtrag, in: Zeitschrift für Philosophie und philosophische Kritik, 115 (1899), S. 193-208.

39 Vgl. Theodor Lipps, Das Selbstbewußtsein; Empfindung und Gefühl, Wiesbaden 1901. Über das Problematische dieser Theorie des *ich* vgl. die Diskussion zwischen Husserls und Schelers Theorie des *ich*, unten Abschnitt 5.7.

40 Lipps, Leitfaden der Psychologie, 1906², S. 36, 1909³, S. 50.

erstens, daß es sich hierbei um Sympathie bzw. Mitgefühl (Mitfühlen) handelt, und zweitens, daß aus der Gefühlsansteckung, wenn erkannt ist, daß es sich um ein eingefühltes Gefühl handelt, das Wissen eines *anderen ich* entsteht. Die Beschreibung der vollen Einfühlung als Mitgefühl bzw. als Mitfühlen verfehlt das Phänomen der durch unwillkürliche Nachahmung erregten Gefühlszustände. Denn Mitgefühl und Mitfühlen setzen zum einen ein Verstehen des Anderen bereits voraus – und dies soll nach Lipps in der vollen Einfühlung ja noch nicht geleistet sein. Zum anderen könnten wir nach Lipps' eigener Vorgabe, daß wir nur diejenigen Gefühle einfühlen können, die uns bereits bekannt sind, Gefühle, die wir selbst noch nicht erlebt haben, z. B. Todesangst, nicht verstehen und mit demjenigen, der sie erlebt, auch nicht mitfühlen.[41] Man muß nicht selbst Zahnschmerzen haben, um mit dem an Zahnschmerzen Leidenden Mitgefühl zu haben, wie Bernhard Groethuysen treffend gegen den Ende des 19. Jahrhunderts weitverbreiteten Irrtum formuliert, das Phänomen des Mitgefühls mit dem Phänomen der Gefühlsansteckung zu verwechseln.[42] Der Einwand gegen die Gleichsetzung von Mitgefühl bzw. Mitfühlen und Einfühlung läßt sich also noch radikalisieren und wird dann zu einem Einwand gegen die Gleichsetzung von Verstehen und Einfühlen. Das Verstehen eines Gefühls setzt nicht nur *nicht* voraus, daß wir das Gefühl eines Anderen selbst fühlen, ja das Verstehen fordert sogar, daß meine eigenen psychischen Gehalte von denen des Anderen streng verschieden sind.[43]

Es ist überhaupt diese eine These von Lipps, daß wir nur verstehen können, was wir selbst schon erlebt haben, die den problematischen, weil zu subjektivistischen Grundton seiner Theorie offenlegt. Obwohl Lipps die Intersubjektivität als Voraussetzung von Selbstbewußtsein annimmt, denkt er den Eintritt in die Intersubjektivität viel zu subjektivistisch. Lipps muß annehmen, daß alle Gefühle schon vor jeder Begegnung mit dem Anderen erlebt worden sind, weil Einfühlung ja Bekanntschaft mit dem eingefühlten Gefühl voraussetzt. Mag dies auch für einfache zuständliche Empfindungen denkbar sein: bezüglich der meisten Phänomene, die unter den Begriff Gefühl fallen, ist diese Annahme geradezu widersinnig. Viele Gefühle sind ja soziale Gefühle, die nur in der Interaktion bzw. im Zusammensein mit anderen Menschen sinnvoll zu erklären sind.[44] Unterscheiden wir zwischen einfachen Empfindungen, etwa einer Schmerzempfindung, die wir erleben, wenn uns ein Insekt sticht, und einem komplexen Gefühl wie Freude, so spitzt sich das Problem zu. Die einfache Schmerzempfindung, von der

---

41 Vgl. zu dieser Verwechslung und zum Unterschied von Mitgefühl und Mitfühlen: Max Scheler, Zur Phänomenologie und Theorie der Sympathiegefühle und von Liebe und Hass, Halle an der Saale 1913, S. 4-14 bzw. die Ausführungen in Abschnitt 5.9.

42 Vgl. Bernhard Groethuysen, Das Mitgefühl, in: Zeitschrift für Psychologie und Physiologie der Sinnesorgane, 34 (1904), S. 161-270, hier S. 235.

43 Vgl. dazu auch: Stein, Zum Problem der Einfühlung, a. a. O., S. 24 f; sowie die Diskussion von Diltheys Begriff des Verstehens, unten Abschnitt 3.2.

44 Vgl. dazu unten die Ausführungen über Schelers Gefühlslehre in Abschnitt 5.8.

angenommen werden kann, daß sie kein soziales Gefühl ist, kann mir zwar vor der Begegnung mit dem Anderen bekannt sein; das Gefühl und sein Ausdruck sind aber nicht nachahmbar. Das Gefühl ist als rein sinnliche Empfindung an seine Ursache, den Stich des Insekts, gebunden. Bloß sinnliche Empfindungen könnten wir also nach der Theorie von Lipps überhaupt nicht verstehen. Umgekehrt sind alle sozialen Gefühle vermutlich nur im Zusammensein mit Anderen erfahrbar. Lipps müßte seine Theorie hier dahingehend modifizieren, daß zunächst eine Phase *positiver Einfühlungen* angenommen werden muß, in der ein *ich* die verschiedensten Gefühle lernt (d. h. in der Begegnung mit Anderen Gefühle durch Gefühlsansteckung aufnimmt), und erst ab einem bestimmten Niveau der Ausdifferenzierung emotionaler Reaktionsmöglichkeiten, Haltungen etc. könnte dann die Möglichkeit zu *negativer Einfühlung* gegeben sein. Das bedeutet: Lipps' Theorie differenziert erstens nicht genügend zwischen verschiedenen Phänomenen, die unter den Begriff Gefühl fallen, und zweitens ist sie nicht allein zu subjektivistisch, sondern auch zu statisch.

Der Vorwurf, Lipps argumentiere zu subjektivistisch, bezieht sich allerdings vorrangig auf das vorreflexive Leben des *ich*. Wendet man sich Lipps' These zu, daß wir zu einer Erfahrung des *anderen ich* nur kommen, indem wir aus unserer eigenen Persönlichkeit ein *fremdes ich* weben, so zeigt sich: diese These betrifft nur das vorreflexive, noch nicht mit der Unterscheidung *eigenes ich* und *fremdes ich* lebende *ich*, das instinktiv die Gebärde des Anderen nachahmt; denn bei seiner Zurückweisung der Möglichkeit eines Analogieschlusses erläutert Lipps, daß ein *ich*, das die Erfahrung eines *anderen ich* macht, erst durch diese Erfahrung den Zusammenhang von Ausdruck und innerem Erleben durchschaut, den erfaßt zu haben die Analogieschlußtheorie ja voraussetzen muß: „Nicht nach Analogie meiner beurteile ich die fremde Gebärde, sondern nach Analogie der fremden Gebärde beurteile ich die eigene Gebärde." Erst aus der Beobachtung des Anderen gewinne ich das als Urteil formulierbare Bewußtsein „eines Zusammenhanges zwischen einer sichtbaren Gebärde und einem bestimmten inneren Erlebnis". Ich weiß, daß mein Zorn und eine bestimmte Veränderung in meinem Gesicht zusammengehören, weil ich weiß, daß zur Gebärde des Anderen der Zorn des Anderen hinzugehört.[45] Voraussetzung, um die Erfahrung des Anderen zu machen, ist daher, daß ich das Gefühl des Zorns bereits kenne. Aber noch in einer anderen Hinsicht ist Lipps' Theorie zu subjektivistisch. Lipps' These einer der Erfahrung des *anderen ich* immer schon vorgängigen Kenntnis von Gefühlen hätte auch zur Folge, daß sich nicht erklären ließe, wie sich bestimmte Gefühlsdispositionen historisch verändern. Gegen die der Theorie der Einfühlung inhärente Annahme einer quasi fixierten menschlichen Natur hat Ernst Troeltsch geltend gemacht, daß man das Problem des Fremdverstehens von den Voraussetzungen eines sensualistischen und assoziationistischen Empirismus befreien muß: wenn man – ausgehend von einem

---

[45] Lipps, Das Wissen von fremden Ichen, a. a. O., S. 699.

sensualistischen Standpunkt – fremden Körperbewegungen die mit den eigenen Körperbewegungen verbundenen psychischen Gehalte einlegt, dann kann man, so Troeltsch, nicht mehr erklären, wie überhaupt etwas Neues erfahren werden kann.[46] In diesem Zusammenhang läßt sich auch noch ein anderer grundlegender Einwand erheben: indem ich mein *ich* in den Anderen hineinverlege, erfahre ich gar nicht den Anderen, sondern nur mich selbst in den Anderen eingefühlt.

Lipps hatte dieses Problem schon in einer seiner ersten Arbeiten zum Problem der Einfühlung indirekt angesprochen: „Dass mir die Gebärde ‚Zeichen' des Zornes ist, dies besagt nicht, dass sie in mir einen Zorn reproducire, *genau so*, wie ich denselben ehemals erlebt habe. Psychische Vorgänge, die in mir reproducirt werden, brauchen nicht getreue Abbilder dessen zu sein, was ich ehemals erlebte. Das von mir Erlebte kann in solcher Reproduction wesentlich umgestaltet sein. D. h. Züge des Erlebten können in ihr gesteigert, herabgemindert oder neu combiniert sein."[47] Allein, wie seine Phänomenbeschreibung in diesem Fall mit seiner Theorie in Einklang zu bringen ist, hat Lipps nicht deutlich gemacht. Überhaupt lassen sich einige von Lipps Phänomenbeschreibungen gegen seine eigene Interpretation verteidigen. Man kann Lipps in der Beschreibung des Übergangs von *positiver* zu *negativer* Einfühlung folgen, ohne seine Interpretation zu teilen. Die plötzlich und unmittelbar aufbrechende Erfahrung: dieses Gefühl, das ich fühle, ist nicht mein Gefühl, sondern Gefühl eines *fremden ich*, muß man nicht wie Lipps als *Modifikation meiner selbst* beschreiben. Eine geradezu gegenläufige Position böte sich an: es handelt sich dann nicht um einen Entwurf von meinem *ich* aus, sondern um ein Gewahrwerden des *von-außen-Aufgenommenen*, das sich in dem als negative Einfühlung beschriebenen Moment ereignet. Was sollte die Rede von der *Modifikation meines ich* auch bedeuten, da ja jenes *ich*, das sich auf so wundersame Weise vervielfältigt und *andere iche* entwirft, noch gar kein individuelles *ich* ist, wie Lipps selbst hervorhebt? Natürlich handelt es sich hier auch um ein sprachliches Problem. Der Versuch, die Erfahrung eines *anderen ich* vom Subjekt her zu denken, steht immer vor der Schwierigkeit: wie läßt sich sprachlich etwas ausdrücken, das noch nicht den Charakter sprachlich formulierbaren Sachverhaltswissens haben kann?

Schon in der Auseinandersetzung mit der Analogieschlußtheorie ergab sich eine aporetisch anmutende Situation. Als Grund der Aporie erwies sich die Annahme, in der äußeren Erfahrung sei uns nur Körperliches gegeben. Von diesem Standpunkt aus kann die Erfahrung des *anderen ich* keine unmittelbare sein. Wenn uns in der äußeren Wahrnehmung nur Körperliches gegeben ist, dann muß die Wahrnehmung des Fremdpsychischen mittelbar sein. Damit ist die Aporie gegeben, denn um dem Zir-

---

[46] Ernst Troeltsch, Die Logik des historischen Entwickelungsbegriffes, in: Kant-Studien, XXVII (1922) 3-4, S. 265-297, hier S. 287, aufgenommen in: ders., Der Historismus und seine Probleme, Tübingen 1922, dort S. 682.

[47] Vgl. Lipps, Aesthetische Einfühlung, a. a. O., S. 418.

kelargument zu entgehen, muß die Fremderfahrung unmittelbar sein. Die Frage an Lipps muß also lauten: kann man mit der Theorie der Einfühlung eine unmittelbare Mittelbarkeit widerspruchsfrei denken. In der Tat versucht Lipps diesen Weg. Seine Erklärungen bewegen sich ständig zwischen Mittelbarkeit und Unmittelbarkeit. In der Phänomenbeschreibung sieht er einen unmittelbaren Prozeß, sobald er zu einer Analyse der Phänomene übergeht, behandelt er einen mittelbaren Prozeß. Im Rahmen der Phänomenbeschreibung argumentiert Lipps: das fremde Bewußtseinsleben liegt für uns unmittelbar im Ausdruck des Anderen, aber in der Analyse betont Lipps die Mittelbarkeit: hier ist ihm die Ausdrucksgebärde Repräsentant bzw. Symbol des Affekts.[48] Die Aporie der Einfühlungstheorie ist in dieser Erklärung von Lipps nicht aufgelöst, sondern nur manifest geworden. Es gibt an dieser Stelle keine Vermittlung von Unmittelbarkeit und Mittelbarkeit. Die Wahrnehmung des Ausdrucks kann nicht zugleich unmittelbar sein und doch Repräsentant bzw. Symbol, das auf etwas direkt Unzugängliches verweist.

Obgleich sie heute kaum noch bekannt ist, gehört die Theorie von Lipps zu den originellsten und einflußreichsten Theorien des Fremdpsychischen am Beginn des 20. Jahrhunderts. Scheler und Husserl sind von Lipps stark beeinflußt, wenngleich sich beide – mit unterschiedlichen Argumenten – von ihm distanzieren. Ihre Kritik wird zum Teil an späterer Stelle verhandelt. Zunächst ist noch festzuhalten, daß der Name, den Lipps seiner Theorie bzw. dem Vorgang gab, in dem das Wissen *fremder iche* entstehen soll, eigentlich in die Irre führt. Denn die *positive Einfühlung* führt ja gar nicht zu einem Wissen des *fremden ich*. Die von Lipps beschriebene *negative Einfühlung* ist aber keine Einfühlung mehr, denn sie setzt die Einfühlung bloß voraus. Diese Uneindeutigkeit könnte mit ein Grund sein für einige Mißverständnisse, denen seine Theorie ausgesetzt war. Hinzu kommt, daß der Begriff Einfühlung, worauf bereits einleitend verwiesen wurde, ohnehin zwischen zwei Bedeutungen changiert. Zum einen wird Einfühlung das Erlebnis genannt, zum anderen die Funktion, welche die Erfahrung eines *anderen ich* ermöglicht.[49]

Wiederholt hat Lipps betont, daß die als Einfühlung bezeichnete Erfahrung des *anderen ich* letztlich unerklärbar sei. Unerklärbar ist sie, weil sie nur als eine durch einen instinktgeleiteten Prozeß hervorgebrachte Erfahrung gedacht werden kann. Der Anspruch seiner Theorie besteht daher vor allem darin, eine plausible, d. h. dem Phänomen angemessene Beschreibung dieser Erfahrung zu liefern. Die Kritik an Lipps muß daher vornehmlich hier ansetzen. Gesteht man Lipps zu, daß tatsächlich auf dem von ihm beschriebenen Weg der wahrgenommene Ausdruck eines Anderen das gleiche Gefühl auch in mir erzeugen kann – ein Phänomen, das für manche Ausdruckserscheinungen schwer abzustreiten ist –, so bleibt doch unklar, was ein *ich* in die

48 Vgl. z. B. Lipps, Vom Fühlen, Wollen und Denken, a. a. O., S. 236.

49 Vgl. Geiger, Über das Wesen und die Bedeutung der Einfühlung, a. a. O., S. 39.

Lage versetzt, von der *positiven* zur *negativen* Einfühlung überzugehen. Lipps verteidigend könnte man einwenden: es bleibt unklar, weil es hier nichts näher zu erklären, sondern nur etwas zu beschreiben gibt. Erstaunlicherweise hat Lipps in seiner Betonung des Instinktiven im Prozeß der Einfühlung aber nur die ersten beiden Phasen der Einfühlung – die Tendenz, die fremde Gebärde nachzuahmen und diese dann selbst hervorzurufen – als instinktgeleitet bezeichnet, nicht aber das Heraustreten aus der *positiven* Einfühlung. Es bleibt unbestimmt, ob dieses Heraustreten ebenfalls als instinktgeleitet begriffen werden soll. Einerseits wäre diese Erklärung mit dem Problem behaftet, daß dann die Frage auftritt, weshalb in einigen Fällen aus einer *positiven* eine *negative* Einfühlung wird und in anderen Fällen nicht. Andererseits: nimmt man das Heraustreten aus der *positiven* Einfühlung nicht als instinktgeleitet an, so macht man sich gegenüber den Einwänden anfällig, denen schon die Analogieschlußtheorie ausgesetzt war: es bliebe so ein Rätsel, wie ich das Gefühl als von einem Anderen hervorgerufenes Gefühl verstehen kann, wenn ich die Erfahrung des *fremden ich* nicht schon voraussetze.[50]

---

50 Auf Lipps' Verhältnis zu seinen Zeitgenossen konnte hier nur am Rande eingegangen werden. Zum zeitgenössischen Diskussionsstand über die Einfühlungstheorie vgl. Geiger, Über das Wesen und die Bedeutung der Einfühlung, a. a. O. (mit der wohl umfänglichsten Bibliographie zum Thema Einfühlung); sowie Stein, Zum Problem der Einfühlung, a. a. O. Diskussion der Binnendifferenzen bei: Gaston Roffenstein, Das Problem des psychologischen Verstehens, Stuttgart 1926. Über die Geschichte der Einfühlungstheorie im 18. und 19. Jahrhundert – auch wenn der Begriff Einfühlung kaum fällt: Joachim Wach, Das Verstehen, 3 Bände, Tübingen 1926, 1929, 1933.

3. Weder Einfühlung noch Analogieschluß: Wilhelm Dilthey

Etwa zur gleichen Zeit, zu der Theodor Lipps seine Theorie der Einfühlung entwickelte, arbeitete auch Wilhelm Dilthey an ähnlich gelagerten Problemen.[1] Dilthey wird in der Literatur häufig als Anhänger einer sogenannten *Einfühlungshermeneutik* bezeichnet, manchmal aber auch der Analogieschlußtheorie zugerechnet. Beides ist problematisch. Der Ausdruck Einfühlung findet sich in Diltheys Schriften eher selten. Wenn er von Einfühlung spricht, verwendet Dilthey den Begriff nicht als Name für die Erfahrung eines *anderen ich*, sondern für eine bestimmte Form höherer Verstehensleistungen. Dies ist vermutlich nicht ohne Grund so. Diltheys Theorie der Erfahrung anderer Personen ist zwar mit Lipps' Theorie der Einfühlung in manchen Punkten verwandt, aber insgesamt betrachtet zeigen sich erhebliche Unterschiede. Im übrigen hat das Problem bei Dilthey insofern einen ganz anderen Stellenwert, als es Dilthey vorrangig um eine allgemeine Theorie des Verstehens geht.[2]

Im folgenden wird vornehmlich eine Auswahl bekannter Texte exemplarisch behandelt. Die wenigen und relativ kurzen Passagen aus verschiedenen Schaffensperioden werden schrittweise vorgestellt mit dem Ziel, die Brüche und Gemeinsamkeiten der verschiedenen Anläufe herauszustellen, ohne es dabei auf eine im strengen Sinne werkhermeneutische Interpretation anzulegen, die der Entwicklung von Diltheys Denken insgesamt folgen möchte.

---

1 Über das Verhältnis von Dilthey und Lipps ist nichts überliefert. Dilthey erwähnt Lipps gelegentlich, allerdings nicht mit Bezug auf das Thema Intersubjektivität. Daß sie die diesbezüglich relevanten Werke des je anderen nicht kannten, ist jedoch eher unwahrscheinlich – zumal beide in einem ähnlichen Spannungsverhältnis zu Husserl standen.

2 Zum Stand der Forschung vgl. das von Frithjof Rodi herausgegebene *Dilthey-Jahrbuch für Philosophie und Geschichte der Geisteswissenschaften*, 12 Bände, Göttingen 1983-2000 (Erscheinen eingestellt). Die ausführlichste Bibliographie bietet: Ulrich Herrmann, Bibliographie Wilhelm Dilthey, Weinheim u. a. 1969. Zu neuerer Literatur vgl. neben den im *Dilthey-Jahrbuch* gemachten Angaben: Joachim Thielen, Wilhelm Dilthey und die Entwicklung des geschichtlichen Denkens in Deutschland im ausgehenden 19. Jahrhundert, Würzburg 1999, S. 488-522. Streng philosophische Arbeiten über Dilthey gibt es kaum. Eine Arbeit über den zentralen Begriff des Verstehens ist seit langem ein Desiderat.

3.1. *Beiträge zur Lösung der Frage vom Ursprung unseres Glaubens an die Realität der Außenwelt und seinem Recht* (1890)

In der Abhandlung über den *Ursprung unseres Glaubens an die Außenwelt* (1890) stellt sich Dilthey die Aufgabe, die Erfahrung von Realität zu erklären. Dilthey will nicht die Überzeugung bzw. das Wissen um Realität ableiten, sondern er will zeigen, wie die *Erfahrung* von Realität entsteht bzw. wie verschiedene Realitätserfahrungen – die Realitätserfahrung der Außenwelt, die Realitätserfahrung *anderer iche* und die Realitätserfahrung von Objekten – hinsichtlich der Art ihrer Gegebenheit und in ihrer jeweiligen Abhängigkeit bestimmt werden können.

Ausgangspunkt seiner Überlegungen ist der sogenannte *Satz der Phänomenalität*: alles, was für mich da ist, steht „unter der allgemeinsten Bedingung, Tatsache meines Bewußtseins zu sein; auch jedes äußere Ding ist mir nur als eine Verbindung von Tatsachen oder Vorgängen meines Bewußtseins gegeben; Gegenstand, Ding ist nur für ein Bewußtsein und in einem Bewußtsein da." Von dieser Prämisse aus ergibt sich folgende Problemlage: jedes Erlebnis ist zunächst Erlebnis des erlebenden *ich*; soll nun dieses *ich* zur Welt kommen, soll es die Erfahrungen Anderer machen, müssen seine Erlebnisse irgendwie diese Erfahrungen vermitteln. Das Denken muß sich „einen Weg von den Tatsachen des Bewußtseins entgegen der äußeren Wirklichkeit bahnen".[3]

Die Erfahrung der Realität kann für Dilthey nicht unmittelbar sein in der Weise, in der meine Erlebnisse unmittelbar meine Erlebnisse sind. Die Erfahrung der Realität muß also vermittelt sein, aber nicht auf dem Weg eines bewußt vollzogenen Schlusses bzw. Denkakts. Auf der einen Seite behandelt Dilthey die Frage nach dem *Ursprung unseres Glaubens an die Realität der Außenwelt* von einem geradezu idealtypisch cartesianischen Standpunkt aus. Auf der anderen Seite bricht er in seinem Vorgehen radikal mit dieser Tradition, weil er die Erfahrung der Außenwelt nicht denkend konstituieren will, d. h. er bricht mit der traditionellen Form der Erkenntnistheorie, die vom *Satz der Phänomenalität* ausgeht und alle äußere Erfahrung denkend herzuleiten versucht. Nicht der Verstand, sondern die Sinne, Trieb, Wille und Gefühl, nicht gedankliche Konstruktion, sondern die Erfahrung von Impuls und Widerstand führt zur Erfahrung von Realität: „Die grundlegende Bedeutung dieser Erfahrungen von Impuls und Widerstand ist schon dadurch bedingt, daß dieselben zuerst von allen vor der Geburt durch den Embryo gemacht werden und bereits in diesem ein unvollkommenes Bewußtsein des Eigenlebens und eines äußeren Etwas zur Folge haben."[4] Das Bewußtsein der Realität konstituiert sich in jenen Momenten, in denen ein Impuls, z. B. ein Bewegungsimpuls, ausgelöst durch eine unmittelbare sinnliche Intention, auf einen

[3] Wilhelm Dilthey, Beiträge zur Lösung der Frage vom Ursprung unseres Glaubens an die Realität der Außenwelt und seinem Recht (1890), in: ders., Gesammelte Schriften, V. Band, Die geistige Welt, Leipzig und Berlin 1924, S. 90-138, hier S. 90.

[4] Ebd., S. 98.

Widerstand stößt. In der Hemmung der Intention wird Realität erfahren: „Indem ein Kind die Hand gegen den Stuhl stemmt, ihn zu bewegen, mißt sich seine Kraft am Widerstande: Eigenleben und Objekte werden zusammen erfahren."[5]

Dilthey ordnet die Fragen nach der Erfahrung der Außenwelt und der Erfahrung eines *anderen ich*, indem er logische und entwicklungspsychologische Perspektiven zusammenbringt: bevor dem Kind ein Bewußtsein des Anderen entstehen kann, muß es ein Bewußtsein der Außenwelt haben. Schon die Erfahrung der Außenwelt ist nicht unmittelbar, sondern kann erst in der Widerstandsempfindung eines vom Willen Unabhängigen gemacht werden. Sie wird durch die Hemmung einer Intention vermittelt. Die Rede von einem Bewußtsein der Außenwelt, so Dilthey, meint hier noch nicht das voll ausgebildete Bewußtsein eines dem *ich* widerständig Gegenüberstehenden, sondern nur den ersten „*Keim von Ich und Welt* sowie von deren Unterscheidung".[6] Ist diese erste Erfahrung der Außenwelt gemacht, so kann sich das Bewußtsein von Anderen entwickeln. Dilthey beschreibt den komplexen Vorgang auf äußerst engem Raum: „Aber an diese Eindrücke schließen sich nun weitere seelische Vorgänge in dem Auffassenden, die eine Verstärkung der Überzeugung von Realität zur Folge haben. Diese Vorgänge lassen sich als Analogieschlüsse darstellen, sind sonach in ihrem Ergebnis solchen Schlüssen äquivalent, gleichviel welches im Einzelnen ihre psychologische Beschaffenheit ist. Ich erblicke eine menschliche Gestalt, das Antlitz von Tränen überströmt. Es bedarf zunächst schon ineinandergreifender Apperzeptionsprozesse, die allgemeinen Bestandteile in diesem Eindruck festzustellen. Ebenso schnell und unmerklich als diese Vorgänge verlaufen dann auch die nächstfolgenden; vermöge ihrer weiß ich, daß hier ein Schmerz gefühlt wird, und ich fühle ihn mit. Den Obersatz bildet das in vielen Fällen erfahrene Verhältnis zwischen dem körperlichen Ausdruck, den ich gewahre, und dem Seelenvorgang des Schmerzes. Den Untersatz bildet die Verwandtschaft der mir gegenübertretenden leiblichen Äußerung mit einer Reihe von ähnlichen Eindrücken. So entsteht mir das Bewußtsein eines ähnlichen inneren Zustandes, als Grund des äußeren Eindruckes."[7]

Das Bewußtsein eines *anderen ich* entsteht in einem Bewußtseinsvorgang, der nur im Ergebnis, so Dilthey ausdrücklich im Anschluß an diese Passage, einem Analogieschluß äquivalent ist. Dilthey sieht die bereits hervorgehobenen erkenntnistheoretischen Schwierigkeiten des Problems. Wir können die Erfahrung des *anderen ich* als Analogieschluß begreifen, um zu erklären, wie die Erfahrung des Anderen im Sinne einer logischen Rechtfertigung ihrer einzelnen Schritte möglich ist – so, als ob wir einem Dritten, der diese Erfahrung bezweifelt, versuchen würden zu erklären, weshalb er aus nachvollziehbaren Gründen unsere Annahme teilen könnte, daß der wahrge-

---

5 Ebd., S. 105.

6 Ebd.

7 Ebd., S. 110 f, Abschnitt: *Der Glaube an die Realität anderer Personen.*

nommene Körper eines anderen Menschen ein *anderes ich* indiziert. Dilthey scheint – hier und an anderen Stellen[8] – sagen zu wollen: dies ist die einzige Möglichkeit, wie wir uns den Prozeß in seiner kausalen Abfolge erklären können, aber es ist eine nachträgliche Erklärung, die das Phänomen selbst nicht adäquat beschreibt.[9] Wenn diese Einschätzung zutrifft, dann ist sein Einwand gegen die Analogieschlußtheorie von Lipps' Einwand durchaus verschieden. Lipps' Argument lautet, daß die Theorie der Analogieschlüsse die Möglichkeit der Erfahrung eines *anderen ich* nicht erklären kann, weil sie diese immer schon voraussetzt – also erst dann als Erklärung überzeugen könnte, wenn wir schon auf anderem Weg die Erfahrung eines *anderen ich* gemacht hätten (Zirkelvorwurf). Dilthey hingegen setzt auch noch an einem anderen Punkt an. Er hebt darauf ab, daß nicht nur die ursprüngliche (logisch erste), sondern daß auch die gewöhnliche, alltägliche Erfahrung eines *anderen ich* prinzipiell nicht als (bewußter) Schluß beschrieben werden kann, weil jene, die Erfahrung des *anderen ich* vermittelnden Apperzeptionsprozesse im erlebten Vollzug des Bewußtseins nicht als ein (bewußtes) Schließen adäquat zu beschreiben sind, obgleich sie logisch einem Schluß äquivalent sind.[10]

Wenn jener Apperzeptionsprozeß, der die Erfahrung des Anderen ermöglicht, kein Analogieschluß ist, wie entsteht dann das Wissen, daß hier ein Schmerz von einem Anderen gefühlt wird? Diese Frage, wie der Andere verstanden werden kann, bleibt in Diltheys Beschreibung zunächst im Dunkeln. Das Besondere an Diltheys Zugang in diesem Text besteht darin, daß es nicht allein um die Frage geht: wie wird ein *anderes ich* verstanden, sondern zugleich um die Frage: wie wird ein *anderes ich* als *real* erfahren. Dilthey trennt nicht zwischen diesen beiden Fragen, obwohl er Verstehen des Anderen und Realitätserfahrung des Anderen unterscheidet: ineins mit dem Verstehen der anderen Person wird die „Realität eines von außen bestimmenden lebendigen Willens" erfahren: diese Widerstandserfahrung wird gewöhnlich in hierar-

---

8 Vgl. auch unten S. 85 f sowie: Wilhelm Dilthey, Das Verstehen anderer Personen und ihrer Lebensäußerungen (1910), in: ders., Der Aufbau der geschichtlichen Welt in den Geisteswissenschaften, Gesammelte Schriften, VII. Band, Leipzig und Berlin 1927, S. 205-220, hier S. 209 f.

9 Daher treffen Diltheys Einwände auch alle Theorien eines unbewußten Schlusses (Helmholtz): Realität ist uns als Leben, nicht als bloßes Vorstellen gegeben: „Wir wissen von dieser Außenwelt nicht kraft eines Schlusses von Wirkungen auf Ursachen oder eines diesem Schluß entsprechenden Vorganges, vielmehr sind diese Vorstellungen von Wirkung und Ursache selber nur Abstraktionen aus dem Leben unseres Willens." Dilthey, Beiträge zur Lösung der Frage vom Ursprung unseres Glaubens an die Realität der Außenwelt und seinem Recht (1890), a. a. O., S. 97 f.

10 Zu Diltheys ablehnender Haltung gegenüber der Analogieschlußtheorie vgl. auch: Wilhelm Dilthey, [Fragment:] 6. Die Verbindung der äußeren und inneren Wahrnehmung in dem Anerkennen und Verstehen anderer Personen [gehört zu: Dritter Abschnitt: Die innere Wahrnehmung und die Erfahrungen vom seelischen Leben], in: ders., Grundlegung der Wissenschaften vom Menschen, der Gesellschaft und der Geschichte, Ausarbeitungen und Entwürfe zum zweiten Band der Einleitung in die Geisteswissenschaften (ca. 1870-1895), Gesammelte Schriften, XIX. Band, Göttingen 1982, S. 223-227.

chischen Verhältnissen wie dem zwischen Vater und Kind, Herr und Untertan etc. gemacht. Zu der Erfahrung der Realität Anderer gehören die gegenläufigen Gefühle von Herrschaft und Abhängigkeit auf der einen und Gemeinschaft auf der anderen Seite, die das Bewußtsein der Realität Anderer färben und verstärken. Die Erfahrung der Realität Anderer ist Moment eines jeden sozialen Verhältnisses.[11]

In der oben zitierten Passage heißt es: *vermöge ineinandergreifender Apperzeptionsprozesse weiß ich, daß hier ein Schmerz gefühlt wird, und fühle ihn mit.* Damit ist eine weitere Unterscheidung angesprochen. Dilthey differenziert hier zwischen dem Verstehen des Anderen und dem logisch wie zeitlich darauf folgenden Mitfühlen mit dem Anderen. Kurz darauf heißt es jedoch: „Und da nun das Nachbilden des fremden Inneren von dem Mitfühlen gar nicht trennbar ist, so scheint sich zunächst das *Mitgefühl* unmittelbar an den Eindruck der fremden Gefühlszustände anzuschließen." Das Wissen um den Schmerz des Anderen ist hier als *Nachbilden des fremden Inneren* bestimmt. Der Eindruck, *Nachbilden* und *Mitfühlen* ließen sich nicht unterscheiden, täuscht. Tatsächlich ist für Dilthey die Erfahrung des Anderen (der nicht nur durch Nachbilden verstanden, sondern in Widerstandserlebnissen als real erfahren wird) primär. Sie fundiert die Möglichkeit, mit dem Anderen mitzufühlen: „Denn das unmittelbar Gegebene ist auch da, wo das Bild einer außer uns befindlichen Person entsteht, nur der Widerstand, der Druck, der Wechsel der Empfindungsaggregate, und erst auf Grund der Unterordnung dieser Eindrücke unter verwandte Bilder und ihrer Verbindungen mit innersten Zuständen als Ursachen wird das Mitleben und Mitleiden möglich. Zunächst ist uns eben nur in der Erfahrung des Widerstandes ein anderer Mensch als ein solcher gegeben. Ohne solche Erfahrung wäre dieser andere Körper nicht da: sie bildet also die Voraussetzung jeder weiteren Erfahrung."[12] Hier ist herauszustellen: zunächst ist der andere Mensch nur als anderer Körper gegeben, der erst durch eine besondere Form der Erfahrung als beseelter Mensch wahrgenommen werden kann.

Den zwei Fragen, *wie kann der Andere verstanden werden* und *wie wird der Andere als real erfahren*, muß noch eine dritte hinzugefügt werden. Sie lautet: *wie wird der Andere als Zweck an sich selbst anerkannt?* Ist durch das Nachbilden des fremden Inneren der Andere *verstanden* worden und ist ineins damit der Andere als Widerstand gegeben und dadurch *real*, so wird die *Anerkennung* des Anderen als Zweck an sich selbst durch das Mitfühlen geleistet: die inneren Vorgänge, die zusammengenommen als Mitfühlen bezeichnet werden, führen zur Anerkennung des Anderen. Im Verlauf der „von außen gewahrten, aber durch innere Ergänzung nacherlebten Vorgänge und der Verkettung derselben in einer anderen Lebenseinheit" erfassen wir diese Einheit als einen Selbstzweck: „Hierin liegt die energischste Verdichtung der Realität dieser

11 Dilthey, Beiträge zur Lösung der Frage vom Ursprung unseres Glaubens an die Realität der Außenwelt und seinem Recht (1890), a. a. O., S. 111.

12 Ebd., S. 111 und S. 112.

Lebenseinheit." Durch Zahl und Gewicht der „mitgefühlten, nacherlebten Vorgänge" wächst das Gefühl von Verwandtschaft und damit die Fähigkeit zu „Teilnahme, Sympathie und Leben im Anderen": „Hier treten also zu den Erfahrungen von natürlichen Schranken des Willens am Anderen die höher gelegenen sittlichen Erfahrungen, nach welchen dieser Wille Selbstzwecke, die ihm selber gleich sind an Realität und Rechtsansprüchen, anerkennt." Aus dem Mitgefühl mit Anderen entspringt „die Überzeugung ihrer *kernhaften wertvollen Existenz*". Wir erfahren die Existenz der Anderen als der unseren verwandt und uns in Teilnahme und Solidarität mit Anderen verbunden. Im Bewußtsein unserer Individualität leben wir in einem gemeinsamen „sozialen Horizont".[13]

Zwar lassen sich *Nachbilden* (Verstehen des Gefühls bzw. Wissen um das Gefühl des Anderen), *Realitätserfahrung* (durch Widerstandserlebnisse) und *Anerkennen* des Anderen (durch Mitfühlen) theoretisch unterscheiden, in der Praxis aber gehören sie zusammen. Auch das Mitfühlen muß nach Diltheys Phänomenbeschreibung in die intersubjektive Struktur, die bisher durch Nachbilden und Widerstandserfahrung bestimmt wurde, eingetragen werden: denn obwohl Dilthey behauptet, daß die Widerstandserfahrung auch ohne Mitfühlen möglich sei, bekennt er, daß die *energischste Verdichtung der Realität* erst im Mitfühlen erreicht werde. Dilthey zeigt sich hier als genuiner Phänomenologe, indem er Phänomene unterscheidet, die auf der Ebene einer Struktur liegen, d. h. sich im Vollzug nicht isolieren lassen.

Allein welche Phänomene Dilthey als *Nachbilden* und *Mitfühlen* (bzw. als *Mitgefühl*) bezeichnet, ist nicht ohne weiteres ersichtlich. Zunächst ist nicht näher bestimmt, was unter *Nachbilden* zu verstehen ist. Meint Nachbilden das bloße Wissen um das fremde Gefühl, das *Mitfühlen* ermöglicht, oder meint Nachbilden, daß das Gefühl selbst gefühlt werden muß und dann, da es ja seinen Grund nicht in mir hat, zu dem Bewußtsein eines *anderen ich* führt? Letzteres bedeutete, daß das Nachbilden eines Gefühls ineins mit seinem Auftreten zum Mitfühlen wird oder ein Mitfühlen erzeugt und mit diesem im Erleben verschmilzt.[14] Unbestimmt ist auch, was Dilthey *Mitfühlen* und *Mitgefühl* nennt. Handelt es sich um zwei verschiedene Phänomene? Mitunter scheint es so, als ob es sich um *ein* Phänomen handelt. Aber wie ist dieses Phänomen zu charakterisieren? Meint Mitfühlen, das gleiche Gefühl wie ein Anderer zu haben und dieses Gefühl gemeinsam mit einem Anderen zu fühlen, oder heißt Mitfühlen z. B. Mitleid mit einem Schmerz des Anderen zu haben, ohne selbst diesen Schmerz zu fühlen?[15] Diese Fragen müssen hier noch zurückgestellt werden.

---

13 Ebd., alle Zitate S. 111 f.

14 Das Problem, wie Dilthey hier zu interpretieren sei, erinnert an die Diskussion um *Aktualitätsansicht* oder *Vorstellungsansicht* zwischen Witasek und Lipps. Sie wird verhandelt bei Moritz Geiger. Vgl. Geiger, Zum Problem der Einfühlung, a. a. O., S. 31-37.

15 Vgl. die Ausführungen zu Schelers Unterscheidung verschiedener Sympathieformen, unten Abschnitt 5.9.

Was den Begriff des *Nachbildens* angeht, so bieten sich zwei Interpretationsmöglichkeiten an. Die erste ist folgende: man faßt das *Nachbilden* des fremden Gefühls als *Nacherleben* des Gefühls des Anderen auf. Daß das Gefühl des Anderen als zwar von mir erlebtes, aber nicht zu mir gehörendes Gefühl erlebt wird, ist dann – anders als bei Lipps – mit der Annahme zu erklären, daß die das Gefühl auslösende Wahrnehmung des fremden Ausdrucks zugleich als Widerstandserfahrung erlebt wird. Vergleicht man diese Theorie mit derjenigen von Lipps, so zeigen sich zwei interessante Abweichungen.

a) Bei Dilthey ist die Widerstandserfahrung im Prozeß der Erfahrung des Anderen logisch und zeitlich primäres Moment; sie ist conditio sine qua non, ohne sie ist ein Nachbilden des fremden Gefühls unmöglich. Für Lipps hingegen ist die als *positive Einfühlung* beschriebene Nachahmung des fremden Gefühls primär. Jede positive Einfühlung kann in negative Einfühlung umschlagen, sie muß es aber nicht. Bei Lipps könnte man dann eine Widerstandserfahrung – er verwendet den Ausdruck nicht – im Umschlagen von *positiver* zu *negativer* Einfühlung sehen. Die Widerstandserfahrung ist bei Lipps also sekundär, da sie eine positive Einfühlung voraussetzt.

b) Eine weitere entscheidende Differenz zu Lipps besteht darin, daß Dilthey in diesem Text kein Hineinverlegen des *eigenen ich* in den Anderen (d. h. keine Einfühlung) annimmt. Auch kommt das Nachbilden des fremden Gefühls bei Dilthey ohne Nachahmung des fremden Ausdrucks zustande (auch das ein Gegensatz zu Lipps, für den diese These zentral ist). Daher stellt sich die Frage, ob das Erlebnis des Nachbildens qualitativ dem von Lipps angenommenen Fühlen der Gefühle des *anderen ich* gleichen kann. Es könnte ja sein, daß bei Dilthey nicht allein die These der Kopplung von Gefühl und Ausdruck (auf der Seite des Auffassenden) aufgehoben ist, sondern daß Dilthey auch die Art und Weise, wie fremdes Fühlen überhaupt erfahren werden kann, anders bestimmt. Die Opposition: entweder bloßes *Vorstelligmachen*, daß der Andere ein Gefühl hat – oder Fühlen des Gefühls so, wie der andere es fühlt, wäre demnach für Dilthey zu ausschließlich.

In einem Manuskript aus dem Nachlaß, das bereits auf das Jahr 1876 datiert ist, findet sich eine andere Möglichkeit angedeutet, das gemeinte Phänomen des *Nachbildens* genauer zu bestimmen. Diese ist angesichts des soeben festgestellten Fehlens eines Ausdrucks auf der Seite des Auffassenden plausibler als die zunächst zur Diskussion gestellte Möglichkeit, es handle sich bei dem von Dilthey angenommenen Nachbilden um das Fühlen des Gefühls des Anderen (so wie es der Andere fühlt), aber ohne den Ausdruck zu zeigen, den der Andere zeigt. Dilthey vergleicht hier die Wahrnehmung der Gemütszustände Anderer und die Erinnerung an eigene Gefühle und bemerkt: beide haben die Gemeinsamkeit, daß „es nicht ein Zustand des gegenwärtigen Selbst ist, welcher hier zugrunde liegt, woraus eine andere Natur dieser Gefühle folgt".[16] Demgemäß könnte man von einem Nachbilden fremder und eigener Gefühle sprechen. Die im Nachbilden gewonnenen Erlebnisse wären durchaus als Gefühle zu bezeichnen, aber als Gefühle eigener Art, die sich prinzipiell von anderen (auf die Gegenwart des eigenen *ich* bezogenen) Gefühlen unterscheiden. Die Pointe der behaupteten Gemeinsamkeit von erinnerten Gefühlen und Gefühlen, die die Gefühle Anderer erfahrbar machen, ist folgende: die Schwierigkeit, subjektive Erlebnisse Anderer in ihrer zuständlichen Qualität zu erfahren, ist primär gar kein Problem des Fremdverstehens, sondern besteht darin, daß das zuständliche Innesein reflexiv nicht original, d. h. in seiner ursprünglichen Erlebnisqualität faßbar ist. Und dieses Problem gibt es beim Fremdverstehen gleichermaßen wie beim Selbstverstehen von Vergangenem im Erinnern.

Als zweite Möglichkeit, wie das Nachbilden zu verstehen ist, bietet sich daher folgende Lesart an: versteht man unter *Nachbilden* eine bloß vorstellende Vergegenwärtigung des Gefühls des Anderen (ein bloßes Wissen), so wäre es unplausibel, daß Dilthey Nachbilden und Mitfühlen als im Erleben unmittelbar zusammengehörend beschreibt. Die weiteren Arbeiten Diltheys legen denn auch nahe, daß das *Nachbilden* bzw. *Nacherleben* in dem oben anhand des Nachlasses dargelegten Sinn aufzufassen ist: als ein Nachfühlen, das mehr ist als ein bloßes Vorstelligmachen, nicht jedoch als ein dem Fühlen des Anderen gleiches Fühlen.

Letztlich läßt sich das, was Dilthey in diesem Text unter Nachbilden und Mitfühlen versteht, nicht mit Sicherheit bestimmen. Das ist jedoch nicht entscheidend, weil verschiedene Vorschläge sachlich interessant sind und im weiteren eine Rolle spielen können. Viel wichtiger ist zunächst: Dilthey hat in diesem Text erkannt, daß die Frage nach der Struktur menschlicher Intersubjektivität nicht in der erkenntnistheoretischen Frage, wie der Andere als *anderes ich* erfahren werden kann, terminiert. Eine Theorie der Struktur menschlicher Intersubjektivität verlangt mehr. Sie muß auch klären, wie der Andere in sozialer Aktion als *real* erfahren und als Selbstzweck anerkannt wird! Diese Dimension der Frage findet sich weder bei Lipps noch bei Husserl, und auch Scheler entdeckt die Notwendigkeit der diesbezüglichen Differenzierungen erst im Verlauf seiner sozialphilosophischen Arbeiten. Auffällig ist, daß die in diesem frühen Text so wichtige Widerstandserfahrung in Diltheys folgenden Arbeiten zum Thema explizit keine weitere Erwähnung findet, obgleich sie Dilthey hier als das Grundphänomen des Lebens herausgestellt hat, in dem Welt erfahren wird. In den Erfahrungen von *Impuls und Widerstand* spielt sich menschliches Leben ab: „Was für Wände von

---

[16] Wilhelm Dilthey, Die Wissenschaften vom Menschen der Gesellschaft und der Geschichte, Vorarbeiten zur Einleitung in die Geisteswissenschaften (1865-1880), Gesammelte Schriften, XVIII. Band, Göttingen 1977, S. 91.

Tatsächlichkeit stehen unseren Begierden unmittelbar entgegen! Wie drücken und lasten sie auf uns! Schiller als Schüler der Militärakademie."[17]

3.2. *Beiträge zum Studium der Individualität* (1895/1896)

In der 1895/96 erschienenen Abhandlung *Beiträge zum Studium der Individualität* ist Dilthey auf das Problem der Erfahrung *anderer Personen* zurückgekommen. Allerdings steht das Problem nun in einem anderen Zusammenhang. In der *Realitätsschrift* stellte sich Dilthey in Auseinandersetzung mit erkenntnistheoretischen Ansätzen die Frage, wie überhaupt die Realität Anderer erfahren wird. Hier und in den im folgenden herangezogenen Texten steht die Frage nach der Erfahrung Anderer immer im Zusammenhang mit einer allgemeinen Theorie des Verstehens.

Die Ablehnung der Analogieschlußtheorie ist auch hier Ausgangspunkt aller weiteren Überlegungen. Wenn wir das Verstehen fremder psychischer Zustände mit einem Analogieschluß erklären, so Dilthey, dann lösen wir dadurch „die inneren Zustände, sowohl den, aus welchem geschlossen wird, als den anderen, welcher nun durch Schluß ergänzt wird, aus dem jedesmaligen Zusammenhang des Seelenlebens los, während doch durch die Beziehung auf diesen das Nachbilden erst seine Sicherheit und seine nähere Bestimmtheit empfängt."[18]

Im letzten Abschnitt wurde dargelegt, daß Lipps und Dilthey unterschiedliche Argumente gegen die Analogieschlußtheorie vorbringen. Lediglich in der Konsequenz ihrer Einwände liegt die gemeinsame These, daß das Verstehen des Anderen nicht im Sinne eines (bewußten) Schlusses verstanden werden kann. Lipps' Argument ist primär ein *logisches*, Diltheys primär ein *psychologisches* (man könnte es auch ein phänomenologisches, den Erfahrungszusammenhang starkmachendes Argument nennen). Interessant ist, daß sich auch bei Dilthey eine im Vergleich mit Lipps ähnliche Einschätzung findet, was den Charakter des Problems angeht: letztlich ist ihm das zu erklärende Phänomen des *fremden ich* ein „rätselhafter Tatbestand", ein „Urphänomen".[19] Im Gegensatz zu Lipps spricht Dilthey aber nicht von einem *Wissen*, sondern von einem *Glauben an die Realität Anderer*, den es zu erklären gilt. Damit hat er zweifellos einen glücklicheren Ausdruck gewählt. Unterscheidet man Wissen von Gewißheit und reserviert den Begriff des Wissens für intersubjektiv verhandelbare Pro-

---

17 Dilthey, Beiträge zur Lösung der Frage vom Ursprung unseres Glaubens an die Außenwelt (1890), a. a. O., S. 105. Die zitierte Passage zählt zu den vom Herausgeber Georg Misch eingefügten Stellen aus Diltheys Nachlaß.

18 Wilhelm Dilthey, Beiträge zum Studium der Individualität (1895/1896), in: ders., Gesammelte Schriften, V. Band, Die geistige Welt, Leipzig und Berlin 1924, S. 241-316, hier S. 277.

19 Ebd.

bleme, dann ist es unsinnig, diejenige Erfahrung der Gewißheit (eines *fremden ich*), die allererst Intersubjektivität stiftet, selbst als Wissen auszuzeichnen.

Der in der Interpretation der *Realitätsschrift* eingeschlagene Weg, das *Nachbilden* bzw. *Nacherleben* als ein tatsächlich dem fremden Erleben ähnliches Erleben aufzufassen, findet zunächst seine Bestätigung: „Erleben eines eignen Zustandes und Nachbilden eines fremden Zustandes oder einer fremden Individualität sind nun im Kern des Vorgangs einander gleichartig.“[20] Dieser Satz ist jedoch noch interpretationsbedürftig. Meint Dilthey, daß wir, wenn wir von subjektiven Abweichungen in der Qualität einer Empfindung absehen, mit genau der gleichen Intensität das Gefühl der Traurigkeit erleben wie der Andere, dem wir gegenüberstehen? Oder ist diese Formulierung in Zusammenhang zu bringen mit der im frühen Nachlaßfragment von 1875 vorgebrachten These einer Gleichartigkeit von erinnerten eigenen Gefühlen und erlebten Gefühlen Anderer? Hier ist ein heikler Punkt der Interpretation erreicht, da Dilthey die verschiedenen Optionen, wie die Gefühle Anderer erfahren werden können, nie ausführlich diskutiert hat. So könnte es sein, daß er am Ende beide Phänomenbeschreibungen gelten läßt: die Gefühle Anderer können sowohl erfahren werden, indem sie so erlebt werden, wie der Andere sie erlebt, als auch, indem sie in der Weise vergegenwärtigt werden, wie eigene Gefühle in der Erinnerung vergegenwärtigt werden. – Das bedeutete natürlich kein striktes Entweder-Oder, sondern nur, daß sich die Erfahrung der Gefühle Anderer zwischen diesen beiden idealtypisch zugespitzten Möglichkeiten abspielt mit einer unendlich großen Zahl von Variationen, die zwischen diesen beiden Möglichkeiten liegen. Daß die beiden Phänomenbeschreibungen bloß als idealtypische Zuspitzungen anzusehen sind, ist ganz entscheidend für diese Lesart. Denn, um ein Argument Diltheys aufzugreifen: jeder Versuch, eine psychische Erfahrung zu beschreiben, ist nachträgliche, dem Vollzug des Erlebens opponierende Beschreibung. Die beiden beschriebenen Möglichkeiten müßten also auch insofern als Idealtypen bezeichnet werden, als sie Abstraktionen darstellen, die in reiner Form vielleicht niemals in der Wirklichkeit anzutreffen sind.[21]

Die These, *Erleben eines eigenen Zustandes und Nachbilden eines fremden Zustandes seien im Kern des Vorgangs einander gleichartig*, läßt beide Interpretationen zu. Denn auch das erinnerte eigene Gefühl ist ja ein Erleben eines *eigenen* Zustandes. Daß die Gefühle Anderer zu verstehen in einem strikten und ausschließlichen Sinn bedeutete, diese Gefühle genauso zu erleben wie der Andere, scheint Dilthey nicht anzunehmen, denn er spricht einschränkend davon, daß wir „fremde Zustände in einem

---

20 Ebd., S. 276.

21 Der Begriff Idealtypus wird hier durchaus im Anschluß an Max Weber verwendet, obwohl dieser ihn für einen ganz anderen Bereich von Phänomenen vorgesehen hat: für historische Bewegungen, Ideen etc. Vgl. die klassischen Ausführungen bei: Max Weber, Die „Objektivität“ sozialwissenschaftlicher und sozialpolitischer Erkenntnis (1904), in: ders., Gesammelte Aufsätze zur Wissenschaftslehre, Tübingen 1922, S. 146-214, hier S. 190-206.

gewissen Grade wie die eignen fühlen." In der Annahme, daß wir fremde Gefühle wie eigene Gefühle fühlen, liegt Diltheys relative Nähe zu Lipps' Theorie der Einfühlung, obwohl Dilthey auch in diesem Text kein Hineinverlegen des *eigenen ich* in den Anderen (d. h. keine *Einfühlung*) kennt. Die Formulierung in *einem gewissen Grade* soll darauf hindeuten: je nach dem Grad der „Sympathie, Liebe oder Verwandtschaft mit anderen Personen" können wir Andere verstehen. Letztlich ist für Dilthey das Verstehen von dem Maß der Sympathie abhängig, und „ganz unsympathische Menschen verstehen wir überhaupt nicht mehr".[22]

Wie das Verhältnis von den als *Mitfühlen* bzw. *Sympathie* ausgezeichneten Phänomenen und dem Phänomen des *Nachbildens* zu verstehen ist, bleibt weiterhin schwer verständlich. Dilthey setzt sie wie folgt in Beziehung: „Ferner offenbart sich die Verwandtschaft des Mitgefühls mit dem nachbildenden Verstehen sehr deutlich, wenn wir vor der Bühne sitzen. Wir stellen dann nicht nur vor, wir nehmen nicht nur wahr: wir erleben die seelischen Zustände nach. Und dieser innige Anteil entspringt nun nicht aus den Bezügen unserer eignen Interessen zu dem, was auf der Bühne vorgeht. Die Rückbeziehung auf das, was uns selbst begegnen könnte, enthält nicht den Grund unserer Seelenbewegung. Das Gegenteil ist der Fall."[23] Offenbar handelt es sich – nach dieser Passage – bei *Nachbilden* und *Mitfühlen* um ein Phänomen, das je nach der Perspektive, die eingenommen wird, als dieses oder jenes erscheint. Zunächst wird es als *Nachbilden* wahrgenommen, wenn wir es hinsichtlich seiner Herkunft und seiner erkenntnisstiftenden Rolle befragen; als *Mitfühlen* erscheint es uns dagegen, wenn wir sehen, wie es im Vollzug des Bewußtseins in Beziehung zu dem Gefühl eines Anderen steht.

Da es hier nicht mehr um die bloße Erfahrung Anderer geht, die an der Wahrnehmung von Gemütszuständen gewonnen wird, die es in ihrer Qualität und Art, nicht aber in ihrer Rolle im Lebenszusammenhang nachzubilden gilt, sondern da es um ein Verstehen geht, das auch die Bedeutung eines Gefühls im Lebenszusammenhang meint, bekommt der Begriff *Nachbilden* eine zweifache Funktion und Bedeutung: denn einmal meint *Nachbilden*, einen Gemütszustand in seiner Qualität und Art nachzubilden: wenn ich ein tränenüberströmtes Gesicht sehe, so bildet sich in mir selbst das diesem Ausdruck entsprechende Gefühl der Traurigkeit, und in diesem Gefühl ist ein unbestimmtes *Über-etwas-traurig-sein*, das sich von der Qualität des Gefühls nicht lösen läßt, mitempfunden. Zum anderen heißt *Nachbilden* zu verstehen, worüber der andere trauert; das aber bedeutet für Dilthey, seinen Lebenszusammenhang nachzubilden. Die Interpretation fremder Äußerungen ist daher eine sehr verschiedene – je nachdem, wie wichtig und komplex der Lebenszusammenhang ist, in dem eine Äußerung steht. Und die Grenze des Verständnisses liegt in diesem Fall da, wo wir nicht

22 Dilthey, Beiträge zum Studium der Individualität (1895/96), a. a. O., S. 277.

23 Ebd.

mehr aus dem Zusammenhang heraus *nachbilden* können. Die besonderen Schwierigkeiten des Nachbildens, das auf den ganzen Lebenszusammenhang zielt, haben für Dilthey ihren Grund darin, daß in jedem Lebensmoment die Totalität der Gemütskräfte – also der ganze Lebenszusammenhang einer Lebensgeschichte – enthalten ist. Der erlebte Zustand ist wie ein Prädikat an das Subjekt der *Person* gebunden, nicht bloß an das *ich*. Er ist, wenngleich auch noch so dunkel, „auf den Zusammenhang unseres Lebens bezogen und innerhalb desselben lokalisiert".[24]

Das Argument, das Dilthey gegen die Analogieschlußtheorie vorbringt, trifft nicht bloß den Versuch, die Erfahrung eines *anderen ich* zu erklären, sondern bezieht sich auf alle Apperzeptionsleistungen, die ein *ich* vollbringt. Gegen die Tendenz seiner Zeit, alle Bewußtseinsphänomene nach den Maßstäben der Naturwissenschaften im Rahmen einer *erklärenden Psychologie* in Kausalzusammenhänge aufzulösen, behauptet Dilthey die prinzipielle Unmöglichkeit, auf diesem Weg die Wirklichkeit des Seelenlebens aufzuklären. Dagegen setzt er die These, daß wir mit dem Bereich des Psychischen im Gegensatz zum Physischen einen Bereich der Wirklichkeit vor uns haben, der eine eigene Herangehensweise erfordert. In dem berühmten Satz aus den *Ideen über eine beschreibende und zergliedernde Psychologie* (1894) heißt es in diesem Sinn: „Die Natur erklären wir, das Seelenleben verstehen wir."[25] Das Seelenleben kann nicht *erklärt* werden, weil jeder Versuch einer Rückführung seelischer Ereignisse in einzelne, zerlegbare Momente hoffnungslos ist. Es ist unmöglich, den Helden oder den Genius aus irgendwelchen Umständen begreifbar zu machen. Verstehen kann nicht in „rationales Begreifen aufgehoben werden".[26]

3.3. *Die Entstehung der Hermeneutik* (1900)

In den soeben analysierten *Beiträgen zum Studium der Individualität* (1895/96) versuchte Dilthey, die künstlerischen Formen der Individuation in der Menschenwelt zu analysieren. Einige Jahre später stellt er diesem Versuch in dem Aufsatz die *Entstehung der Hermeneutik* (1900) eine wissenschaftliche Erklärung zur Seite, indem er sich die Frage, wie fremdes, singuläres menschliches Dasein erfaßt werden kann, in einer tendenziell erkenntnistheoretischen Perspektive vornimmt. Zunächst betont Dilthey die Grenzen der sogenannten *inneren Erfahrung*. Erst durch den Eintritt in die Sphäre der Anderen kann sich ein *ich* als *individuelles ich* begreifen, das von anderen Menschen verschieden ist: „die innere Erfahrung, in welcher ich meiner eigenen Zustände inne werde", kann mir doch für sich „nie meine Individualität zum Bewußtsein

---

[24] Ebd., S. 276.

[25] Siehe oben S. 12 (Anmerkung 2).

[26] Dilthey, Beiträge zum Studium der Individualität (1895/96), a. a. O., S. 278.

bringen". Erst wenn ich meine Mitmenschen als Andere erfahre, kann ich mich mit ihnen vergleichen und gewinne ein Bewußtsein der Individualität meiner psychischen Zustände.[27]

Wie in keinem anderen zu Lebzeiten veröffentlichten Text thematisiert Dilthey hier das Verhältnis von Theorie der Fremderfahrung – er nennt es „eines der tiefsten erkenntnistheoretischen Probleme"[28] – und Hermeneutik. Das Wichtige und in der Akzentuierung Neue der *Entstehung der Hermeneutik* besteht darin, daß Dilthey die Erfahrung des *anderen ich* in ihrer Bedeutung für eine phänomenologisch differenzierende Theorie des Verstehens kenntlich macht, die alle möglichen Formen des Verstehens umfaßt. Diltheys Ausgangsüberlegungen zeigen das erkenntnistheoretische Motiv. Weil uns fremdes Dasein nur sinnlich vermittelt in Gebärden, Lauten und Handlungen gegeben ist, muß durch einen Vorgang der Nachbildung das nicht direkt wahrnehmbare fremde Innere ergänzt werden. Verstehen heißt deshalb immer Nachbilden und Ergänzen des inneren Lebens eines Anderen: „Alles: Stoff, Struktur, individuellste Züge dieser Ergänzung müssen wir aus der eignen Lebendigkeit übertragen."[29] Zum ersten Mal ist bei Dilthey hier davon die Rede, daß das *andere ich* etwas vom erkennenden ich *geliehen* bekommt. Die Motive, die dieser These zugrunde liegen, sind folgende: zum einen muß erklärt werden, woher die Gehalte bekannt sind, die dem *anderen ich* zugeschrieben werden; zum anderen muß die Erfahrung des fremden Inneren, weil dieses nicht in der Weise unmittelbar erfahren werden kann wie Eigenpsychisches, auf dem Weg einer Vermittlung erklärt werden. Dilthey sieht hier ähnliche Probleme wie Lipps und wählt auch eine ähnliche Lösung wie Lipps.

In Fortsetzung der Operation, das innere Leben eines Anderen nachzubilden, kommt Dilthey zu einer Bestimmung des Begriffs *Verstehen*: „Wir nennen den Vorgang, in welchem wir aus Zeichen, die von außen sinnlich gegeben sind, ein Inneres erkennen: *Verstehen*." Und kurz darauf schreibt er: Verstehen heißt derjenige Vorgang, „in welchem wir aus sinnlich gegebenen Zeichen ein Psychisches, dessen Äußerung sie sind, erkennen".[30] Das Spektrum dessen, was unter den Begriff des Verstehens fällt, ist weit. Es reicht vom Auffassen kindlichen Lallens bis zum Verständnis Hamlets.

An diesen beiden, den Charakter von Definitionen tragenden Bestimmungen von *Verstehen* fällt zunächst eines auf: es ist ein sehr *elementarer*[31] Begriff des Verstehens, den Dilthey hier anvisiert. Die psychischen Zustände Anderer zu verstehen, heißt hier

---

27 Wilhelm Dilthey, Die Entstehung der Hermeneutik (1900), in: ders., Einleitung in die Philosophie des Lebens, Erste Hälfte, Gesammelte Schriften, V. Band, Leipzig und Berlin 1924, S. 317-338, hier S. 318.

28 Dilthey, Zusätze aus den Handschriften, [zu:] Die Entstehung der Hermeneutik (1900), a. a. O., S. 334.

29 Dilthey, Die Entstehung der Hermeneutik (1900), a. a. O., S. 318.

30 Ebd.

31 Den Ausdruck verwendete Dilthey erst später; vgl.: Dilthey, Das Verstehen anderer Personen und ihrer Lebensäußerungen (1910), a. a. O., S. 207.

vor allem: zu verstehen, was für Erlebnisse, was für Gefühle, was für Stimmungen hat ein Anderer; kurz gesagt: in was für einem Gemütszustand befindet er sich. Und erst in einem weiteren Sinn bedeutet Verstehen hier: die Urteile, Meinungen, Hoffnungen Anderer in ihrer Zugehörigkeit zu den Stimmungen, Gefühlen etc. zu verstehen. Im Begriff des Verstehens liegt die gleiche Doppeldeutigkeit, die bereits an Diltheys Begriff des Nachbildens herausgestellt werden konnte.

Der Begriff des Verstehens ist aber noch in einer anderen Hinsicht doppeldeutig; er ist doppeldeutig in seiner erkenntnisstiftenden Funktion. Besonders deutlich wird dies in einer Formulierung, die aus den *handschriftlichen Zusätzen* zu dem Aufsatz *Die Entstehung der Hermeneutik* stammt: „*Verstehen nennen wir den Vorgang, in welchem aus sinnlich gegebenen Äußerungen seelischen Lebens dieses zur Erkenntnis kommt.*“[32] Verstehen heißt hier nicht allein, daß uns das seelische Leben eines Anderen in seinen Gehalten gegenwärtig ist, sondern es heißt ineins damit: erfahren, daß da überhaupt ein fremdes Seelenleben ist. Diese Unterscheidung ist alles andere als trivial, wenn man an die Geschichte der Hermeneutik im 20. Jahrhundert denkt, die, sofern sie Verstehen als Verstehen von *Sinn* und *Bedeutung* bzw. als Verstehen von *Gründen* bestimmt, den eigentlichen Gehalt des Begriffs verfehlt.

Erst aufbauend auf der elementaren Form des Verstehens, die uns die Erfahrung des *anderen ich* ermöglicht, beginnt die eigentliche Aufgabe des hermeneutischen oder auch *kunstmäßigen Verstehens*: Auslegung und Interpretation von „dauernd fixierten Lebensäußerungen“.[33]

3.4. *Das Verstehen anderer Personen und ihrer Lebensäußerungen* (1910)

Eine genauere Analyse verschiedener Formen des Verstehens findet sich erst in dem 1927 aus Diltheys Nachlaß edierten Manuskript *Das Verstehen anderer Personen und ihrer Lebensäußerungen*, das auf einen Vortrag aus dem Jahr 1910 zurückgeht. Bernhard Groethuysen, der zu dieser Zeit in engem Kontakt mit Dilthey stand, zählt es zu den Grundlagen des geplanten, aber nie vollendeten 2. Bandes der *Einleitung in die Geisteswissenschaften* von 1883. Das Manuskript gehört zu jenen Arbeiten, welche die 1905 veröffentlichte Studie über den *Aufbau der geschichtlichen Welt in den Geisteswissenschaften* fortsetzen sollte, die als ein neuer Anfang des geplanten II. Bandes der *Einleitung in die Geisteswissenschaften* gilt.[34]

---

32 Dilthey, Zusätze aus den Handschriften, [zu:] Die Entstehung der Hermeneutik (1900), a. a. O., S. 332.

33 Dilthey, Die Entstehung der Hermeneutik (1900), a. a. O., S. 319.

34 Vgl. Bernhard Groethuysen, Anmerkungen, in: Wilhelm Dilthey, Der Aufbau der geschichtlichen Welt in den Geisteswissenschaften, Gesammelte Schriften, VII. Band, Leipzig und Berlin 1927, S. 348-380, hier S. 348: Keine der hier veröffentlichten Arbeiten, so Groethuysen, könne im ei-

Dilthey nimmt hier den Ausgang bei einer Unterscheidung dreier Klassen von Lebensäußerungen. Er behandelt erstens *Urteile,* zweitens *Handlungen* und drittens *Erlebnisausdrücke*: ein Urteil bleibt unabhängig von Zeit und Ort immer dasselbe; für den, der es ausspricht, und den, der es versteht. Das Verstehen ist hier auf den bloßen *Denkinhalt* gerichtet, dieser bleibt immer gleich. Kein Verstehen ist vollständiger als das Verstehen von Urteilen, gerade weil ein Urteil nichts aussagt über das Seelenleben desjenigen, der es ausspricht. *Handlungen* sind Ausdrücke eines Geistigen. Dennoch sind sie zu trennen von dem Lebenszusammenhang, dem sie entstammen. Ohne Erläuterung der Umstände einer Handlung kann über das Seelenleben, dem die Handlung entspringt, kaum etwas erfahren werden. Ganz anders als bei Urteilen und bei Handlungen verhält es sich mit dem *Erlebnisausdruck.* Der Erlebnisausdruck öffnet auch ohne Kenntnis eines Lebenszusammenhangs das Verständnis des Seelenlebens eines Anderen. Dilthey betont: im Ausdruck ist Psychisches mitunter zugänglicher als in *innerer Erfahrung.* Indem ich mich zu Anderen verhalte, erfahre ich etwas über mich selbst, denn mein Ausdruck kann „vom seelischen Zusammenhang mehr enthalten, als jede Introspektion gewahren kann. Er hebt es aus Tiefen, die das Bewußtsein nicht erhellt."[35] Der Erlebnisausdruck fällt nicht unter das Urteil: wahr oder falsch, sondern unter das Urteil: wahrhaftig oder unwahrhaftig. Lüge und Täuschung können die Beziehung zwischen Ausdruck und ausgedrücktem Geistigen durchbrechen.

Der Sinn dieser Unterscheidung ist folgender: eine vergleichende Betrachtung der Weisen, wie hinsichtlich dieser drei Klassen von Lebensäußerungen von Verstehen gesprochen werden kann, zeigt, daß ganz Unterschiedliches gemeint ist, wenn wir je von *Verstehen* sprechen. An diese erste Unterscheidung dreier Klassen von Lebensäußerungen schließt Dilthey daher eine weitere an: die Unterscheidung *elementarer* Formen und *höherer* Formen des Verstehens. Im elementaren Verstehen findet ein Rückgang auf das Ganze des Lebenszusammenhangs nicht statt. Sein Grundverhältnis „ist das des Ausdrucks zu dem, was in ihm ausgedrückt ist".[36] Eines Anderen Gesichtsausdruck, der Freude oder Schmerz anzeigt, verstehen wir auch ohne Kenntnis seines Lebenszusammenhanges. Für die Formen elementaren Verstehens gilt die Zurückweisung der Möglichkeit eines Analogieschlusses kategorisch. Elementares Verstehen ist jenes Verstehen, in dem wir die Erfahrung des *anderen ich* machen: zunächst verstehen wir den Ausdruck eines Anderen. Wir sehen ihm z. B. an, daß er traurig ist, ohne die Gründe seines Traurigseins zu kennen.

---

gentlichen Sinne als druckfertig bezeichnet werden, allerdings sei es ein Irrtum anzunehmen, daß es sich bloß um verstreute Aufzeichnungen handelte: „Das war nicht Diltheys Art". Vgl. auch S. 351 und S. 360 f. Zum Verhältnis Groethuysens und Diltheys bzw. ihrer Zusammenarbeit vgl.: Klaus Große Kracht, Zwischen Berlin und Paris: Bernhard Groethuysen (1880-1946). Eine intellektuelle Biographie, Tübingen 2002, S. 32 ff.

35 Dilthey, Das Verstehen anderer Personen und ihrer Lebensäußerungen [1910], a. a. O., S. 206.

36 Ebd., S. 207.

Dilthey expliziert das elementare Verstehen an folgendem Beispiel: das Kind tritt durch die Formen des elementaren Verstehens in die Welt des objektiven Geistes ein. Ehe das Kind sprechen lernt, ist es „schon ganz eingetaucht in das Medium von Gemeinsamkeiten". Die Gebärden und Mienen, Worte und Sätze lernt ein Kind nur verstehen, weil sie stets als dieselben und mit derselben Beziehung auf ihre Bedeutung erlebt werden. Das Individuum orientiert sich in der Welt des objektiven Geistes: an den bestehenden Formen der Gemeinschaft, an Sitte, Recht, Staat und Religion. Sprache ist verständlich, weil in der Gemeinschaft die Bedeutung der Worte und der Sinn der Syntax gemeinsam in Anwendung sind.[37]

Die Unterscheidung von elementarem und höherem Verstehen erklärt Dilthey anhand der Schwierigkeiten, zu denen es beim elementaren Verstehen kommen kann. Tritt im Verständnis eines gewöhnlichen Ausdrucks eine Schwierigkeit auf, etwa durch den Versuch einer Täuschung, so gilt es, das Milieu und die Umstände zu beachten. Hier gibt es nun Möglichkeit und Notwendigkeit eines Induktionsschlusses von einzelnen Lebensäußerungen auf den Lebenszusammenhang insgesamt. Aber auch die höheren Formen des Verstehens gründen im Verhältnis von Ausdruck und Ausgedrücktem. Der Zuschauer eines Dramas lebt zunächst ganz in den Handlungen der Darsteller. Nur so kann er die Gemütslage der dramatis personae so verstehen und nacherleben, wie der Dichter sie in ihm erzeugen wollte. Erst auf der Grundlage dieses Verstehens kann sich der Zuschauer distanzieren und sich auf die Beziehung zwischen des Dichters Intention und deren Umsetzung ins Werk beziehen. Jedes höhere Verstehen baut auf einem elementaren Verstehen auf. Hat das elementare Verstehen immer ein individuelles Ereignis zum Gegenstand, so richtet sich das höhere Verstehen auf größere Zusammenhänge, auf den Zusammenhang eines Lebens, eines Werkes etc. Um zu verstehen, warum das Kind traurig ist, muß ein Bezug auf den Lebenszusammenhang hergestellt werden. Jedes Verstehen, *warum…* ist somit höheres Verstehen. Die Aufgabe des höheren Verstehens besteht folglich darin, ein Verständnis für den fremden Lebenszusammenhang zu gewinnen. Dilthey bezeichnet sie als ein *Sichhineinversetzen* in einen Menschen oder ein Werk bzw. als eine „*Übertragung* des eigenen Selbst in einen gegebenen Inbegriff von Lebensäußerungen".[38] Auf der Grundlage dieses *Sichhineinversetzens* kann sich dann die vollkommenste Art des Verstehens entwickeln. Es ist ein die Totalität des Seelenlebens und Lebenslaufs umfassendes Verstehen: das *Nachbilden* bzw. *Nacherleben*. *Nacherleben* ist ein Schaffen in der Linie der Ereignisse: „Der Triumph des Nacherlebens ist, daß in ihm die Fragmente eines Verlaufs so ergänzt werden, daß wir eine Kontinuität vor uns zu haben glauben."[39] Das Sich-

---

37 Ebd., S. 208 f.
38 Ebd., S. 214.
39 Ebd., S. 215.

hineinversetzen in den Anderen ist in seiner Distanzlosigkeit selbstverständlich noch kein Verstehen des Anderen, sondern nur ein Moment im Prozeß des Verstehens.

An dieser Stelle ist es sinnvoll, das Referat für eine kurze Zwischenbemerkung zu unterbrechen, die das Phänomen des *Nachbildens* bzw. *Nacherlebens* betrifft. Sowohl das *elementare* als auch das *höhere* Verstehen ist jeweils auf ein *Nachbilden* angewiesen. Dieses beschreibt Dilthey in beiden Fällen als ein *Sichhineinversetzen*. Das je gemeinte Phänomen ist aber ein sehr verschiedenes – es ist eine ähnliche Doppeldeutigkeit im Begriff des *Nachbildens*, wie sie auch in anderen Texten Diltheys festgestellt werden konnte: im ersten Fall meinen Nachbilden und Sichhineinversetzen das in seiner Möglichkeit nicht weiter aufgeklärte Phänomen, das fremde Gefühl wie ein eigenes, aber als das eines Anderen zu erleben; im zweiten Fall meinen sie eine Fähigkeit, sich in einen Lebenszusammenhang zu imaginieren und vorübergehend wie der Andere – ohne ein aktuelles Mitbewußtsein der Distanz – zu erleben. Das kann durchaus von einem Willen des Verstehenwollens geleitet werden. Wichtig ist nun folgendes: in bestimmten Phasen des Prozesses ist mir hier der Andere nicht als Anderer gegenwärtig. *Sichhineinversetzen* heißt hier, vorübergehend tatsächlich im Bewußtsein zu leben, der Andere zu sein, und nicht, wie im ersten Fall, das Gefühl des Anderen zu fühlen, dabei aber stets bewußt zu haben, daß es das Gefühl eines Anderen ist. An anderer Stelle hat Dilthey die Notwendigkeit dieser Unterscheidung deutlich ausgesprochen, indem er das distanzierte *Nachfühlen* vom zunächst distanzlosen *Nacherleben* unterscheidet: „so wird für die Erlebnisse, in denen ein Fremdes, sei es wirklich oder erdichtet, verstanden wird, der Ausdruck Nachfühlen als zu eng verworfen werden müssen: es handelt sich hier vielmehr um ein Nacherleben, in welchem der ganze psychische Zusammenhang eines fremden Daseins von dem Einzelgegebenen aus aufgefaßt wird".[40]

Dilthey selbst geht einer genauen Analyse des Nachbildens und Nacherlebens aus dem Weg: eine psychologische Erklärung, bemerkt er, wird nicht gegeben, da der Vorgang hier nur in seiner Leistung interessiert. Statt einer psychologischen Erklärung schließt Dilthey folgende für unseren Zusammenhang besonders wichtige Bemerkung an, in der er, soweit ich sehe, zum ersten und einzigen Mal den Begriff *Einfühlung* hinsichtlich der Frage des Fremdverstehens verwendet. Über den Begriff des Verstehens schreibt er: „So erörtern wir auch nicht das Verhältnis dieses Begriffes zu dem des Mitfühlens und dem der Einfühlung, obwohl der Zusammenhang derselben darin deutlich ist, daß das Mitfühlen die Energie des Nacherlebens verstärkt."[41]

---

40 Wilhelm Dilthey, Studien zur Grundlegung der Geisteswissenschaften [nach 1905], in: ders., Der Aufbau der geschichtlichen Welt in den Geisteswissenschaften, Gesammelte Schriften, VII. Band, Leipzig und Berlin 1927, S. 3-78, hier S. 47.

41 Dilthey, Das Verstehen anderer Personen und ihrer Lebensäußerungen [1910], a. a. O., S. 215. Der Begriff Einfühlung wird von Dilthey generell – worauf bereits hingewiesen wurde – äußerst selten verwendet. Wenn ich nichts übersehen habe, wird der Begriff nur in Texten verwendet, die nach

Offenbar hat Dilthey hier ein *Mitfühlen* im Sinn, das dadurch ausgezeichnet ist, daß ein Gefühl, das auch ein Anderer hat, gemeinsam mit ihm gefühlt wird. Umgangssprachlich wird dieses Phänomen beschrieben, wenn davon die Rede ist, daß zwei Menschen *ein Gefühl teilen*. Dilthey unterscheidet das so bestimmte Mitfühlen vom Mitgefühl, das ein Gefühl über ein nacherlebtes Gefühl ist: also Mitleid oder Mitfreude.[42] Schwieriger ist die Frage zu klären, was Dilthey in diesem Kontext unter *Einfühlung* versteht. Man muß auf eine andere Passage zurückgreifen, in der Dilthey die Einfühlung in die Natur beschreibt, um die allgemeine Struktur des bei Dilthey als Einfühlung ausgezeichneten Phänomens zu erfassen. In einem ebenfalls erst aus dem Nachlaß edierten Manuskript, das aus dem Jahr 1905 stammen soll, heißt es: „Die Einfühlung in die Natur ist die Gefühlsinterpretation derselben, welche von der Stimmung des Beschauenden aus das Verwandte in ihr nachfühlt". In der Einfühlung erlebe ich mich nicht als der Natur gegenüberstehend, die Natur ist mir kein Objekt einer Erkenntnis. Soll durch die Einfühlung eine Interpretation einer Naturerscheinung gewonnen werden, so ist ein „Herausfühlen aus ihr notwendig".[43] Bei Dilthey findet sich hier eine Beschreibung des Verstehens, die Lipps' Unterscheidung von positiver und negativer Einfühlung ähnelt. Überträgt man diesen Begriff der Einfühlung auf die Begegnungen mit anderen Menschen, dann kann Einfühlung hier nur soviel heißen wie: Nachbilden bzw. Nacherleben, was der Andere erlebt, ohne ein Bewußtsein der Geschiedenheit von sich und dem Anderen zu haben. Sucht man bei Dilthey nach Phänomenbeschreibungen, die in dem hier entwickelten Sinn als Einfühlung zu bezeichnen sind, so findet sich dergleichen nur hinsichtlich der höheren Formen des Verstehens – und nicht, wie man aus einer von Lipps herkommenden Perspektive annehmen könnte, bei den elementaren Formen des Verstehens. Diltheys elementares Verstehen kennt keine Vorgeschichte (positiver) Einfühlung, die dem eigentlichen Verstehen, in dem der Andere als Anderer erfahren wird, vorangeht. Nur das höhere Verstehen fordert mitunter, wenn es gilt, sich einen fremden Lebenszusammenhang zu vergegenwärtigen, eine zunächst distanzlose, den Anderen nicht als Anderen vergegenwärtigende Einfühlung.

Indem Dilthey teilweise eine subjektivistische Form des Verstehens propagiert – subjektivistisch insofern, als dem Anderen die Erlebnisse des *eigenen ich* bloß ge-

---

Diltheys Tod erschienen! Vgl. aber: Dilthey, Die Entstehung der Hermeneutik (1900), a. a. O., S. 326, wo Dilthey von Herders kongenialem „Sich-Einfühlen" in die Seele von Zeitaltern und Völkern spricht; sowie: Dilthey, Studien zur Grundlegung der Geisteswissenschaften [nach 1905], a. a. O., S. 52.

42 Ebd., S. 47. Vgl. für eine genauere Deutung dieses Phänomens, das nicht mit der sogenannten Gefühlsansteckung verwechselt werden darf, die Analyse von Schelers Theorie des Mitgefühls, unten Abschitt 5.9. Nicht unwahrscheinlich ist, daß Dilthey hier von der Arbeit Groethuysens über das Mitgefühl profitierte. Groethuysen war mit jener Arbeit 1903 von Dilthey und Carl Stumpf promoviert worden.

43 Ebd., S. 52.

liehen werden oder in ihn hineingelegt werden –, entsteht eine Spannung zu der am Beginn dieses Abschnitts referierten These, daß das Selbstverstehen nur auf dem Umweg über Andere möglich sei. Wenn das Verstehen ein „Wiederfinden des Ich im Du" sein soll,[44] dann darf dem Du nichts geliehen werden. Das Du muß von sich aus sein, es darf nicht erst Du werden, indem ich mein *ich* in den Körper des Anderen hineinverlege.

So problematisch jene Phänomenbeschreibungen Diltheys sind, die zurecht als Einfühlung beschrieben werden können, wenn zutrifft, was soeben als Diltheys Fassung von Einfühlung beschrieben wurde, dann muß jede pauschale Kennzeichnung von Diltheys Hermeneutik als Einfühlungshermeneutik zurückgewiesen werden. Für Dilthey ist Einfühlung ein mögliches Moment einiger Verstehensleistungen, keineswegs aber ist Einfühlung notwendig konstitutives Moment von Verstehen. Einfühlung im Sinne Diltheys ist z. B. das oben beschriebene Verhalten des Theaterbesuchers, der zunächst ganz in den Handlungen und Stimmungen der Darsteller aufgeht, ohne ständig ein Bewußtsein der Distanz zu haben. Nacherleben (höheren Verstehens) verstanden als Sichhineinversetzen (Einfühlung) in den fremden Lebenszusammenhang fordert eine Vergegenwärtigung des Milieus und der äußeren Lage und die Phantasie, die aus unserem eigenen Lebenszusammenhang bekannten Gefühle und Strebungen so zu verstärken oder abzuschwächen, daß sie sich dem fremden Seelenleben angleichen: „Die Bühne tut sich auf. Richard erscheint, und eine bewegliche Seele kann nun, indem sie seinen Worten, Mienen und Bewegungen folgt, etwas nacherleben, das außerhalb jeder Möglichkeit ihres wirklichen realen Lebens liegt. Der phantastische Wald in ‚Wie es euch gefällt' versetzt uns in eine Stimmung, die uns alle Exzentrizitäten nachbilden läßt."[45]

Der Vergleich der Positionen von Lipps und Dilthey kann nun aus einer neuen Perspektive durchgeführt werden. Die Diskussion Diltheys bezog sich zwar auch auf das sogenannte höhere Verstehen, aber dieses interessierte hier vor allem deswegen, weil es galt, den Unterschied zwischen höherem und elementarem Verstehen herauszuarbeiten. Bei Lipps findet sich diese Unterscheidung weder dem Begriff noch der Sache nach. Sofern sich Lipps dem Thema Verstehen widmet, verhandelt er – vom Standpunkt Diltheys aus gesehen – das elementare Verstehen. Lipps behandelt das elementare Verstehen aber nicht aus einem genuin am Verstehen ausgerichteten Erkenntnisinteresse, sondern im Rahmen der Frage, wie ein *Wissen fremder Iche* möglich ist. Jeder Vergleich ist daher problematisch, denn Dilthey hat primär ein anderes Ziel als Lipps. Vorrangig geht es Dilthey um die Möglichkeit, zu verstehen, zu fühlen und nachzuerleben, was der Andere erlebt hat, und nicht darum, die Erfahrung des Anderen begreiflich zu machen – diese ist in den meisten seiner Untersuchungen schon

---

44 Dilthey, Das Verstehen anderer Personen und ihrer Lebensäußerungen [1910], a. a. O., S. 191.

45 Ebd., S. 215.

vorausgesetzt, obgleich Dilthey – im Gegensatz zu vielen anderen Autoren der hermeneutischen Tradition – vor dem Vorwurf in Schutz genommen werden kann, er hätte das Problem der Erfahrung des *anderen ich* nicht gesehen. Festzuhalten ist also, daß bei Dilthey zwar Einfühlung eine Rolle spielt, aber nur bezüglich der höheren Formen des Verstehens, nicht aber bezüglich des elementaren Verstehens, das ein nicht weiter aufklärbares Ausdrucksverstehen ist.

Ein generelles Problem, das sowohl die Interpretation von Lipps als auch die von Dilthey betrifft, liegt darin, daß bei beiden nicht klar auseinandergehalten wird, ob es um die Frage geht: wie ist überhaupt die Erfahrung eines *anderen ich* möglich, oder um die Frage: wie ist die Erfahrung eines *anderen ich* möglich bzw. wie erfährt ein *ich* ein *anderes ich*, wenn es bereits in der Sphäre lebt, in der die Anderen als Andere wahrgenommen werden? Beide Fragen werden bei Lipps und Dilthey nicht streng getrennt. Die Vermischung der beiden Fragen hat ihren Grund in der Überzeugung, daß es keine gewissermaßen leere Erfahrung eines *fremden ich* gibt. Jede Erfahrung eines *anderen ich* ist Erfahrung, daß das *andere ich* sich in einem bestimmten Gemütszustand befindet. Operiert man mit der Vorstellung eines reinen Bewußtseins oder eines Bewußtseins überhaupt, so läßt sich diese grundlegende Einsicht, ohne welche die Erfahrung des Anderen nicht erklärt werden kann, nicht einholen.

3.5. Habermas' Kritik an Diltheys Theorie der Intersubjektivität

Jürgen Habermas hat 1968 in *Erkenntnis und Interesse* ein heute gängiges historisches Urteil über Diltheys Theorie des Verstehens ausgesprochen: in jener Psychologie, die verlange, das eigene Selbst in ein Äußeres zu verlegen, um ein vergangenes oder fremdes Erlebnis im eigenen gegenwärtig zu machen, „wurzelt eine monadologische Auffassung der geisteswissenschaftlichen Hermeneutik, die Dilthey nie ganz überwindet".[46] Der Vorwurf, den Habermas als gegen das Modell der Einfühlung gerichtet versteht, trifft das Selbstverständnis Diltheys. In einer kleinen Studie über die Selbstbiographie schreibt Dilthey: der Sinn des individuellen Daseins ist singulär, „dem Erkennen unauflösbar, und er repräsentiert doch in seiner Art, wie eine Monade von Leibniz, das geschichtliche Universum".[47]

Habermas zielt auf die bewußtseinsphilosophischen Implikationen des subjektivistischen Zuges, den Diltheys Theorie durch die je unterschiedliche Operation des *Sich-in-den-Anderen-Hineinversetzens* hat. Habermas will zunächst zeigen, daß der

---

46 Jürgen Habermas, Erkenntnis und Interesse, Frankfurt am Main 1968, S. 186.

47 Wilhelm Dilthey, Das Erleben und die Selbstbiographie, in: ders., Der Aufbau der geschichtlichen Welt in den Geisteswissenschaften, Gesammelte Schriften, VII. Band, Berlin und Leipzig 1927, S. 191-205, hier S. 199.

Ansatz, Eigenpsychisches in Fremdpsychisches zu verlegen, um es zu verstehen, von Dilthey selbst transzendiert wird. Er konzediert Dilthey den „Anstoß zu einer *ersten Revision* der Einfühlungstheorie". Dilthey habe selbst gesehen, daß Verstehen nicht in Einfühlung terminiere, sondern in der Nachkonstruktion einer geistigen Objektivation: „Wenn kongeniales Verstehen großer Werke die Reproduktion des ursprünglichen Vorgangs, in dem das Werk produziert worden ist, verlangt, dann kann es nicht mehr zureichend als eine Substituierung fremden Erlebens durch eigenes begriffen werden. Nachvollzogen wird nicht ein psychischer Zustand, sondern die Hervorbringung eines Produkts." Das Verstehen, so Habermas, richtet sich auf symbolische Zusammenhänge, nicht auf ein unmittelbar Psychisches. Habermas verweist auf die Einsicht Diltheys: Verstehen des objektiven Geistes ist nicht psychologische Erkenntnis. Und er hebt die hier ausgesprochene Einsicht Diltheys hervor, daß Erleben selbst durch symbolische Zusammenhänge strukturiert sei.[48]

Diese hermeneutische Aneignung durch Habermas ist mit einigen Problemen behaftet. Schon der Ansatz ist fragwürdig: Habermas faßt die von ihm zugrunde gelegten zwei Fassungen von Diltheys Begriff des Verstehens (Verstehen von Psychischem und Verstehen von symbolischen Zusammenhängen) als in Konkurrenz stehende auf und suggeriert eine bei Dilthey selbst angelegte, wenngleich nur bedingt bewußte Selbstkritik.[49] Auf diese Weise kann Habermas das am symbolischen Verstehen der Gehalte des objektiven Geistes orientierte Verstehen gegen das als Einfühlung verstandene Verstehen von Psychischem ausspielen. Unklar bleibt dabei, ob sich Habermas bloß gegen das wendet, was bei Dilthey im Rahmen höheren Verstehens einzig als Einfühlung beschrieben wird, oder ob er auch das Hineinversetzen des elementaren Verstehens meint, das bei Dilthey allerdings nirgends als Einfühlung bezeichnet wird. Dies bleibt unklar nicht nur, weil Habermas unbestimmt läßt, was er genau unter Einfühlung versteht bzw. was seiner Interpretation nach Dilthey darunter versteht, sondern

---

48 Habermas, Erkenntnis und Interesse, a. a. O., S. 186. Die von Habermas zitierte Stelle Diltheys ist: Dilthey, Der Aufbau der geschichtlichen Welt in den Geisteswissenschaften, a. a. O., S. 85.

49 Vgl. Habermas, Erkenntnis und Interesse, a. a. O., S. 185: „Als Dilthey noch glaubte, Fragen der Wissenschaftslogik im Rahmen einer beschreibenden und zergliedernden Psychologie klären zu können, machte er sich den Akt des Verstehens von Lebensäußerungen am Modell des Nachfühlens fremder Seelenzustände plausibel." Diese Formulierung suggeriert, daß Dilthey diese Position zurückgenommen hat. Das ist nirgends der Fall. Noch in dem ein Jahr vor seinem Tod entstandenen Manuskript *Das Verstehen anderer Personen und ihrer Lebensäußerungen* von 1910 – der Text, auf den auch Habermas sich zentral bezieht – vertritt Dilthey die von Habermas kritisierte Position. In der Literatur über Dilthey wird immer wieder die Ansicht vertreten, Dilthey hätte sich von einem bewußtseinsphilosophischen zu einem intersubjektivistischen, an der Sphäre des objektiven Geistes orientierten Standpunkt hin entwickelt. Diese Ansicht ist falsch. Schon in den frühen Arbeiten betont Dilthey die Bedeutung des objektiven Geistes. Und erst in den späten Arbeiten findet sich die Idee der Einfühlung. Eine interessante Kritik von Habermas' Dilthey-Interpretation bietet: Austin Harrington, Hermeneutic Dialogue and Social Science. A critique of Gadamer and Habermas, London and New York 2001.

vor allem weil Habermas Diltheys Unterscheidung von *elementarem* und *höherem Verstehen* aus dem Weg geht.[50]

Wenn man Dilthey verstehen will, muß man jedoch gerade auf diese Unterscheidung Wert legen. Insofern gilt es, Habermas' Stellung zum elementaren Verstehen zu klären. Denn nach Dilthey ermöglicht allein das elementare Verstehen den Eintritt in die Sphäre der Intersubjektivität, deren Zugang Habermas ja aufklären will. Jenes von Habermas kritisierte Hineinverlegen des *eigenen ich* in den Anderen ist für Diltheys Modell des elementaren Verstehens grundlegend. Nun basiert auch das elementare Verstehen immer auf dem bekannten Dreischritt *Erlebnis-Ausdruck-Verstehen.*[51] Da sich Habermas an diesem Modell orientiert, muß eine Analyse dieses Dreischritts vorgenommen werden.

Dilthey faßt den Zusammenhang von Leben, Ausdruck und Verstehen als für die Geisteswissenschaften überhaupt geltendes wesentliches Charakteristikum auf, in welchem der Begriff des Verstehens fundiert ist. Analog zu der Unterscheidung von elementarem und höherem Verstehen und der Unterscheidung zwischen den beschriebenen zwei Formen des Nachbildens müssen zwei verschiedene Phänomene im Begriff des Ausdrucks unterschieden werden. Im Falle elementaren Verstehens meint *Ausdruck* den singulären Gemütsausdruck: also einen Gesichtsausdruck in Verbindung mit Gestik und (auch nichtsprachlicher) Lautartikulation bzw. mindestens eines dieser

---

50 Daß Habermas Diltheys Unterscheidung von *elementarem* und *höherem* Verstehen unterläuft, wird nirgends deutlicher als an der Stelle, an der er die von Dilthey unterschiedenen drei Klassen von Lebensäußerungen alle dem elementaren Verstehen zuordnet, obgleich nur das Ausdrucksverstehen unter den Begriff des elementaren Verstehens fällt. Vgl. Habermas, Erkenntnis und Interesse, a. a. O., S. 206 f.

51 Vgl. aus den von Dilthey selbst nicht zur Veröffentlichung gebrachten Manuskripten zu seinem Werk *Der Aufbau der geschichtlichen Welt in den Geisteswissenschaften* das erstmals von Bernhard Groethuysen 1927 publizierte Fragment: *Plan der Fortsetzung zum Aufbau der geschichtlichen Welt in den Geisteswissenschaften, Entwürfe zur Kritik der historischen Vernunft: Erster Teil. Erleben, Ausdruck, Verstehen*, in: Wilhelm Dilthey, Der Aufbau der geschichtlichen Welt in den Geisteswissenschaften, Gesammelte Schriften Band VII., Leipzig und Berlin 1927, S. 191-251. Zu diesem Fragment zählt auch das im letzten Abschnitt behandelte Teilstück: *Das Verstehen anderer Personen und ihrer Lebensäußerungen*, hier S. 205-220. Kurt Flasch hat die subjektivistischen Züge Diltheys auf den Begriff des Erlebnisses, der die unmittelbare Erfahrung auszeichnen sollte, zurückgeführt. Flasch sieht in ihm eine historische, längst überwundene Konstruktion: „Man muß fragen, ob nicht in den Materialschlachten des Ersten Weltkriegs die *Erlebnisse* zugrunde gegangen sind, weltgeschichtlich, unwiederbringlich." Kurt Flasch, Abschied von Dilthey. Historisches Wissen ohne Verstehen, in: Filosofia e cultura. Per Eugenio Garin. A cura di Michele Ciliberto e Cesare Vasoli, Volume II, Roma 1991, S. 625-645, hier S. 630. Unwiederbringlich? Jüngst ist wieder von Erlebnissen die Rede: „Ich weiß gar nicht recht, wie ich sagen soll, ohne mir – wenn ich aufrichtig sein soll – lächerlich vorzukommen: Aber nach einem halben Jahrhundert, in dem man dem Begriff ‚Erlebnis' in Deutschland jede wissenschaftliche Dignität abgesprochen hat [...], ist es vielleicht an der Zeit, daß die Geisteswissenschaften auf ebendiesen Begriff zurückkommen." Hans-Ulrich Gumbrecht, Die Macht der Philologie, Frankfurt am Main 2003, S. 132.

drei Momente. Nur in diesem Fall ist gewöhnlich von Ausdrucksverstehen die Rede. Im Falle höheren Verstehens meint Ausdruck die Sphäre der Kunst, der Geschichte, der Literatur und derjenigen Objekte, in denen sich Menschen verständlich machen: Sprache, Musik, Architektur, Politik etc.

Wenn Habermas unterscheidet zwischen dem Verstehen in der alltäglichen Existenz vergesellschafteter Individuen und dem Verstehen als Verfahrensweise der Geisteswissenschaften, wenn er von einer Verankerung des kunstmäßigen Verstehens in der vorgängigen Verstehensstruktur der Lebenspraxis spricht, dann trifft er damit durchaus eine Intention Diltheys, aber er holt damit nicht Diltheys wichtige Unterscheidung von elementarem und höherem Verstehen ein. Höheres Verstehen hatte Dilthey bestimmt als Verstehen, das auf einen Lebenszusammenhang zielt. Das bedeutet: auch schon das alltägliche Verstehen der Lebenspraxis fällt für Dilthey unter den Begriff des *höheren* Verstehens, weil es auf einen Lebenszusammenhang zielt.

Indem Habermas die Bedeutung des *elementaren* Verstehens übergeht, übergeht er die erkenntnistheoretische Frage nach der Erfahrung des *anderen ich* und verstellt den eigentlichen Zugang zum Problem der Intersubjektivität. Habermas deutet Diltheys Dreischritt Erlebnis-Ausdruck-Verstehen als „Verhältnis von Erleben, Objektivation und Verstehen".[52] Jeder Ausdruck ist Objektivation insofern, als er von Anderen erfahren werden kann. Jeder Andere sieht den gleichen Ausdruck. Indem Habermas den *Ausdruck* als *Objektivation* übersetzt, gleicht er ihn einem Begriff des symbolischen Ausdrucks an, der am Modell der Sprache orientiert ist. Das eigentliche Problem, wie die Erfahrung eines *anderen ich* bzw. wie die Erfahrung des Anderen als eines Anderen, der dieses oder jenes Gefühl hat, sich in dieser oder jener Stimmung befindet, möglich ist, wird damit umgangen. An seine Stelle tritt das Problem, wie mit Anderen symbolisch vermittelte Interaktion stattfinden kann. Das aber ist ein anderes Problem, das zunächst danach verlangt, daß die Erfahrung des *anderen ich* geklärt wird.

Habermas' Argumentation basiert auf einem schlechten Zirkel. Wenn man annimmt, daß „jede Form der Interaktion und der Verständigung zwischen Individuen" durch eine „intersubjektiv verbindliche Verwendung von Symbolen" vermittelt ist, die in letzter Instanz auf die Umgangssprache verweist, dann ergeben sich mehrere Einwände:[53] erstens können wir nach Habermas erst dann von Interaktion sprechen, wenn ein Kind bereits in der Sphäre symbolisch vermittelter Interaktion lebt. Was aber macht das Kind vorher? Gibt es überhaupt keine Form des Zusammenseins mit Vater und Mutter oder anderen Bezugspersonen? Zweitens – und dieser Einwand ist noch schwerwiegender: wie kommen wir überhaupt in das System der Sprache hinein, wenn wir nicht die Erfahrung gemacht haben, daß die Sprache Ausdruck eines Sprechers ist? Eine Intersubjektivität, die bloß sprachlich vermittelt ist, muß die Er-

---

52 Habermas, Erkenntnis und Interesse, a. a. O., S. 185.

53 Ebd., S. 198.

fahrung des *anderen ich* schon voraussetzen, wenn sie die Möglichkeit ausschließen will, daß sich Sprache ohne die Sphäre des Mitmenschen erlernen läßt. Damit ist das nächste Problem verbunden. Gesetzt: ein Wesen lebt bereits in der Sphäre sprachlich erschlossener Welt: wie sollte ein intelligentes Wesen, das in der Sphäre symbolisch vermittelter Bedeutung lebt, allein dadurch, daß es in der Sphäre der sprachlich erschlossenen Welt lebt, die Erfahrung machen, daß die Ansichten und Meinungen, die ein Anderer äußert, Meinungen und Äußerungen eines Lebewesens sind, dessen Lebendigkeit doch gerade in seinem Innesein besteht?[54] Habermas fehlt offenkundig eine der spezifischen Lebendigkeit des Menschen Rechnung tragende Anthropologie.

Diese Einwände sprechen dafür, unter dem von Dilthey gemeinten unmittelbaren Erlebnisausdruck ein Phänomen zu verstehen, das, ohne schon Symbol im Sinne von sprachlichen Symbolen zu sein, etwas *bedeutet*: Diltheys Ausdruck indiziert ein *fremdes ich*. Wenn aber kein Ausdruck gedacht werden kann, der nicht im Sinne von Habermas schon Objektivation ist, dann hätte dies die schon angedeutete Konsequenz, daß kein psychischer Zustand eines *ich* einen Ausdruck hat, mithin das *ich* wie eine fensterlose Monade völlig eingesperrt wäre und mit keiner Äußerung die Welt erreichen würde. Habermas behauptet dies durch die vorgenommene Identifikation von Ausdruck und Objektivation indirekt, wenn er schreibt: „Die Sprache ist der Boden der Intersubjektivität, auf dem jede Person schon Fuß gefaßt haben muß, bevor sie in der ersten Lebensäußerung sich objektivieren kann – sei es in Worten, Einstellungen oder Handlungen."[55] Nun geht Habermas nicht so weit, auch die theoretischen Konsequenzen aus seiner Position zu ziehen und sich offen zu einem epiphänomenalistischen Standpunkt zu bekennen. Statt dessen bleibt ihm der ganze Bereich des Psychischen unbestimmt bzw. sprachlich überlagert. Denn die theoretische Konsequenz aus seiner Transformation des Ausdrucks in eine symbolisch vermittelte Objektivation wäre, daß jedes Erlebnis bloß Effekt symbolischer Objektivation, mithin auf Konvention beruhender Übereinkunft wäre. Schon in diesem frühen Text von Habermas fällt auf, daß dieser dem Problem, wie Fremdpsychisches erfahren wird, bewußt aus dem Weg geht. Während die von Habermas herangezogenen Texte Diltheys ständig um diese Frage kreisen, konzentriert sich Habermas auf einen einseitig akzentuierten Begriff des Verstehens, bei dem das Verstehen der Gefühle und Stimmungen der Mitmenschen ausgeblendet wird zugunsten des Verstehens propositionaler Gehalte von symbolischer bzw. sprachlicher Mitteilung. Spitzt man den Begriff des Verstehens in dieser Weise zu, er-

---

54 Auch diejenigen, die in der Diskussion um *Intentionalität und Verstehen* Intentionalität als das grundsätzlichere Phänomen auszeichnen wollen, übergehen die Frage nach dem *anderen ich*. Daß die Sprache Ausdruck eines Sprechers ist, heißt für uns Menschen nicht nur, im Sprecher ein intentionales Wesen zu sehen, sondern auch, daß der Sprecher ein *anderes ich* ist, d. h. beseelt ist. Vgl. den Band: Intentionalität und Verstehen, hg. vom Forum für Philosophie Bad Homburg, Frankfurt am Main 1990.

55 Habermas, Erkenntnis und Interesse, a. a. O., S. 198.

gibt sich eine ganz andere Problemlage.[56] Selbst wenn eine solche Theorie in sich schlüssig sein sollte, bleibt sie dennoch unbefriedigend. Bei menschlicher Kommunikation sind propositionale Einstellungen derart mit den Gemütszuständen derjenigen verbunden, die kommunizieren, daß eine für Menschen interessante Theorie kommunikativen Handelns nur als anthropologische Theorie möglich ist. Im folgenden soll nun begründet werden, weshalb Habermas' Kritik bestimmter monadologischer Züge Diltheys dennoch berechtigt ist, wenngleich die gegen Dilthey vorgebrachten Argumente andere sind als die von Habermas.

Um zu klären, in welchem Sinn es eigentlich angebracht ist, gegenüber Dilthey den Vorwurf ‚monadologischer', ‚bewußtseinsphilosophischer' oder ‚cartesianischer' Annahmen zu erheben, muß man sich vergegenwärtigen, was eigentlich als problematisch unterstellt wird. Nicht jede Rede von *Bewußtsein* oder vom *ich* verdient das pejorative Etikett *Bewußtseinsphilosophie* und nicht jede Unterscheidung von Physischem und Psychischem führt zu einem cartesianischen Substanzdualismus. Wenn also besagte Vorwürfe erhoben werden, so kann damit nur eine Theorie gemeint sein, die eine prinzipielle Unabhängigkeit von Physischem und Psychischem behauptet. Nimmt man eine prinzipielle Unabhängigkeit von Körper und Seele an, dann kann, vom Bewußtsein aus gesehen, alle Wirklichkeit nur noch bloßer Entwurf sein, der auf dem Weg des Denkens bewiesen werden muß oder unbewiesen bleibt. Das *ich* oder das Bewußtsein ist von diesem Standpunkt aus gesehen in letzter Konsequenz immer einsam.

Bei Dilthey ist ein harter Dualismus schon im Ansatz überwunden. Bereits in der *Einleitung in die Geisteswissenschaften* setzt Dilthey die „psycho-physische Einheit"

---

56 Da Habermas eine Hermeneutik nichtsprachlichen Ausdrucks nicht für die Grundlage sprachlicher Kommunikation hält, glaubt er auch später noch, in seiner *Theorie des kommunikativen Handelns* von 1981 und den in dem Band *Nachmetaphysisches Denken* versammelten Aufsätzen von 1988, ohne anthropologische Grundlage auszukommen. Habermas' Abwehrhaltung gegenüber einer Anthropologie des Lebendigen muß vor dem Hintergrund der politisch aufgeladenen Diskussion der 60er und 70er Jahre gesehen werden. Hier galt es, von einer vermeintlichen Ausschließlichkeit von Anthropologie und Geschichtsphilosophie ausgehend, die auch von der Gegenseite geteilt wurde (vgl. oben Einleitung, S. 16 f), Geschichtsphilosophie gegen Anthropologie auszuspielen. Habermas' Ablehnung der Anthropologie hat ihr Motiv in der fragwürdigen Ansicht, daß Anthropologie die Möglichkeit von Geschichtsphilosophie bestreite, weil durch die Frage nach der Natur des Menschen die Frage nach der Bestimmung des Menschen desavouiert werde. Diese Ablehnung galt nicht nur Gehlen, sondern auch Plessner, an den Habermas die Frage richtete, woher er die Sicherheit nehme, daß ein Bildungsprozeß der Gattung nicht stattfindet. Vgl. Jürgen Habermas, Brief an Helmuth Plessner aus Anlaß seines 80. Geburtstags, in: Merkur, 26 (1972) 293, S. 944-946; Jürgen Habermas, Probleme einer philosophischen Anthropologie, Tonbandaufzeichnung WS 1966/67 [als Raubdruck vervielfältigter Mitschnitt]; Habermas, [Art.] Anthropologie, a. a. O. Erst in den jüngst erschienenen Arbeiten zu Fragen der Bioethik hat Habermas die Notwendigkeit einer Anthropologie des Lebendigen anerkannt, jedoch ohne deren Bedeutung für eine Theorie der Intersubjektivität zu thematisieren. Vgl. Jürgen Habermas, Die Zukunft der menschlichen Natur, Frankfurt am Main 2001.

als Ausgangspunkt aller weiteren Überlegungen an.[57] Dieses Motiv zieht sich durch sein ganzes Werk. Psychisches und Physisches sind für Dilthey immer zwei Aspekte eines Lebenszusammenhangs. Gebärde und Schrecken sind nicht ein Nebeneinander, sondern bilden eine Einheit.[58] Erlebnis und Ausdruck entsprechen sich, weil sie eine Einheit sind. Es besteht keine Kausalität zwischen beiden, so als wäre zunächst ein Gefühl da und dann als Folge ein Ausdruck oder gar umgekehrt, wie in der James-Langeschen Theorie. In dieser Hinsicht kann bei Dilthey also nicht von einem cartesianisch gedachten Bewußtsein die Rede sein, wenngleich sein Vokabular mitunter Assoziationen in diese Richtung weckt. Ein zu subjektivistischer Zug zeigt sich vielmehr an anderer Stelle. Dieser subjektivistische Zug scheint allerdings nicht genuin in Diltheys Denken zu liegen, sondern in der traditionell zur Verfügung stehenden Sprache und der ihr korrespondierenden Zugangsart, von der sich Dilthey noch nicht ganz zu lösen vermochte.

Auch Diltheys Vorgehen, den Weltentwurf vom *ich* aus zu beschreiben, kann noch nicht der Vorwurf des schlechten Subjektivismus gemacht werden. Solches Vorgehen entspricht der Weise, wie sich Menschen in der Welt vorfinden. Unbestreitbar ist doch, daß alles, was vom *ich* erlebt wird, in gewissem Sinn auch von ihm erfahren, gelebt und gemacht wird: auch wenn mich jemand zwingt, eine Handlung auszuführen, bin *ich* es, der die Handlung ausführt, bzw. es ist *mein ich*, das die Handlung ausführt. Ist also davon die Rede, daß ein *ich* aus sich heraus die Welt erlebt, so ist dies in einem trivialen Sinn immer richtig. Wo eine Erfahrung oder Erkenntnis ihren ersten Rechtsgrund hat, ist damit jedoch nicht bestimmt. Aber sehr schnell schleichen sich natürlich in solche Rede, die vom *ich* aus zu beschreiben sucht, Formulierungen ein, die suggerieren, daß das *ich* die Welt aus sich selbst heraus konstituiert. Hier deutet sich an, welches Problem Dilthey tatsächlich hat. Dilthey hätte dieses Problem hinter sich gelassen, wenn er erstens seine These der Einheit von Ausdruck und Gefühl und zweitens seine These der immer schon sozialen Umwelt konsequent gegen seinen eigenen Restsubjektivismus ausgespielt hätte.

Der unaufgelöste Antagonismus läßt sich in etwa so skizzieren: Dilthey denkt auf der einen Seite radikal von der Idee eines *objektiven Geistes* aus, der jeden Lebenszusammenhang umgreift. Jede Lebensäußerung ist Teil des objektiven Geistes: „Jedes Wort, jeder Satz, jede Gebärde oder Höflichkeitsformel, jedes Kunstwerk und jede historische Tat sind nur verständlich, weil eine Gemeinsamkeit den sich in ihnen Äußernden mit dem Verstehenden verbindet; der einzelne erlebt, denkt und handelt stets in der Sphäre von Gemeinsamkeit, und nur in einer solchen versteht er. Alles Verstandene trägt gleichsam die Marke des Bekannten aus solcher Gemeinsamkeit an sich.

---

[57] Wilhelm Dilthey, Einleitung in die Geisteswissenschaften, I. Band (1883), Gesammelte Schriften, Band I, Leipzig und Berlin 1922, S. 17.

[58] Dilthey, Das Verstehen anderer Personen und ihrer Lebensäußerungen (1910), a. a. O., S. 208.

Wir leben in dieser Atmosphäre, sie umgibt uns beständig. Wir sind eingetaucht in sie. Wir sind in dieser geschichtlichen und verstandenen Welt überall zu Hause, wir verstehen Sinn und Bedeutung von dem allen, wir selbst sind verwebt in diese Gemeinsamkeiten."[59]

Aber auf der anderen Seite argumentiert Dilthey noch ausgehend von einer klassischen Prämisse der Bewußtseinsphilosophie: „Jeder ist in sein individuelles Bewußtsein eingeschlossen gleichsam, dieses ist individuell und teilt allem Auffassen seine Subjektivität mit."[60] Die Bedingung der Möglichkeit, die fremde Lebensäußerung zu verstehen, ist ihm daher eine prinzipielle Gleichartigkeit der fremden Natur. Nur durch die Grade ihrer Stärke unterscheiden sich die Anlagen der einzelnen Individuen. Nur durch Übertragung unseres eigenen Seelenlebens können wir den Anderen verstehen.[61]

Hier liegt Diltheys Problem. Durch die Annahme, das Verstehen des Anderen erfordere eine Transposition bzw. ein Hineinversetzen des eigenen Seelenlebens in den Anderen, ergibt sich ein subjektivistischer Zug sowohl auf der Ebene des elementaren Verstehens als auch auf der Ebene des höheren Verstehens – durch das *Nachbilden* beim elementaren Verstehen ebenso wie durch das *Nachbilden*, das *Sichhineinversetzen* und die *Einfühlung* des höheren Verstehens. Der subjektivistische Zug liegt schon in der diesen Begriffen eingeschriebenen Annahme, daß das *ich* die Welt erfährt, indem es sich in die Welt hineinlegt. Wenn man von der These ausgeht, daß die Welt nur erfahren werden kann, indem sich das *ich* in die Gegenstände der Welt versetzt, dann muß man geradezu zwangsläufig annehmen, daß wir nur verstehen können, was unser abgeschlossenes Bewußtsein selbst erlebt hat: „Ein Gefühl, das wir nicht erlebt haben, können wir in einem anderen nicht wiederfinden."[62] Denkt man hier konsequent weiter, entstehen folgende Schwierigkeiten. Erstens: die Welt des objektiven Geistes und unser abgeschlossenes Bewußtsein müßten immer schon perfekt aneinander angepaßt sein. Zweitens: wie etwas Neues in die Welt kommt, bliebe, wie Troeltsch erkannt hat, immer ein Rätsel. So ergibt sich ein Widerspruch zwischen Diltheys These einer immer schon erschlossenen Welt des objektiven Geistes und Diltheys These, daß alle Möglichkeiten, etwas zu verstehen, schon im Individuum angelegt sind.

Dilthey spricht sich nicht offen darüber aus, worin der Grund der für das Verstehen notwendigen ähnlichen Natur unserer Mitmenschen liegt. Geht man diese Frage von Diltheys These aus an, daß jedes Bewußtsein in sich eingeschlossen ist, muß man

---

59 Dilthey, Der Aufbau der geschichtlichen Welt in den Geisteswissenschaften, a. a. O., S. 146 f; vgl. auch ders., Das Verstehen anderer Personen und ihrer Lebensäußerungen (1910), a. a. O., S. 208 f.

60 Dilthey, Zusätze aus den Handschriften, [zu:] Die Entstehung der Hermeneutik (1900), a. a. O., S. 333.

61 Vgl. neben den bisher gegebenen Nachweisen auch: Dilthey, Ideen über eine beschreibende und zergliedernde Psychologie, a. a. O., S. 198 f.

62 Dilthey, Das Erleben und die Selbstbiographie, a. a. O., S. 196.

eine ähnlich präformierte Natur annehmen, deren Entfaltung unabhängig ist von den Inhalten des objektiven Geistes. Dadurch gerät Dilthey tatsächlich in die klassischen Schwierigkeiten der Bewußtseinsphilosophie. Geht man die Frage nach der Ähnlichkeit der menschlichen Natur hingegen von Diltheys These an, daß die Welt immer schon durch die Sphäre des objektiven Geistes erschlossen ist, dann liegt eine ganz andere Konzeption nahe. Man muß dann nicht eine präformierte Natur des Individuums annehmen, die sich im Verlaufe des Lebens nur naturwüchsig entfaltet, sondern kann von einer bloß in bestimmten Dispositionen und Strukturen ähnlichen Natur ausgehen, deren Entwicklung an den Inhalten einer bestimmten Objektivierung des Geistes (von vielen verschiedenen möglichen) zu verfolgen ist. Alle historischen, kulturellen und persönlichen Haltungen des Individuums entwickeln sich in diesen Bahnen. Und mit dieser Konzeption ist dann auch viel einfacher zu erklären, weshalb ein Verstehen des Anderen um so schwieriger ist, je weiter der Andere von derjenigen Sphäre des objektiven Geistes entfernt lebt, in welcher man sich selbst befindet.

Dilthey hat zwischen diesen beiden Thesen keinen Ausgleich gefunden, weil es diesen Ausgleich nicht gibt, ohne eine der beiden Thesen fallen zu lassen. Hätte er die These der durch die Sphäre des objektiven Geistes immer schon erschlossenen Welt konsequent gegen die These der Abgeschlossenheit des Bewußtseins durchgesetzt, hätte er die traditionelle Unterscheidung von *äußerer* und *innerer Erfahrung* aufgeben müssen. An dieser Unterscheidung hängt die These eines Primats der *inneren Erfahrung*: eigentlich ist Erfahrung immer *innere Erfahrung* unseres *eigenen ich*; und alle *äußere Wahrnehmung*, die Erfahrung einer von mir unabhängigen Welt ebenso wie die Erfahrung *anderer iche* ist Konstruktion von diesem *ich* aus, bekommt seine Realität von diesem *ich* nur geliehen. Hätte Dilthey diese Prämissen überwunden, so hätte er auch die subjektivistischen Konnotationen, welche die Rede von *Nachbilden*, *Sichhineinversetzen* und *Einfühlung* an vielen Stellen hat, unterlassen können. Denn diese Rede macht in den meisten Fällen gar keinen Sinn mehr, wenn die Lehre von der Abgeschlossenheit des Bewußtseins aufgegeben wird. Auch ist sie mit der These der Einheit von Ausdruck und Gefühl nicht verträglich. Das Phänomen, das als distanzloses Sichhineinversetzen beschrieben wird, wäre eher als ein Hineingezogenwerden in die Sphäre des Anderen zu verstehen. Dilthey ist ein Denker des Übergangs geblieben, weil es ihm nicht durchweg gelang, bis in die Prämissen der traditionellen Bewußtseinsphilosophie zurückzugehen.[63] In Bezug auf Habermas' Diltheykritik läßt sich nun sagen: nicht Diltheys Ausgang beim Bewußtsein ist schon problematisch,

---

[63] Vgl. die treffende Bemerkung Heideggers aus einer Freiburger Vorlesung vom Sommersemester 1920: „Dilthey versucht, vom Leben aus die ganze Welt zu verstehen. Aber es gelingt ihm nicht, denn das Moment der Konstitution schleicht sich auch in seine Philosophie ein." Martin Heidegger, Phänomenologie der Anschauung und des Ausdrucks, Theorie der philosophischen Begriffsbildung, Gesamtausgabe, Band 59, Frankfurt am Main 1993, S. 165.

sondern allein die Lehre von der Eingeschlossenheit des Bewußtseins, von der sich Dilthey nicht vollends zu lösen vermochte.

3.6. Dilthey und die hermeneutische Tradition

Eine Gemeinsamkeit von Diltheys Theorie der Erfahrung des *fremden ich* mit der Einfühlungstheorie und der Analogieschlußtheorie liegt in der Bedeutung der Analogie von eigenem und fremdem Erleben. Diese Gemeinsamkeit hat dazu geführt, daß Dilthey nicht nur mit der Theorie der Einfühlung, sondern auch mit der Analogieschlußtheorie in Verbindung gebracht wurde. Obgleich sich Dilthey in allen Texten, in denen er das Problem des Fremdpsychischen verhandelt, deutlich gegen die Analogieschlußtheorie ausspricht, wurde ihm immer wieder unterstellt, er sei Anhänger der Analogieschlußtheorie. Besonders verwirrend ist diese These bei Hans-Georg Gadamer, der von einem *Analogieschluß der Einfühlung* spricht: Dilthey habe die für die Fremderfahrung notwendig anzunehmende Analogie von Ich und Du „rein psychologisch durch den Analogieschluß der Einfühlung interpretiert".[64]

Diese These Gadamers ist in mehreren Hinsichten problematisch. Zum einen ist sie falsch hinsichtlich der in ihr ausgesprochenen Charakterisierung der Position Diltheys. Zum anderen verdeckt sie den fundamentalen Unterschied der beiden Positionen, weil sie nahelegt, man könne die Differenz von Analogieschlußtheorie und Theorie der Einfühlung als bloße Binnendifferenz im Rahmen *einer* Theorie betrachten, weil in beiden die *Analogie von Ich und Du* (hier verstanden als *anderes ich*) angenommen wird und ein *ich* ein *anderes ich* aufgrund dieser Analogie erfahren kann. Beide Theorien sind trotz dieser Gemeinsamkeit in zu grundsätzlichen Punkten verschieden, als daß von *einer* Theorie die Rede sein könnte. Wer für die Ähnlichkeit der beiden Theorien argumentierte, müßte behaupten, daß es sich bei der Einfühlungstheorie um eine bloß modifizierte Version der Analogieschlußtheorie handelte: modifiziert insofern, als der Schluß auf das *andere ich* nicht bewußt sein dürfte, um dem Einwand der Zirkularität zu entgehen. Aber die Rede von einem unbewußten Schluß ist merkwürdig paradox, weil der Begriff des Schlusses dann einen ganz anderen Sinn als gewöhnlich bekommt. Soll es sich bei einer Erfahrung um einen echten Schluß handeln, so kann diese Erfahrung nicht unbewußt sein. Aber selbst wenn man von einem unbewußten Schluß ausgehen will, zeigt sich die Differenz zu Lipps. Sowohl bei der Theorie der Einfühlung von Lipps als auch bei der Theorie von Dilthey handelt es sich nicht um die Theorie eines unbewußten Analogieschlusses, denn beide haben gesehen, daß auch die seltsame Konstruktion eines unbewußten Schlusse zirkulär wäre. Es verwundert

---

[64] Vgl. Hans-Georg Gadamer, Wahrheit und Methode, Tübingen 1960, S. 236.

freilich nicht, daß Gadamer hier so ungenau vorgeht, denn das Problem der Erfahrung des *fremden ich* spielt in seinem Denken keine Rolle.

Rudolf Makkreel vermutet, daß Diltheys Denken deshalb heute so häufig mit dem Modell der *Einfühlung* assoziiert wird, weil Diltheys Begriff des *Nacherlebens* in einer einflußreichen Übersetzung von Teilen des *Aufbaus der geschichtlichen Welt in den Geisteswissenschaften* von Rickman 1962 mit *empathy* übersetzt wurde.[65] Aber allein mit dieser primär den angelsächsischen Diskussionsraum betreffenden Einschätzung läßt sich nicht erklären, warum Diltheys Begriff des Verstehens heute so eng mit dem Begriff der Einfühlung zusammengebracht wird.[66] Als aussichtsreiche Erklärung bietet sich nur die These einer zweifachen Verengung an: zunächst eine Verengung des Verstehens auf höheres Verstehen und dann im Rahmen dessen, was Dilthey als höheres Verstehen faßt, eine Verengung auf *eine* von zahlreichen Möglichkeiten des höheren Verstehens.

Zwar zeigen die über sein Werk verstreuten Behandlungen des Themas, daß es Dilthey durchweg ein Anliegen war zu klären, wie die Erfahrung eines *anderen ich* überhaupt möglich ist. Insgesamt betrachtet ist der Stellenwert dieses Problems aber eher marginal. Verglichen mit anderen Autoren der hermeneutischen Tradition hat sich Dilthey jedoch fast schon ausführlich mit dem Thema beschäftigt. Für die Tradition der Hermeneutik ist eine tendenzielle Verdrängung der erkenntnistheoretischen Probleme der Erfahrung des *anderen ich* typisch. Zwar ist das Problem des Fremdverstehens das Grundproblem der Hermeneutik. Aber der hermeneutischen Tradition geht es weniger um das Ausdrucksverstehen lebendiger Menschen als um das Verstehen von Texten. Ihrem Selbstverständnis gemäß ist die Hermeneutik die Kunstlehre der Ausle-

---

65 Rudolf A. Makkreel, Dilthey. Philosoph der Geisteswissenschaften, Frankfurt am Main 1991, S. 297.

66 Nur exemplarisch, stellvertretend für viele andere, sei hier Adorno angeführt: „Philosophisch ist der Verstehensbegriff durch die Diltheyschule und Kategorien wie Einfühlung kompromittiert." Theodor W. Adorno, Ästhetische Theorie, Frankfurt am Main 1970, S. 513. Tiefpunkt des Verständnisses waren die wissenschaftstheoretischen Diskussionen der 50er und 60er Jahre um das Verhältnis von Verstehen und Erklären, in denen Verstehen mit einfühlendem Verstehen gleichgesetzt wurde. Vgl. Theodore Abel, The Operation called ‚Verstehen', in: American Journal of Sociology, 54 (1948), S. 211-218. Vgl. dazu Manfred Riedel, Verstehen oder Erklären? Zur Theorie und Geschichte der hermeneutischen Wissenschaften, Stuttgart 1978, S. 105. Riedel weist zurecht darauf hin, daß die Gleichsetzung von Verstehen mit einem einfühlenden, Identifikation fordernden Verstehen für Diltheys Theorie des Verstehens nicht zutrifft. Der Historiker, der Bismarck ‚verstehen' wolle, müsse sich nicht in Bismarck einfühlen, sondern innere und äußere Organisation des Staates etc. studieren. Riedel übergeht in seiner Kritik jedoch den eigentlichen Skandal: die Einebnung der Unterscheidung von elementarem und höherem Verstehen. Wenn man das höhere Verstehen behandelt, ohne zu sehen, daß es in elementarem Verstehen fundiert ist, dann kann nicht deutlich werden, weshalb es einen fundamentalen Unterschied zwischen *Erklären* und *Verstehen* gibt. Die problematische Einebnung zieht sich durch die Hermeneutikdiskussion der letzten Jahrzehnte und findet sich auch in den jüngst erschienenen Arbeiten, z. B. bei Oliver Scholz. Vgl.: Oliver Scholz, Verstehen und Rationalität. Untersuchungen zu den Grundlagen von Hermeneutik und Sprachphilosophie, Frankfurt am Main 1999, S. 4, S. 74-80.

gung von Schriftdenkmalen. Ihr Gegenstand ist das Werk des großen Dichters als Ausdruck seines Seelenlebens. So heißt es schon bei Schleiermacher, Hermeneutik sei die „Kunst, die Rede eines andern, vornehmlich die schriftliche, richtig zu verstehen".[67] Bei Dilthey findet diese Charakterisierung dann ihre anthropologische Begründung: Hermeneutik ist vorrangig auf die Sprache gerichtet, weil nur in der Sprache „das menschliche Innere seinen vollständigen, erschöpfenden und objektiv verständlichen Ausdruck" hat.[68]

Man kann dieser These Diltheys fraglos zustimmen und dennoch einfordern, daß zu einer voll entfalteten Theorie der Hermeneutik eine *Hermeneutik des nichtsprachlichen Ausdrucks*[69] gehört, die alle sprachauslegende Hermeneutik fundiert. Folgt man Dilthey in der Annahme, daß Sprache immer Ausdruck der menschlichen Seele ist, so muß zunächst geklärt werden, wie der Andere als Anderer, der erlebt, fühlt und handelt, erfahren wird. Jeder Versuch, diese Erfahrung aus der Sprache abzuleiten, ist zirkulär.

Wurde in der hermeneutischen Tradition die Frage nach der Möglichkeit, den Anderen zu verstehen, thematisiert, so kamen meistens metaphysische Spekulationen ins Spiel.[70] Zwar zielen die erkenntnistheoretischen Anstrengungen der Hermeneutik des 19. Jahrhunderts auf die Möglichkeit adäquaten Verstehens. Aber da diese Möglichkeit als nicht beweisbar gilt, kann nur die metaphysische Theorie jenes so häufig beschworene divinatorische (vorahnende) Verstehen erklären.[71] Von Wilhelm von Humboldt[72] bis Dilthey findet sich der Gedanke, daß eine nicht aufklärbare Verwandtschaft, eine untergründige Verbindung von Subjekt und Objekt, Verstehen überhaupt möglich macht – möglich: denn hinzukommen muß immer eine besondere persönliche Genialität. Für Dilthey ist die Hermeneutik daher ein Werk der persönlichen Kunst. Ist sie vollkommen gehandhabt, so ist dies durch die Genialität des Auslegers bedingt – dessen Genialität auf Verwandtschaft beruht, gesteigert durch eingehendes

---

67 Friedrich Daniel Ernst Schleiermacher, Hermeneutik und Kritik. Mit einem Anhang sprachphilosophischer Texte Schleiermachers, hg. und eingeleitet von Manfred Frank, Frankfurt am Main 1977, S. 71.

68 Dilthey, Die Entstehung der Hermeneutik (1910), a. a. O., S. 319.

69 Ein Ausdruck, den Plessner geprägt hat. Plessner wendet ihn auf Lachen und Weinen, vor allem aber auf die Musik und die bildenden Künste an. In dem hier angesprochenen Kontext soll der Begriff alle leiblichen Formen von Ausdruck – Mimik, Gestik etc. – umfassen, und zwar jene Formen, die nicht, wie das Kopfschütteln, auf Konvention beruhen. Vgl. Helmuth Plessner, Über Hermeneutik des nichtsprachlichen Ausdrucks, Vortrag auf dem VIII. Kongreß für Philosophie in Heidelberg, 1966, aufgenommen in: ders., Philosophische Anthropologie, Anthropologie der Sinne, Abschnitt V: Sprachlose Räume, Frankfurt am Main 1970, S. 215-229.

70 Vgl. Wach, Das Verstehen, a. a. O., sowie: Gadamer, Wahrheit und Methode, a. a. O.

71 Vgl. Karl-Otto Apel, Das Verstehen (eine Problemgeschichte als Begriffsgeschichte), in: Archiv für Begriffsgeschichte, I (1955), S. 142-199.

72 Wilhelm von Humboldt, Über die Aufgabe des Geschichtschreibers, Berlin 1822.

Leben mit dem Autor.[73] Typisch für den metaphysischen Zug der in der Tradition protestantischer Bibelexegese stehenden Hermeneutik, die aus der *Historischen Schule* kommt, ist die Position von Ernst Troeltsch, für den das Fremdseelische erkannt werden kann, „weil wir es vermöge unserer Identität mit dem Allbewußtsein anschaulich in uns selber tragen und es verstehen und empfinden können wie unser eigenes Leben, indem wir es doch zugleich als ein fremdes, einer eigenen Monade angehöriges empfinden."[74] Man mag einwenden, daß es sich der Autor hier ein wenig leicht macht, aber Troeltsch hat immerhin klar gesehen, daß das für die historischen Wissenschaften so wichtige Modell des Verstehens erkenntnistheoretisch in der Luft hängt und daher einer Grundlegung bedarf, die nur die Philosophie leisten kann: im Mittelpunkt der Erkenntnistheorie der Geschichte, so Troeltsch, steht die Erkenntnis des Fremdseelischen. Sie ist der eigentliche Zentralpunkt aller Philosophie.[75]

Für die Diskussion der im weiteren Verlauf der Arbeit zu behandelnden Positionen gilt es folgendes festzuhalten: die Versuche von Lipps und Dilthey konnten nicht überzeugen, aber sie haben das Problembewußtsein geschärft. Sie haben deutlich gemacht, daß die Frage nach der Erfahrung eines *anderen ich*, wenn sie aus einer streng erkenntnistheoretischen Haltung angegangen wird, die vom *ich* aus konstituieren will, zu vermutlich unüberwindbaren Problemen führt. Jeder Versuch, die Erfahrung eines *anderen ich* als eine mittelbare zu denken, scheitert.

Mindestens ebenso bedeutend ist die intersubjektive Wendung, sofern man sich an die Phänomenbeschreibung hält. Hier läßt sich bei Dilthey wie bei Lipps die Phänomenbeschreibung gegen die Interpretation verteidigen. Die Theorie von Lipps erscheint in dieser Hinsicht attraktiver, weil sie ausführlicher auf eine vorintersubjektive Sphäre gemeinsamen Fühlens eingeht. Blendet man diese Sphäre aus, so ist das *ich*, bevor es die Erfahrung des Anderen als Anderen macht, tatsächlich eingesperrt. Öffnet man sich für diese Annahme, so ergibt sich, wie später in Auseinandersetzung mit dem Denken Schelers gezeigt werden soll, eine Möglichkeit, den Eintritt in die Sphäre der Intersubjektivität aus einer vorintersubjektiven Sphäre des Zusammenlebens zu erklären.

---

73 Dilthey, Zusätze aus den Handschriften, [zu:] Die Entstehung der Hermeneutik (1910), a. a. O., S. 332.

74 Vgl. Ernst Troeltsch, Die Logik des historischen Entwickelungsbegriffes, in: Kant-Studien, XXVII (1922) 3-4, S. 265-297, hier S. 289, aufgenommen in: ders., Der Historismus und seine Probleme, Tübingen 1922, hier S. 684.

75 Vgl. ebd., S. 286 bzw. ebd., S. 679. Von Erich Rothackers *Einleitung in die Geisteswissenschaften* (Tübingen 1920) über Gadamers *Wahrheit und Methode* (Tübingen 1960) bis zu Herbert Schnädelbachs *Geschichtsphilosophie nach Hegel* (Freiburg und München 1974), die sich je ausführlich mit Droysen, Dilthey etc. auseinandersetzen, wird die Frage nach einer erkenntnistheoretischen Grundlegung der historischen Wissenschaften durch eine Theorie des Fremdseelischen ignoriert.

4. Husserls Theorie der Intersubjektivität

Husserls Theorie der Intersubjektivität läßt sich als mehr oder weniger direkte Auseinandersetzung mit den bisher vorgestellten Ansätzen lesen. Vergegenwärtigen wir uns zunächst Husserls Ziel und seinen Weg. Erst der siebzigjährige Husserl legt 1931 eine näher ausformulierte Theorie der Intersubjektivität vor. Die späte Publikation ist in zweierlei Hinsicht erstaunlich: zum einen weil das Thema Intersubjektivität spätestens zu Beginn der zwanziger Jahre zu einem immer populäreren Thema avancierte – außerhalb wie innerhalb der Phänomenologie; zum anderen weil Husserl der Meinung war, nur durch eine Theorie der Intersubjektivität die ihm vorschwebende Letztbegründung leisten zu können. Denn erst die transzendental ausgewiesene Begründung einer qua Intersubjektivität objektiven Welt kann nach Husserls Selbstverständnis zu Beginn der dreißiger Jahre das Programm *Philosophie als strenge Wissenschaft*, das er zwanzig Jahre zuvor ausgegeben hatte, zumindest in Ansätzen einholen.[1]

4.1. Intentionales Bewußtsein

Die Diskussion von Husserls Phänomenologie ist nicht allein auf die Intersubjektivitätstheorie konzentriert, sondern beginnt mit einer Vorstellung des phänomenologischen Grundbegriffs schlechthin: des Begriffs der Intentionalität. Die Motive liegen auf der Hand. In Schelers Denken spielen Husserls bahnbrechende Analysen des intentionalen Bewußtseins, wie sie zum ersten Mal in den *Logischen Untersuchungen* veröffentlicht wurden, eine zentrale Rolle. Da die Kritik an Husserls Intersubjektivitätstheorie den Ausgang beim intentionalen Bewußtsein wesentlich für die Schwierigkeiten von Husserls Intersubjektivitätstheorie verantwortlich gemacht hat, gilt es zu klären, ob es hier einen internen Zusammenhang gibt (was bedeutete, daß Schelers Intersubjektivitätstheorie mitbetroffen wäre) oder ob nicht erst die späteren Modifi-

---

1 Vgl. die Programmschrift von 1911: Edmund Husserl, Philosophie als strenge Wissenschaft, in: Logos, I (1910/11), S. 289-341. Einen Überblick über Husserls Gesamtwerk unter Einbeziehung des Nachlasses gibt: Rudolf Bernet & Iso Kern & Eduard Marbach, Edmund Husserl. Darstellung seines Denkens, Hamburg 1996², dort auch weitere Literaturhinweise; die ausführlichste Bibliographie bietet: Steven Spileers, Edmund Husserl. Bibliography, Dordrecht 1999.

kationen, die Husserl an seiner in den *Logischen Untersuchungen* ausgesprochenen Theorie vornahm, die Schwierigkeiten seiner Intersubjektivitätstheorie vorzeichnen. Husserls Entwicklung von den *Logischen Untersuchungen* (1900/01) zu den *Ideen zu einer reinen Phänomenologie* (1913) bringt bekanntlich nicht nur die Einführung der phänomenologischen Reduktion und das Bekenntnis zum transzendentalen Idealismus,[2] sondern auch eine von Husserl selbst betonte Verschiebung seiner Stellung zum Problem des ‚Ich', die gemeinhin als Entwicklung von einer nichtegologischen zu einer egologischen Theorie des ‚Ich' gedeutet wird. Bereits in diesem Abschnitt wird zwar auf die *Ideen* eingegangen, aber nur bezüglich derjenigen Inhalte, in denen sich Husserls Position nicht von den *Logischen Untersuchungen* unterscheidet.

Eine Behandlung der Kritik an Husserls Intersubjektivitätstheorie, die meint, ihn im Ansatz zu treffen, ist nur dann sinnvoll, wenn im Ansatz Husserls liegende grundsätzliche Bestimmungen freigelegt werden können. Im übrigen wird sich bei diesem Vorgehen zeigen, daß die fruchtbaren Momente einer Philosophie – also diejenigen Momente, in denen die Analyse eines Phänomens mit seiner Erfahrung in Einklang zu bringen ist – zuweilen offenbar unbeschadet von erkenntnistheoretischen oder sonstigen Absicherungen überzeugen und Schule machen. Zumindest Scheler hat dies als einen genuin phänomenologischen Zug empfunden: „Nur eine Art von Rationalismus, welche die phänomenologische Philosophie bekämpft, kann sich fruchtbare und gültige Erkenntnis eines Sachgebietes ohne eine vorangehende Definition der betreffenden Wissenschaft und ohne – *vor* der Arbeit an den Sachen – festgelegte Grundsätze über die ‚Methode' nicht denken."[3]

Im ersten Kapitel ist herausgearbeitet worden, daß die gesuchte Form *primitiver Subjektivität* – die noch nicht die Fähigkeit der Fremd- und Selbstzuschreibung impliziert, aber insofern kognitiv angelegt ist, als sie in einer Umwelt zu orientieren vermag – in der Idee intentionalen Bewußtseins angelegt ist. Was bedeutet nun diese

---

2 Husserl hatte mit den *Ideen* einen Weg eingeschlagen, der ihn innerhalb der phänomenologischen Bewegung relativ stark isolierte. Nicht nur Scheler, sondern auch die etwa seit 1900 bestehenden Schulen der jüngeren Phänomenologen, die Göttinger und die Münchner Gruppe, Edith Stein und später Heidegger distanzierten sich. Lediglich die beiden letzten Assistenten Husserls, Ludwig Landgrebe und Eugen Fink, verteidigten den transzendentalen Standpunkt. Aber obwohl die Protagonisten der phänomenologischen Bewegung sich wechselseitig ihrer grundlegenden Differenzen versicherten, steht völlig außer Frage, daß zentrale von Husserl vorgegebene Gedanken bestimmend waren. Auch Husserl selbst grenzte sich umgekehrt ab. So betonte er häufig, daß es keine „phänomenologische Schule" im eigentlichen Sinne gebe. Vgl. z. B. Husserls Vorwort zum ersten Band des *Jahrbuchs für Philosophie und phänomenologische Forschung*, Halle an der Saale 1913, S. V f. Zur Geschichte der phänomenologischen Bewegung vgl. das klassische Werk: Herbert Spiegelberg, The Phenomenological Movement, Two Volumes, Den Haag, 1960; sowie: Edmund Husserl und die phänomenologische Bewegung, hg. von Hans Rainer Sepp, Freiburg und München 1988.

3 Max Scheler, Phänomenologie und Erkenntnistheorie, in: ders., Schriften aus dem Nachlaß, Band 1, Zur Ethik und Erkenntnislehre, Bern 1957, S. 379-430, hier S. 379.

umstrittene Deutung, Bewußtsein sei intentional, gemäß jenem Urtext der phänomenologischen Bewegung?

Der Grundgedanke des berühmten V. Abschnitts *Über intentionale Erlebnisse und ihre Inhalte* der *Logischen Untersuchungen* ist folgender: Bewußtsein ist immer *intentional*, da es immer auf einen Gegenstand bezogen ist: jede Wahrnehmung ist Wahrnehmung von etwas, jedes Wollen ist Wollen von etwas, jedes Fühlen ist Fühlen von etwas. Das *Etwas*, der Gegenstand, auf den das Bewußtsein gerichtet ist, muß jedoch nicht als Gegenstand bzw. als dieser Gegenstand bewußt sein. Ich kann etwas wollen, ohne daß dieses Wollen von dem Gedanken (bzw. dem Sachverhaltsurteil) begleitet wird: ich will X. Intentionalität des Bewußtseins meint das Gerichtet- bzw. Auf-etwas-bezogen-sein eines selbst nicht gegenstandsfähigen Ich-pols. Nicht das *ich*, sondern nur seine Akte sind gegenstandsfähig, nur sie können Gegenstand neuer Akte werden. In den intentionalen Akten, die bei der Lektüre eines Märchens oder im Vollzug eines mathematischen Beweises vorkommen, „ist von dem Ich als Beziehungspunkt der vollzogenen Akte nichts zu merken.“[4] Indem sich Bewußtsein auf etwas richtet, erkennt nicht ein Subjekt ein Objekt. Bezogensein auf einen Gegenstand ist das ursprüngliche, gegenüber der Unterscheidung von Subjekt und Objekt neutrale Phänomen. Die Rede, Bewußtsein sei immer auf einen Gegenstand gerichtet, ist insoweit mißverständlich, als sie suggerieren könnte, es handle sich um Reflexion über den Gegenstand. Im Falle einfacher Akte ist dies keineswegs nötig; erst in besonderen Akten der Reflexion wird der Gegenstand *als Gegenstand* erfahren: „Im Akte des Wertens aber sind wir dem Werte, im Akte der Freude dem Erfreulichen, im Akte der Liebe dem Geliebten, im Handeln der Handlung zugewendet, ohne all das zu erfassen. Das intentionale Objekt, das Werte, Erfreuliche, Geliebte, Erhoffte als solches, die Handlung als Handlung wird vielmehr erst in einer eigenen ‚vergegenständlichenden‘ Wendung zum Gegenstand.“[5] Indem Bewußtsein intentional ist, hat es den Charakter eines Aktes – wobei zu beachten ist, daß ‚Akt‘ für Husserl nicht Aktivität meint, also nicht notwendig mit Handlung und Absicht konnotiert ist: *„der Gedanke der Betätigung muß schlechterdings ausgeschlossen bleiben“*.[6]

---

4 Edmund Husserl, Logische Untersuchungen, Zweiter Band, Untersuchungen zur phänomenologischen Theorie der Erkenntnis, Halle an der Saale 1901, umgearbeitet in zweiter Auflage in zwei Teilbänden 1913 und 1921, hier Teil I, S. 376; im folgenden zitiert mit der Sigle: Logische Untersuchungen 2.I². Der Text der ersten Auflage ist zugänglich als: Edmund Husserl, Fünfte Logische Untersuchung, hg. von Elisabeth Ströker, Hamburg 1975. Da Husserl für die zweite Auflage kaum etwas strich, sondern nur ergänzte und kommentierte, wird nach der verbreiteteren zweiten Auflage zitiert.

5 Edmund Husserl, Ideen zu einer reinen Phänomenologie und phänomenologischen Philosophie. Erstes Buch: Allgemeine Einführung in die reine Phänomenologie, Halle an der Saale 1913, S. 66; im folgenden zitiert mit der Sigle: Ideen I.

6 Husserl, Logische Untersuchungen 2.I², S. 379. Vgl. aber: Husserl, Ideen I, S. 170, wo zwischen vollzogenen und nicht vollzogenen Akten unterschieden wird.

Die in den *Logischen Untersuchungen* begonnene Bestimmung des intentionalen Bewußtseins hat Husserl in den *Ideen* fortgeführt. Er bestimmt nun Bewußtsein in neuer Terminologie als *noetisch-noematischen* Akt. Aufklärung des Bewußtseins ist Aufklärung des korrelativen Verhältnisses von erkennendem Bewußtsein und erkanntem Gegenstand, von *reellem* und *intentionalem* (irreellem) Inhalt bzw. von *Noesis* und *Noema*. Die Unterscheidung von *Noesis* (dem Erkennen) und *Noema* (dem im Erkennen Erkanntem) deckt eine problematische Äquivokation auf. Wenn es heißt, daß uns ein Gegenstand *erscheint*, so ist unbestimmt, was uns als *Erscheinung* (Vorstellung) gegeben ist: meinen wir das Erlebnis – beispielsweise das *Farbensehen*[7] – oder meinen wir die *wahrgenommene Farbigkeit des Gegenstandes*? Husserl betont gegenüber dieser Äquivokation: „Die Erscheinungen selbst erscheinen nicht, sie werden erlebt." Und umgekehrt gilt: die Gegenstände erscheinen, „werden wahrgenommen, aber sie sind *nicht erlebt*." Es sind nicht zwei Sachen im Erleben gegenwärtig: es ist nicht der Gegenstand erlebt und daneben das intentionale Erlebnis, das sich auf den Gegenstand richtet, „sondern nur Eines ist präsent, das intentionale Erlebnis, dessen wesentlicher deskriptiver Charakter eben die bezügliche Intention ist."[8]

Der für die Frage nach der Verfassung primitiver Subjektivität entscheidende Gedanke, der Husserls Bewußtseinsbegriff attraktiv gemacht hat – nicht nur innerhalb der Phänomenologie, sondern auch für anthropologische und psychologische Ansätze –, ist damit aber noch nicht zur Sprache gekommen.[9] Ausgehend von der Unterscheidung von *reellen*, erlebten (*Noesis*) und *irreellen* Inhalten (*Noema*) läßt sich eine weitere Unterscheidung vornehmen. Innerhalb des weiten Feldes der Erlebnisse, die als *reeller* Inhalt bezeichnet werden, unterscheidet Husserl zwischen der bloßen, noch nicht intentionalen Empfindungskomplexion (der „sinnlichen Hyle") und dem darauf aufbauenden erkennenden bzw. fühlenden (manchmal auch beseelenden) Auffassen, Apperzipieren. Ein Beispiel soll dies erläutern. Das bloße Spüren einer sinnlichen Empfindung ist etwas anderes als das *intentionale Erleiden* einer sinnlichen Empfindung, die, indem sie erlitten wird, als Schmerz qualifiziert wird. In beiden Fällen sprechen wir davon, daß ein ‚Schmerz' gefühlt wird, obgleich im zweiten Fall mit dem Begriff ‚Fühlen' ein *intentionales Fühlen* gemeint ist, das, weil es intentional auf etwas – den Schmerz – bezogen ist, im Gegensatz zum ersten Fall kognitiv bedeutend ist. Streng genommen sollte nur im zweiten Fall überhaupt von ‚Schmerz' gesprochen

---

7 Husserl selbst spricht nicht von einem *Farbensehen*, sondern von einer *Farbenempfindung*. Das ist uneindeutig, wie im weiteren Verlauf der Argumentation herausgestellt werden wird, weil mit Empfindung auch ein nichtintentionales Erlebnis gemeint sein kann.

8 Husserl, Logische Untersuchungen 2.I², S. 350, S. 385, S. 373.

9 Die anthropologische Rezeption Husserls durch Scheler, Plessner u. a. ist bekannt. Für die Psychologie vgl.: Frederik Buytendijk, Die Bedeutung der Phänomenologie Husserls für die Psychologie der Gegenwart, in: Husserl und das Denken der Neuzeit, hg. von H. L. van Breda und J. Taminiaux, Den Haag 1959, S. 78-98; sowie: Kurt Schneider, Die phänomenologische Richtung in der Psychiatrie, in: Philosophischer Anzeiger, I (1925/26), S. 382-404.

werden; ebenso sollten zwei Begriffe des Fühlens unterschieden werden. Im ersten Fall könnte man sagen: ich fühle (empfinde) bzw. es fühlt sich an – im zweiten Fall: ich fühle etwas.[10]

Auch bei dem weiten Feld der *reellen* Erlebnisse muß also eine Äquivokation beachtet werden. Wenn wir sagen: *ich höre*, so kann dies entweder heißen: ich empfinde, d. h. ich erlebe eine akustische Empfindungskomplexion – oder: ich höre das Adagio des Geigers. Im zweiten Fall ist die Empfindungskomplexion verschmolzen mit einem von ihr motivierten intentionalen Akt – im ersten Fall bleibt sie bloße Empfindung, kann aber jederzeit intentional aufgefaßt werden, wobei gleiche Empfindungen unterschiedliche intentionale Akte motivieren können: „Gleiche Empfindungsinhalte ‚fassen wir' einmal so und das andere Mal anders auf."[11]

Wenn hinsichtlich der intentionalen Leistungen eines Aktes von einem *Auffassen* bzw. von *Bedeuten* die Rede ist, so ist mit diesen Ausdrücken noch kein sprachlich erfaßter Sinn gemeint, sondern ein prinzipiell auch vorsprachlich mögliches *Auffassen:* „Wir blicken ausschließlich auf ‚Bedeuten' und ‚Bedeutung' hin. Ursprünglich haben diese Worte nur Beziehung auf die sprachliche Sphäre, auf die des ‚Ausdrückens'. Es ist aber nahezu unvermeidlich und zugleich ein wichtiger Erkenntnisschritt, die Bedeutung dieser Worte zu erweitern und passend zu modifizieren, wodurch sie in gewisser Weise auf die ganze noetisch-noematische Sphäre Anwendung findet: also auf alle Akte, mögen diese nun mit ausdrückenden Akten verflochten sein oder nicht."[12] Wenn in neueren Arbeiten – in der analytischen Philosophie des Geistes oder der Sprachphilosophie – behauptet wird, daß Intentionalität nichts anderes sei als Propositionalität, d. h. als das fallible urteilsmäßige Wissen von Sachverhalten, das der sprachlichen Struktur *ich weiß, daß p* entspricht, so wird von einem ganz anderen Phänomen gehandelt als dem von Husserl angesprochenen.

Die Unterscheidung von Empfindungskomplexion und intentionalem Auffassen könnte so verstanden werden, als seien Empfindungen auch unabhängig von intentionalem Bewußtsein möglich. Dieser Ansicht widerspricht Husserl jedoch entschieden. Obgleich es für Husserl auch Erlebnisse gibt, die nichtintentional sind, ist Intentionalität insofern eine Wesenseigentümlichkeit der Erlebnissphäre, „als alle Erlebnisse in irgendeiner Weise an der Intentionalität Anteil haben". Gleichwohl kann man jedoch „nicht von jedem Erlebnis im selben Sinne" sagen, „es habe Intentionalität, wie wir z. B. von jedem, in den Blick möglicher Reflexionen als Objekt eintretenden Erlebnis" sagen können, es sei ein zeitliches.[13] Hier ist zunächst zweierlei festzuhalten. Erstens unterscheidet Husserl zwischen Empfindung (Erlebnis) und Bewußtsein. Zweitens unterscheidet er Stufen von Intentionalität. Diese Stufen begrifflich zu fassen, ist kein

---

10 Husserl, Logische Untersuchungen 2.I², S. 351; sowie: Husserl, Ideen I, S. 65 f.

11 Husserl, Logische Untersuchungen 2.I², S. 381.

12 Husserl, Ideen I, S. 256.

13 Ebd., S. 168.

geringes Problem, weshalb Husserl von den „rätselhaften Formen und Stufen“ der Intentionalität spricht.[14]

Das pure Erlebnis eines ‚Schmerzes‘ ist – wie Husserl klar herausstellt – kein Fall intentionalen Bewußtseins. Die Empfindung als Empfindung hat keinen Gegenstandsbezug. Husserl bestreitet jedoch, daß ein Wesen denkbar wäre, das bloß reine Empfindungen hätte, und daß diese Empfindungen nicht schon als Gehalte eines zumindest impliziten intentionalen Bewußtseins erlebt werden. Der Strom des Bewußtseins hat immer eine stoffliche (hyletische) und eine noetische Schicht.[15] Daher gibt es für Husserl zwar nicht-intentionale Erlebnisse, aber kein nicht-intentionales Bewußtsein. Die Annahme eines zweistufigen Bewußtseins weist Husserl ausdrücklich zurück: es gibt nicht Bewußtsein erster Stufe – etwa im Sinne eines bloß empfindenden Bewußtseins – und dann ein Bewußtsein zweiter Stufe, eine Reflexion auf den Inhalt des Bewußtseins. Qualitativ unterscheiden sich die Leistungen des Bewußtseins allein darin, wie komplex verschiedene intentionale Akte aufeinander aufbauen. Weil es kein reines Empfindungsbewußtsein gibt, d. h. weil die reine Empfindung eine bloße Abstraktion ist, koppelt Husserl den Begriff des Psychischen – der mindestens das meint, was eingangs als *primitive Subjektivität* bezeichnet wurde – an die Intentionalität und nicht an die Empfindungsfähigkeit: ein Wesen, das bloß „Inhalte der Art, wie es die Empfindungserlebnisse sind, in sich hätte, während es unfähig wäre, sie gegenständlich zu interpretieren oder sonstwie durch Gegenstände vorstellig zu machen – also erst recht unfähig, sich in weiteren Akten auf Gegenstände zu beziehen, sie zu beurteilen, sich über sie zu freuen oder betrüben, sie zu lieben und hassen, zu begehren und verabscheuen –, ein solches Wesen würde niemand ein psychisches Wesen nennen wollen.“[16]

4.2. Das Programm der *Ideen zu einer reinen Phänomenologie*

Als Husserl den Begriff Phänomenologie 1901 in den *Logischen Untersuchungen* einführt, verwendet er ihn zunächst als neuen Namen für das Projekt einer deskriptiven Psychologie.[17] Deskriptive Psychologie heißt für Husserl: Aufklärung der Strukturen des Bewußtseins, Aufklärung der Beziehung des *cogito* und des ihm korrelativ Gegebenen. Da diese Bestimmung Anlaß zu Mißverständnissen gab – dahingehend, daß mit dem Begriff der Phänomenologie allein die Beschäftigung mit der bewußtseinsimmanenten Sphäre *innerer Erfahrung* assoziiert wurde –, verdeutlichte Husserl seinen

[14] Ebd., S. 171. Von den Stufen der Intentionalität zu unterscheiden ist natürlich die Intensität der sie fundierenden Empfindung. Vgl. Husserl, Logische Untersuchungen 2.I², S. 396.

[15] Vgl. z. B. Husserl, Ideen I, S. 212.

[16] Husserl, Logische Untersuchungen 2.I², S. 365.

[17] Ebd., S. 6.

Standpunkt, nachdem er etwa um 1905 die *phänomenologische Reduktion* ‚entdeckt' hatte,[18] in den *Ideen zu einer reinen Phänomenologie* von 1913: Phänomenologie soll nicht eine Wesenslehre realer, sondern eine Wesenslehre transzendental reduzierter Phänomene sein.[19] Phänomenologie ist Psychologie, aber nur insofern als sie transzendentale Psychologie, d. h. „Wissenschaft von den Erlebnissen in phänomenologischer Reduktion" ist.[20] Die *Ideen* bringen aber noch in einer anderen Hinsicht etwas Neues: Husserl modifiziert seine Theorie des *ich* von einer nichtegologischen zu einer egologischen Theorie. In den *Logischen Untersuchungen* hieß es noch: „Das Mißverständnis muß also fern bleiben und ist durch die vollzogene Erwägung nun auch ausgeschlossen, daß die Beziehung auf das Ich etwas zum wesentlichen Bestande des intentionalen Erlebnisses selbst Gehöriges sei."[21] In den *Ideen* hingegen ist ihm Selbstbewußtsein ein „jederzeit möglicher Fall".[22]

Daß Husserl mit seiner Theorie der Intersubjektivität erst so spät an die Öffentlichkeit trat, hängt auch damit zusammen, daß ihm zunächst die Bestimmung der Struktur des Bewußtseins als dringlichste Aufgabe und Grundlage aller phänomenologischen Forschung erschien. Bevor er sich der Sphäre der Intersubjektivität ausführlicher zuwenden konnte, mußte er gemäß der ihm vorschwebenden Letztbegründung nicht nur Wesen und Struktur des Bewußtseins zu bestimmen versuchen, sondern auch die verschiedenen anderen Konstitutionsleistungen des Bewußtseins aufklären, die der Konstitution der Intersubjektivität vorangehen. In den *Ideen zu einer reinen Phänomenologie* stellt Husserl den transzendentalen Zugang vor, der die Struktur des reinen Bewußtseins freilegen soll. Ansatzpunkt ist das Außer-Geltung-Setzen alles in der Welt Vorkommenden durch eine *Ausschaltung*, die sogenannte *phänomenologische Reduktion* (*Epoché*). In ihrer allgemeinsten Funktion hat die *Epoché* den Sinn, alle Erfahrungen der „natürlichen Einstellung" außer Kraft zu setzen – die Erfahrungen, die wir als Naturwesen, als Personen im personalen Verband oder in der Gesellschaft machen, sollen *ausgeschaltet* werden.[23] Es geht darum zu zeigen, „*daß Bewußtsein in sich selbst ein Eigensein hat, das in seinem absoluten Eigenwesen durch die phänomenologische Ausschaltung nicht betroffen wird*".[24] Diese These spitzt Husserl – und spätestens hier setzt die Kritik vieler anderer Phänomenologen an – dahingehend zu,

---

18 Edmund Husserl, Die Idee der Phänomenologie, fünf Vorlesungen gehalten als Einleitung zu „*Hauptstücke aus der Phänomenologie und Kritik der Vernunft*", Göttingen, SS. 1907, hg. von Walter Biemel (Husserliana II), Den Haag 1950.

19 Husserl, Ideen I, S. 4

20 Husserl, Grundprobleme der Phänomenologie 1910/11, a. a. O., S. 169.

21 Husserl, Logische Untersuchungen 2.I^2, S. 377.

22 Vgl. Eduard Marbach, Das Problem des Ich in der Phänomenologie Husserls, Den Haag 1974; sowie: Husserl, Ideen I, S. 51, S. 63 f, S. 65 f, S. 67 (Zitat), S. 109.

23 Ebd., S. 109.

24 Ebd., S. 59.

daß unter dem sogenannten *Eigensein des Bewußtseins* ein Sein des Bewußtseins zu verstehen ist, das von allem wirklichen raumzeitlichen *Dasein* unabhängig ist.

War der Ausgang bei der phänomenologischen *Epoché* verbindendes Moment für die Phänomenologen der ersten und zweiten Generation, so läßt sich die Differenz zwischen Husserl und seinen Kritikern gerade an Husserls Auslegung der phänomenologischen *Epoché* als *transzendentalphänomenologischer Epoché* verdeutlichen. Zunächst kann man in der Methode bzw. Technik der *Epoché* eine Gemeinsamkeit der phänomenologischen Bewegung sehen. Durch die *Epoché* erweist sich die Struktur des Bewußtseins: es ist immer intentional, d. h. Bewußtsein ist immer auf etwas gerichtet bzw. bezogen. Bei Husserl soll nun aber durch die *Epoché* nicht bloß das *Sosein* einer Sache unabhängig von ihrem *Dasein* erkannt werden, sondern die Ausschaltung des Index Realität soll ein anderes Sein: das Sein des *reinen, transzendentalen Ich* freilegen. In Husserls Selbstverständnis ist die transzendental-phänomenologische Epoché in gewisser Weise nichts anderes als die phänomenologische Epoché in radikal erkenntnistheoretischer Perspektive, denn letztbegründete Erkenntnis fordert den Ausgang beim transzendentalen Bewußtsein.[25] Von hier aus kann dann die Phänomenologie ihr Programm beginnen, alles dem Bewußtsein Gegebene als Korrelat von intentionalen Akten auszuweisen: sie erforscht die Leistungen des Bewußtseins und bringt die verschiedenen Konstitutionsleistungen in eine Fundierungsordnung, d. h. in eine Ordnung ihrer jeweiligen Abhängigkeit. Fragen wir *wie ist es möglich, einen körperlichen Gegenstand als identischen wahrzunehmen?, wie ist Einheit des Bewußtseins möglich?, wie erfahren wir eigene und wie fremde psychische Gehalte?*, so versuchen wir zu bestimmen, welche Leistung die je andere voraussetzt bzw. ermöglicht. Das Projekt von Husserls Phänomenologie ist transzendental durchgeführte Konstitutionsanalyse, d. h. transzendental durchgeführte Sinnauslegung intentionaler Akte. Die Leistung der Epoché, die auf das *reine Bewußtsein* in seinem Eigensein führt, das durch die Ausschaltung nicht betroffen wird, ist doppeldeutig insofern, als die Rolle des transzendental gereinigten Bewußtseins doppeldeutig ist. Einmal ist das *reine Bewußtsein* als methodische Grundlage aller Erkenntnis zu verstehen: die Epoché offenbart die Struktur des Bewußtseins, intentional auf etwas bezogen zu sein; sie offenbart seine „Transzendenz in der Immanenz", seine weltkonstituierende Funktion. Das transzendentale Bewußtsein ist, so Husserl, nicht als Erlebnis zugänglich, sondern Grund aller möglichen Erlebnisse, es ist ein prinzipiell Notwendiges, das bei allem Wechsel der Erlebnisse absolut identisch bleibt. Seine Aufgabe ist die Einheit der Apperzeption. Jedes *cogito*, aber auch alle Hintergrunderlebnisse müssen sich in aktuelle *cogitationes* verwandeln lassen – in Kantischer Sprache, so Husserl: *„Das ‚Ich denke'*

[25] Ebd., S. 58 ff.

muß alle meine Vorstellungen begleiten können."[26] Andererseits hat das *reine Bewußtsein* nicht bloß eine methodische Rolle als letzter erkenntnisfundierender Punkt eines auf dem Papier vollzogenen Grundlegungsversuchs von Erkenntnistheorie. Denn das reine Bewußtsein ist zwar nicht Bestandteil der wirklichen Welt, aber dennoch ist es nicht bloß eine methodische Denkfigur oder ein bloß zugrundeliegendes Prinzip; es ist in seinem Eigensein ein Sein eigener Art.

Auch wenn Husserl sich direkt auf Kant bezieht: sein Selbstverständnis von Phänomenologie als Transzendentalphilosophie ist mißverständlich, wenn man an den Kantischen Sinn von transzendental denkt: *transzendental* meint zwar auch bei Husserl die *Frage nach den Bedingungen der Möglichkeit von Erfahrung* – insofern, als diese Frage auf mögliche und notwendige Erkenntnis *a priori* zielt. Aber die Bedeutung des *a priori* ist bei Husserl eine andere als bei Kant. Bei Kant heißt *a priori*: vor jeglicher Erfahrung bzw. von Erfahrung unabhängig. Bei Husserl heißt *a priori* nicht mehr und nicht weniger als: die erste Erfahrung des transzendental reduzierten Bewußtseins, d. h. eines individuellen Bewußtseins, das die Generalthesis der natürlichen Einstellung außer Geltung gesetzt hat. Wenn *transzendental* das Absehen von aller Wirklichkeit bedeutet, so doch nur das Absehen von aller tatsächlichen Realität der Welt von Raum und Zeit. Dem transzendentalen Bewußtsein Husserls bleiben alle Phänomene der Wirklichkeit als erfahrene erhalten. Nur die Welt als *Tatsache* verfällt in der Ausschaltung, nicht die Welt als *Eidos*.[27] Und weil das transzendental gereinigte Bewußtsein seine Erlebnisse rein in ihrem Wesen erfährt, spricht Husserl davon, daß in diesen Erlebnissen deren Wesen *a priori* „in unbedingter Notwendigkeit" beschlossen liegt. Husserl kennt keine transzendentale Deduktion der Verstandesbegriffe a priori, und so gewinnt das *a priori* bei ihm einen ganz anderen Sinn.[28]

Das in den *Ideen* vollzogene Bekenntnis zur Transzendentalphilosophie ist Bekenntnis zu einem *Idealismus*: „Zwischen Bewußtsein und Realität gähnt ein wahrer Abgrund des Sinnes", denn Bewußtsein, in ‚Reinheit' betrachtet, hat als ein *„für sich geschlossener Seinszusammenhang* zu gelten", in den „nichts hineindringen und aus dem nichts entschlüpfen kann".[29] Die raumzeitliche Welt ist nur, indem sie von einem

---

26 Ebd., S. 109. Zu Husserls Auslegung von Kants transzendentaler Apperzeption vgl. Marbach, Das Problem des Ich in der Phänomenologie Husserls, a. a. O., S. 272 ff.

27 Husserl, Ideen I, S. 58. Über die uneindeutige Stellung von Husserls Begriff von Transzendentalphilosophie, die ein Vergleich mit der Transzendentalphilosophie Kants und der Transzendentalphilosophie des Idealismus zeigt, vgl. den klassischen Aufsatz: Ludwig Landgrebe, Ist Husserls Philosophie eine Transzendentalphilosophie? (1954), in: Husserl (Wege der Forschung XL), hg. von Hermann Noack, Darmstadt 1973, S. 316-324, v. a. S. 322 f. Zum Verhältnis von *Eidos* und *a priori* vgl. z. B. Husserl, Ideen I, S. 5.

28 Die in systematischer Hinsicht ausführlichsten Stellungnahmen zu Kant finden sich in: Edmund Husserl, Die Krisis der europäischen Wissenschaften und die transzendentale Phänomenologie (Husserliana VI), Den Haag 1976, §30, §31, S. 116 ff.

29 Husserl, Ideen I, S. 93.

Bewußtsein als dessen Korrelat konstituiert wird: „Existenz einer Natur kann Existenz von Bewußtsein nicht bedingen, da sie sich ja selbst als Bewußtseinskorrelat herausstellt; sie ist nur, als sich in geregelten Bewußtseinszusammenhängen konstituierend." Alles Dasein der Welt ist zufällig; auch das Dasein anderer Menschen: „Kein Widersinn liegt in der Möglichkeit, daß alles fremde Bewußtsein, das ich in einfühlender Erfahrung setze, nicht sei."[30]

Weil Husserl in den *Logischen Untersuchungen* den Gegenstand in der Immanenz des Bewußtseins als etwas Gegebenes und nicht als etwas Erzeugtes beschrieb, fand man in seiner Phänomenologie – im Gegensatz zur neukantianischen „Bewußtseinsphilosophie" – eine „Rückkehr zum Objekt" angelegt. Gerade jene „Rückkehr zum Objekt" aber sahen viele Anhänger Husserls durch die transzendentale Wendung in den *Ideen* wieder zurückgenommen. In der Tat finden sich in den *Ideen* Formulierungen, die eher eine konstruktive Leistung des Bewußtseins denn eine bloß vorstellig machende Leistung des Bewußtseins nahelegen: so spricht Husserl mitunter davon, daß die Erfahrung den Dingen „ihren Sinn vorschreibt".[31]

Die 1913 in den *Ideen* öffentlich vollzogene Wendung bzw. Konkretisierung seiner Phänomenologie spaltete die phänomenologische Bewegung.[32] Allen voran Scheler weist Husserls Idealismus zurück. Problematisch ist ihm, daß Husserl die Wirklichkeitseinklammerung durch die Aufhebung des Daseinsurteils geleistet sieht und damit die These verbindet, alle Realität sei abhängig vom Bewußtsein. Scheler wirft Husserl die antirealistischen Konsequenzen der in den *Ideen* ausgeführten Lehre eines reinen Bewußtseins vor: auch bei Aufhebung aller Dinge bliebe nach Husserl ein „absolutes Bewußtsein" erhalten.[33] Diese Konsequenz halten Scheler und mit ihm die meisten anderen Phänomenologen für nicht tragbar. Scheler kritisiert: Husserls Reduktion ist bloß eine Methode, die eine Ausschaltung des Daseinsurteils zeitigt, wodurch nichts gewonnen wird – dagegen setzt Scheler ein Verständnis der Reduktion als *Techné*, als ein asiatischen Seelentechniken verwandtes Verfahren inneren Handelns, das nicht auf Ausschaltung des Daseinsurteils, sondern auf Ausschaltung des Realitätsmomentes zielt.[34]

---

[30] Ebd., S. 96 und S. 85.

[31] Ebd., S. 88.

[32] Viele kritische Stellungnahmen, z. B. die von Adolph Reinach, blieben unveröffentlicht. Eine der interessantesten Kritiken des „reinen Bewußtseins" bietet die Dissertation von: Aron Gurwitsch, Phänomenologie der Thematik und des reinen Ich. Studien über Beziehungen von Gestalttheorie und Phänomenologie, in: Psychologische Forschung, 12 (1929), S. 279-381.

[33] Max Scheler, Die deutsche Philosophie der Gegenwart, in: Deutsches Leben der Gegenwart, hg. von Philipp Witkop, Berlin 1922, S. 127-224, hier S. 202 f. Ausführlicheres zu den Differenzen Husserls und Schelers in Abschnitt 5.7.

[34] Max Scheler, Idealismus – Realismus, a. a. O., hier S. 280 f. Über die Bedeutung dieses Unterschieds später mehr (Abschnitt 5.10) Scheler hat seine Theorie der phänomenologischen Reduktion als Seelentechnik stets in Beziehung zu den Lehren Gotamo Buddhos gesetzt. Auch wenn der Vor-

4.3. Intersubjektivität in den *Cartesianischen Meditationen*

> „... solange durfte ich die Bearbeitung der Cartes[ianischen] Med[itationen] nicht aufschieben. Denn das wird das Hauptwerk meines Lebens sein, ein Grundriß der mir zugewachsenen Philosophie, ein Fundamentalwerk der Methode u. der phil. Problematik. Mindestens für mich Abschluß u. letzte Klarheit, für die ich eintreten, mit der ich ruhig sterben kann. (Aber wichtiger ist, daß ich mich berufen fühle, dadurch entscheidend in die kritische Situation einzugreifen, in der jetzt die d[eutsche] Philosophie steht.) Die kleine franz. Schrift, Ostern erscheinend (etwa 100 S.), wird nicht bloße Übersetzung der deutschen sein, denn für das deutsche Publicum – in der jetzigen Situation (modische Schwenkung zu einer Philosophie der ‚Existenz', Preisgabe der ‚Ph[ilosophie] als strenge Wiss[enschaft]' bedarf es breiterer Exposition und Weiterführung bis zur obersten ‚metaph[ysischen]' Problematik." (Brief Husserls an Roman Ingarden vom 19. März 1930)[35]

Bekanntlich basieren die *Cartesianischen Meditationen* auf zwei im Februar 1929 an der Pariser Sorbonne gehaltenen Vorträgen, in denen das Problem der Intersubjektivität allerdings nur angedeutet ist. Zu Lebzeiten Husserls erschienen die Vorträge beträchtlich umgearbeitet und erweitert in der von Emanuel Levinas und Gabrielle Pfeiffer besorgten französischen Übersetzung 1931. Zunächst hatte Husserl den Plan, sie umgehend auch in deutscher Sprache zu veröffentlichen. Diesen Plan gab er jedoch bald auf.[36]

---

wurf Schelers, Husserl führe eine bloß logische Ausschaltung durch, Husserls philosophische Arbeiten betreffend berechtigt erscheint, sollte man nicht übersehen, daß Husserl ebenfalls von den Lehren Buddhas beeindruckt war, wie aus seiner Anzeige der 1922 erschienenen Karl Neumannschen Übertragung der Reden Gotamo Buddhos hervorgeht. Husserl berichtet hier emphatisch, er habe „die höchste Blüte indischer Religiosität", einer „nicht ‚transzendenten', sondern ‚transzendentalen'" Religiosität gefunden. Aus den Urquellen des Buddhismus spreche „eine religiös-ethische Methodik seelischer Reinigung und Befriedigung von einer höchsten Dignität". Allein, was *transzendentale Religiosität* ist, verrät Husserl nicht. Edmund Husserl, Über die Reden Gotamo Buddhos [1925], in: ders., Aufsätze und Vorträge (1922-1937) (Husserliana XXVII), Dordrecht 1989, S. 125 f.

35 Edmund Husserl, Briefe an Roman Ingarden, Den Haag 1968, S. 59. Vgl. auch die Briefe vom 2. Dezember und vom 26. Mai 1929.

36 Vgl. Iso Kern, Einleitung des Herausgebers, in: Edmund Husserl, Zur Phänomenologie der Intersubjektivität, Texte aus dem Nachlaß, Dritter Teil: 1929-1935 (Husserliana XV), hg. von Iso Kern, S. XV-LXX, insbesondere S. XVII ff. und LIII ff. Im deutschen Sprachraum wurden die *Cartesianischen Meditationen* durch ausführliche, vornehmlich referierende Besprechungen zweier jüngerer Autoren bekannt gemacht. Vgl. Alfred Schütz, [Rez. Méditations Cartésiennes ...], in: Deutsche Literaturzeitung, Heft 51, 18. Dezember 1932, Sp. 2404-2416; Helmut Kuhn, [Rez. Méditations Cartésiennes ...], in: Kant-Studien, XXXVIII (1932), S. 209-216.

Angesichts der Tatsache, daß Husserl in seiner Theorie der Intersubjektivität einen außergewöhnlich wichtigen Baustein seiner Philosophie sah, ist es erstaunlich, wie wenig Raum die einzige systematische Entfaltung seiner Theorie der Intersubjektivität innerhalb seiner zu Lebzeiten für den Druck freigegebenen Werke einnimmt: die *V. Cartesianische Meditation* bietet auf annähernd sechzig äußerst dicht geschriebenen Seiten letztlich nur eine Skizze. Blickt man auf Husserls Nachlaß, so ergibt sich jedoch ein ganz anderes Bild: in der Gesamtausgabe Husserls erschienen drei voluminöse Bände, die nur einen Ausschnitt aus den von Husserl zum Thema Intersubjektivität hinterlassenen Manuskripten bieten. Da eine Auseinandersetzung mit den drei im Nachlaß erschienenen Bänden den Raum einer eigenen Arbeit erforderte, hält sich die im folgenden Abschnitt gegebene Darstellung an die ausführlichste von Husserl selbst autorisierte Fassung seiner transzendentalen Theorie der Intersubjektivität in den *Cartesianischen Meditationen*[37] – nur gelegentlich werden Hinweise auf ausführlichere oder modifizierende Stellungnahmen aus dem Nachlaß erfolgen. Der mögliche Einwand, eine Einbeziehung des Nachlasses würde Unklarheiten und Schwierigkeiten der *V. Cartesianischen Meditation* ausräumen, trifft im übrigen nicht die vornehmliche Intention der Darstellung. Ihr primäres Ziel ist keine strenge Exegese Husserls, sondern eine Vergegenwärtigung der Schwierigkeiten der autorisierten zu Lebzeiten veröffentlichten Texte Husserls, welche die Diskussion jahrzehntelang bestimmt haben.

Zwar setzt sich Husserl in den *Cartesianischen Meditationen* namentlich mit keinem Autor auseinander, aber Anknüpfung an und Abhängigkeit von dem Zugang von

---

37 Edmund Husserl, Méditations Cartésiennes, trad. Emanuel Levinas, Paris 1931. Die erste deutsche Fassung erschien erst 1950 als erster Band der *Husserliana*: Edmund Husserl, Cartesianische Meditationen und Pariser Vorträge, Den Haag 1950. Im folgenden mit der Sigle *Cart. Med.* zitiert. Über die Entwicklung seiner Theorie der Intersubjektivität vgl. Husserls Bemerkung im 1930 erschienenen Nachwort der englischen Ausgabe der *Ideen I*: „Im ersten Entwurf hatte ich meine transzendentale Theorie der Einfühlung, bzw. der Reduktion des menschlichen Daseins im weltlichen Miteinander auf die transzendentale Intersubjektivität schon in Göttinger Vorlesungen im S. 1910/11 gegeben." Edmund Husserl, Nachwort zu meinen ‚Ideen zu einer reinen Phänomenologie und phänomenologischen Philosophie', in: Jahrbuch für Philosophie und phänomenologische Forschung, Band XI, 1930, S. 549-570, hier S. 563. Die aus dem Nachlaß Husserls herausgegebene dreibändige Auswahl *Zur Phänomenologie der Intersubjektivität* reicht bis in das Jahr 1905 zurück: Edmund Husserl, Zur Phänomenologie der Intersubjektivität, Texte aus dem Nachlaß, hg. von Iso Kern, 3 Bände (Husserliana XIII-XV), Den Haag 1973. Siehe darin im ersten Band: Iso Kern, Einleitung des Herausgebers, S. XVII-XLVIII. Der von Husserl genannte erste Entwurf einer transzendentalen Theorie der Intersubjektivität, der in Band XIII der *Husserliana* veröffentlicht wurde, ist auch separat zugänglich. Vgl. Edmund Husserl: Grundprobleme der Phänomenologie 1910/11, Den Haag 1977 (Auszug aus: ders., Zur Phänomenologie der Intersubjektivität, Erster Teil 1905-1920, a. a. O., S. 77-235). Zur weiteren Entwicklung in den zwanziger Jahren vgl.: Gerhard Ehrl, Solipsismusproblem und Intersubjektivitätsfrage in Husserls Vorlesungen von 1910/11 und 1923/24, in: prima philosophia, 14 (2001) 3, S. 255-287.

Lipps und dem bei diesem erreichten Niveau der Diskussion sind offenkundig.[38] Für den Versuch, die Intersubjektivitätstheorie Schelers vorzustellen und in die gegenwärtige Diskussion über das Thema einzubeziehen, ist die mit den Namen Theunissen und Habermas verbundene einflußreiche und weitgehend anerkannte Kritik an Husserl außerordentlich wichtig. Der Grund ist folgender: da die von ihnen vorgebrachten je verschiedenen Argumente gegen den phänomenologischen Ansatz insgesamt gerichtet sind, ist die Theorie Schelers insgeheim mit betroffen. Denn die Kritik von Theunissen und Habermas zielt auf jede dem Ausgang beim intentionalen Bewußtsein verpflichtete Theorie. Für beide sind alle phänomenologischen Theorien bereits aufgrund falscher Prämissen im Anfang zum Scheitern verurteilt. Es wird daher auch die Kritik an Husserl verhandelt, um aufzuweisen, welche Momente der Kritik ihre Berechtigung haben und welche nicht. Dabei wird zu zeigen sein, daß der phänomenologische Ansatz beim intentionalen Bewußtsein, den Scheler mit Husserl teilt, von der Kritik Theunissens und Habermasens nicht wesentlich betroffen ist und daß die eminenten Schwierigkeiten von Husserls Intersubjektivitätstheorie andere Gründe haben.

Schon die ersten Kommentatoren bemerkten, daß die *Cartesianischen Meditationen* einen Bruch aufweisen. In den ersten vier Meditationen faßt Husserl schon Bekanntes in konzentrierter Weise zusammen.[39] Die *V. Meditation* bricht mit dem Charakter der zusammenfassenden Darstellung des schon Bekannten. Beinahe ebenso lang wie die ersten vier Meditationen zusammen, bringt sie vornehmlich Neues bzw. bisher nur Angedeutetes zur Sprache. Allerdings hat Husserl auch in der ersten Hälfte der *Cartesianischen Meditationen* neue Akzente gesetzt. Der mitunter schon früher gelegentlich eingenommene meditative Stil, Gedanken in der Ichrede vorzubringen, wird nun konsequent zur Anwendung gebracht. Zwei Motive lassen sich hinter diesem Vorgehen vermuten: zum einen möchte Husserl den Leser nicht mit einem Gedankengebäude konfrontieren, das den Charakter des Fertigen und Abgeschlossenen hat; statt dessen will er den Leser überzeugen, indem er den Gedanken in Bewegung zeigt und den Leser einlädt zu folgen, durch ein Mitdenken, das eigenes Mitvollziehen ist. Zum anderen handelt es sich um Meditationen, die dem Charakter der *Meditationes de prima philosophia* Descartes' verpflichtet sind. Nach Vollzug eines universalen Zweifels bleibt allein ein *einsames ich*, das, wenn es sich der Welt wieder öffnen will,

---

38 Vgl. Husserl: Zur Phänomenologie der Intersubjektivität, Erster Teil 1905-1920, a. a. O., zu Lipps: S. 21 ff, S. 28 f, S. 38 f, S. 70 ff. Dilthey wird nicht einmal erwähnt. Die Begegnung zwischen Dilthey und Husserl, der in der Literatur so große Bedeutung zuerkannt wird, ist in bezug auf die hier verhandelten Fragen unergiebig, weshalb ich auf sie nicht eingehe. Husserls Stellung zu Dilthey wird deutlich in: Edmund Husserl, Phänomenologische Psychologie. Vorlesungen Sommersemester 1925 (Husserliana IX), Den Haag 1968, S. 3-19; darüber hinaus vgl. Makkreel, Dilthey. Philosoph der Geisteswissenschaften, a. a. O., S. 319-340.

39 Vgl. Kuhn, [Rez. Méditations Cartésiennes ...], a. a. O.

gar nicht anders kann, als zunächst einsam zu meditieren. Husserl positioniert sein Projekt in der Nachfolge von Descartes' Versuch einer Grundlegung der Philosophie, die „eine völlige Reform der Philosophie zu einer Wissenschaft aus absoluter Begründung" aus einem ersten sicheren Anfang sein wollte.[40] Dieser Anfang ist ihm das *ego cogito*, das allein verbleibt, wenn die Haltung universalen Zweifels eingenommen ist. Husserl sieht den Versuch einer Grundlegung bei Descartes angelegt, aber nicht radikal genug durchgeführt. Descartes habe die letzte entscheidende Konsequenz seiner Entdeckung verfehlt: er hielt das sich selbst gewisse *ego cogito* für ein „kleines *Endchen der Welt*"[41], er verwechselte das weltliche mit dem transzendentalen Subjekt. Universaler Zweifel heißt bei Husserl zunächst wie bei Descartes, alles Wissen der Wissenschaften als Vorurteil zu betrachten und in Zweifel zu ziehen, bis eine neue Begründung gefunden ist. Es genügt Husserl aber nicht, „alle uns vorgegebenen Wissenschaften" außer Geltung zu setzen, auch „ihren universalen Boden, den der Erfahrungswelt, müssen wir der naiven Geltung berauben".[42] Um das *ego cogito* zu dem „apodiktisch gewissen letzten Urteilsboden, auf den jede radikale Philosophie zu begründen ist", zu machen, darf die Welt für uns nicht mehr als seiende Welt gelten, sondern bloß noch einen Seinsanspruch haben. Dieses Außergeltungsetzen betrifft jede Umwelt, also auch die anderen Menschen und Tiere, mit deren Verlust man auch die ganzen Gebilde der Sozialität und der Kultur verliere: „nicht nur die körperliche Natur, sondern die ganze konkrete Lebensumwelt ist nunmehr für mich statt seiend nur Seinsphänomen".[43]

Indem die Seinsgeltung der objektiven Welt inhibiert wird, sind auch alle „objektiv apperzipierten Tatsachen", auch „die innere Erfahrung", ausgeschaltet. Es gibt nun kein *psychisches ich* mehr, es bleibt allein das reduzierte „transzendental-phänomenologische Ich", dessen Sein ein Sein eigener Art ist. Jene Reduktion, deren Motivation die auch das Seinsurteil zurücknehmende Haltung des Zweifelns ist, nennt Husserl *transzendental-phänomenologische Epoché. Transzendental* heißt das reduzierte *ich*, weil es mit Vollzug der transzendental-phänomenologischen Epoché hervortritt. Die transzendental-phänomenologische Epoché zeigt, daß der natürliche Seinsboden in seiner „Seinsgeltung sekundär" ist, „er setzt beständig den transzendentalen voraus".[44] Zu diesem Begriff des Transzendentalen gehört notwendig sein Korrelatbegriff, der Begriff des Transzendenten. Aufklärung der Natur des *transzendentalen ich* ist Aufklärung der Möglichkeiten, etwas zu erfahren, das nur als Möglichkeit, nicht aber als Wirklichkeit dem *transzendentalen ich* zugehörig ist.

---

40 Husserl, Cart. Med., S. 43.
41 Ebd., S. 63.
42 Ebd., S. 58.
43 Ebd., S. 59.
44 Ebd., S. 64 f und S. 61.

Erste Aufgabe der Wissenschaft ist folglich, den Ausgang beim *transzendentalen ich* zu nehmen. Apriorisch ist diese Wissenschaft, weil sie „den Wirklichkeiten Regeln a priori vorzeichnet". Sie ist eine Wissenschaft, „deren Gegenstand in seinem Sein von der Entscheidung über Nichtsein oder Sein der Welt unabhängig ist". Nicht die „leere Identität des ‚Ich bin'" bildet den Boden der transzendentalen Selbsterfahrung, sondern wirkliche und mögliche Selbsterfahrung bilden die „*universale apodiktische Seinsstruktur* des Ich (z. B. die immanente Zeitform des Erlebnisstroms)".[45] Das *ego cogito* ist immer eingebettet in ein *ego-cogito-cogitatum*. Das *transzendentale ich* zielt immer auf ein transzendentes *cogitatum*. Bei jedem *cogito cogitatum*, das wir zu analysieren suchen, können wir die *noetische* und die *noematische* Seite unterscheiden. So ist das *meditierende ich* Zuschauer seiner selbst, „und darin beschlossen aller Objektivität, die für es *ist*, und so wie sie für es ist". „Ich bin auch und immer transzendentales Ich, aber ich weiß darum erst durch Vollzug der phänomenologischen Reduktion." Die Urform des Bewußtseins ist *Synthesis*: alle Erlebnisse, alle Wahrnehmungen sind nicht ein zusammenhangloses Nacheinander, sondern Einheit der Synthesis. Die Grundform dieser Synthesis ist die Identifikation. Als Grundform der Synthesis ist *Identifikation* zunächst *passiv* verlaufende *Synthesis* „in der Form des kontinuierlichen inneren Zeitbewußtseins."[46] Als Grundform aller Synthesis macht das „allumspannende innere Zeitbewußtsein" alle sonstigen Bewußtseinssynthesen erst möglich: alle Erlebnisse werden in der Ordnung der Zeit, als anfangende, sich erstreckende, endende bzw. nacheinander oder gleichzeitig verlaufende erlebt.[47]

Folgen wir dem intentionalen Gegenstand, dem *cogitatum*, der am Beginn jeder Analyse zu stehen hat, so zeigt sich eine je typische Struktur des jeweiligen *ego-cogito-cogitatum*. Es erwachsen nun vielerlei transzendentale Theorien, zunächst „eine Theorie der Wahrnehmung und der sonstigen Typen von Anschauungen, eine Theorie der Signifikation, eine Urteilstheorie, eine Willenstheorie usf." Darauf bauen dann in weiterer Folge auf: Theorien, die sich beziehen auf „psychophysische Wesen, auf Menschen, auf soziale Gemeinschaften, auf Kulturobjekte, schließlich auf eine objektive Welt überhaupt – rein als Welt möglichen Bewußtseins, und transzendental als eine rein im transzendentalen Ego sich bewußtseinsmäßig konstituierende Welt."[48] Husserl betont: „Die transzendentale Subjektivität ist nicht ein Chaos intentionaler Erlebnisse", es muß eine universale konstitutive Synthesis geben, in „der alle Synthesen in

---

45 Ebd., S. 66, S. 69 und S. 67.

46 Ebd., S. 75 und S. 79.

47 Ebd., S. 81. Ausführlich hat Husserl diese für ihn grundlegende Konstitution in verschiedenen Vorlesungen behandelt. Heidegger hat sie 1928 im *Jahrbuch für Philosophie und phänomenologische Forschung* unter dem Titel *Edmund Husserls Vorlesungen zur Phänomenologie des inneren Zeitbewußtseins* herausgegeben. Heute sind sie zugänglich als: Edmund Husserl, Zur Phänomenologie des inneren Zeitbewußtseins (1893-1917) (Husserliana Band X), Den Haag 1966.

48 Husserl, Cart. Med., S. 89.

bestimmter geordneter Weise zusammen fungieren". Aufgabe ist es, „in der Einheit einer systematischen und allumspannenden Ordnung am beweglichen Leitfaden eines stufenweise herauszuarbeitenden Systems aller Gegenstände möglichen Bewußtseins" alle Untersuchungen „*als entsprechende konstitutive durchzuführen*, also streng systematisch aufeinander gebaut".[49]

Der bisherige Gang der Argumentation läßt sich so zusammenfassen: zur Philosophie als Wissenschaft gehört die Idee einer Ordnung der Erkenntnis „*von an sich früheren zu an sich späteren Erkenntnissen*"[50]. Diese Ordnung kann nur erreicht werden durch einen Rückzug auf das *transzendentale ich*, dessen Konstitutionsleistungen in ihrer jeweiligen Abhängigkeit zu klären sind. Ziel ist, die universalen Strukturen des *ego-cogito-cogitatum* freizulegen, in welchen dem *ich* durch seine Erlebnisse weltliches Sein Stück für Stück zur Geltung kommt.

Nun steht das *transzendentale ego* vor verschiedenen Problemen der Konstitution. Zunächst ist Synthesis der Erlebnisse gefordert, die ein sich seiner Identität bewußtes *ego* meint: „Das ego erfaßt sich nicht nur als strömendes Leben, sondern als Ich, der ich dies und jenes erlebe, dies und jenes cogito als *derselbe* durchlebe." Die erste *materiale* Konstitutionsleistung des sich seiner durchhaltenden Identität bewußten *ich* ist die Dingkonstitution, d. h. die Konstitution der Sphäre der Körper: „Es liegt an einer wesensmäßigen Genesis, daß ich, das ego, und schon im ersten Blick, ein Ding erfahren kann. Das gilt übrigens wie für die phänomenologische so für die im gewöhnlichen Sinn psychologische Genesis. Mit gutem Grunde heißt es, daß wir in früher Kinderzeit das Sehen von Dingen überhaupt erst lernen mußten, wie auch, daß dergleichen allen unseren anderen Bewußtseinsweisen von Dingen genetisch vorangehen mußte."[51]

Erst nachdem das *transzendentale ich* diese beiden Konstitutionsleistungen bereits erbracht hat, kann das Verhältnis zwischen *meinem* Bewußtsein und dem Bewußtsein *Anderer* aufgeklärt werden. An dem Gelingen dieses Projekts hängt nun für Husserl viel mehr als *bloß* eine treffende Bestimmung dieses Verhältnisses. Nachdem die Geltung der Welt außer Kraft gesetzt wurde, braucht Husserl – im Rahmen seines Versuchs einer Letztbegründung – die intersubjektive Versicherung durch die Anderen. Für Husserl ist klar: Objektivität ist nur durch intersubjektiv vergemeinschaftete Erfahrung möglich. Transzendentale Phänomenologie hat die Aufgabe der Konstitution, d. h. zunächst müssen die Fundierungsordnung der verschiedenen Bewußtseinsleistungen freigelegt und die jeder Stufe dieser Ordnung entsprechenden Konstitutionsleistungen analysiert werden, um in letzter Konsequenz den naiven Glauben an die Wirklichkeit wiederherzustellen. Die Konstitution der Anderen ist dabei nur der

49 Ebd., S. 90.
50 Ebd., S. 53.
51 Ebd., S. 100 und S. 112.

erste Schritt, dem dann die Konstitution der objektiven Welt folgt: „Der Seinssinn *objektive Welt* konstituiert sich auf dem Untergrunde meiner primordialen *Welt* in mehreren Stufen. Als erste ist abzuheben die Konstitutionsstufe des *Anderen* oder *Anderer* überhaupt [...] Damit in eins, und zwar dadurch motiviert, vollzieht sich eine *allgemeine Sinnesaufstufung auf meiner primordialen Welt*, wodurch sie zur Erscheinung *von* einer bestimmten *objektiven* Welt wird, als der einen und selben Welt für jedermann".[52]

Am Beginn der transzendentalen Konstitution der Intersubjektivität steht das Problem, wie es möglich ist, das meditierende *ich* – das nach vollzogener phänomenologischer Epoché auf ein absolutes *transzendentales ich* reduziert ist – nicht als zu einem *solus ipse* gewordenen zu denken.[53] Gemäß der Natur des transzendentalen Ansatzes sind alle Einwände, die sich aus Erfahrungen der natürlichen Einstellung speisen, zunächst als haltlos anzusehen. Die Erfahrung des Anderen in der natürlichen Einstellung beschreibt Husserl als eine unmittelbare: „Halten wir uns an die faktische, also jederzeit zustandekommende Fremderfahrung, so finden wir, daß wirklich der sinnlich gesehene Körper ohne weiteres als der des Anderen erfahren ist, und nicht bloß als eine Anzeige für den Anderen; ist diese Tatsache nicht ein Rätsel?"[54] Diese hier beschriebene unmittelbare Erfahrung, so Husserl, ist aber nur möglich, wenn die „Originalsphären" schon vorausgesetzt werden können. Im Feld transzendentaler Konstitution ist die Erfahrung des Anderen jedoch nicht unmittelbar, weil uns der Andere nicht „originär" gegeben ist. Wäre eine originäre Fremderfahrung möglich, so bedeutete dies für Husserl, daß wir tatsächlich die Gefühle der Anderen wie unsere eigenen erleben müßten. Die Erfahrung des *anderen ich* muß daher – sofern es im Feld transzendentaler Konstitution um die Konstitution der Originalsphäre *Fremdpsychisches* geht, eine mittelbare sein. Die Erfahrung des *anderen ich* muß durch eine andere Form der Erfahrung vermittelt werden.

Im folgenden gilt es, so Husserl, die implizit auf die Sphäre der Anderen bezogene Intentionalität des transzendentalen Bewußtseins freizulegen, d. h. diese Intentionalität auszulegen und ihren Sinngehalt offenzulegen, der eben darin besteht, Intersubjektivität zu konstituieren:[55] In „mir, im Rahmen meines transzendental reduzierten reinen Bewußtseinslebens, erfahre ich die Welt mitsamt den Anderen und dem Erfah-

---

52 Ebd., S. 137.

53 Ebd., S. 121.

54 Ebd., S. 150. Vgl. auch die verstreuten Hinweise in den *Ideen I*, S. 8 (unten S. 166 zitiert) und S. 48: „Auch animalische Wesen, etwa Menschen, sind unmittelbar für mich da: ich blicke auf, ich sehe sie, ich höre ihr Herankommen, ich fasse sie bei der Hand, mit ihnen sprechend, verstehe ich unmittelbar, was für Gefühle sich in ihnen regen, was sie wünschen oder wollen."

55 Über die Schwierigkeiten, wie Husserls Begriff der Konstitution auszulegen sei, vgl. unten S. 134 f. Husserl beschreibt die Theorie der Fremderfahrung „als die Auslegung ihres Sinnes *Anderer* aus ihrer konstitutiven Leistung, des Sinnes *wahrhaft seiender Anderer* aus den entsprechenden Synthesen der Einstimmigkeit." Husserl, Cart. Med., S. 175.

rungssinn gemäß nicht als mein sozusagen privates synthetisches Gebilde, sondern als mir fremde, als *intersubjektive*, für jedermann daseiende, in ihren Objekten jedermann zugängliche Welt".[56]

Damit will Husserl sagen: auch wenn es keine *originäre* Erfahrung des Anderen gibt, ist das *ich* des transzendentalen Bewußtseins seinem Wesen nach auf Intersubjektivität angelegt. Nach Vollzug der phänomenologischen Epoché ist zwar die naive Seinsgeltung ausgeschaltet, nicht betroffen ist davon aber die Sphäre der die Intersubjektivität konstituierenden intentionalen Akte des *ich*. Will man die implizite Intentionalität freilegen, muß man am Beginn der Rekonstruktion davon ausgehen, daß wir mit dem Anderen *nicht* bekannt sind, und dann erklären, wie eine Erfahrung des Anderen von diesem Standpunkt aus möglich ist. Um das Wesen der Intersubjektivität freizulegen, ist nach der ersten, die naive Seinsgeltung ausschaltenden Epoché eine zweite Epoché nötig, eine „eigentümliche Art thematischer Epoché" (auch als primordiale Epoché bezeichnet), die von allen konstitutiven Leistungen der auf fremde Subjektivität bezogenen Intentionalität abstrahiert, um das *ich* in seiner transzendentalen Eigensphäre als das „Mir-Eigene" zurückzulassen (in der von Husserl sogenannten Primordialsphäre).[57]

Diese eigentümliche thematische Ausschaltung offenbart eine Form immanenter Transzendenz, eine auf Fremdes gerichtete Intentionalität, deren synthetische Leistung jedoch ausgeschaltet ist. Nun erweist sich, so Husserl, daß der Seinssinn *fremdes ich* zunächst am *eigenen ich* gewonnen wird, ohne daß eine Begegnung mit dem Anderen stattfindet: „In dieser ausgezeichneten Intentionalität konstituiert sich der neue Seinssinn, der mein monadisches ego in seiner Selbsteigenheit überschreitet, und es konstituiert sich ein ego nicht als Ich-selbst, sondern als sich in meinem eigenen Ich, meiner *Monade spiegelndes*. Aber das zweite ego ist nicht schlechthin da und eigentlich selbst gegeben, sondern es ist als alter ego konstituiert, wobei das durch diesen Ausdruck alter ego als Moment angedeutete ego Ich-selbst in meiner Eigenheit bin. Der *Andere* verweist seinem konstituierten Sinne nach auf mich selbst, der Andere ist Spiegelung meiner selbst, und doch nicht eigentlich Spiegelung; Analogon und doch wieder nicht Analogon im gewöhnlichen Sinne."[58]

In dieser Konstitution eines neuen Seinssinns ist also nicht ein wirkliches *anderes ich* konstituiert, sondern nur die Möglichkeit *anderer iche* gewonnen, indem eine gewissermaßen leere Konstitution des Seinssinns *alter ego* geleistet ist. Diesen Schritt muß Husserl einschalten, weil er angesichts seiner These, daß eine originäre Erfahrung des Anderen unmöglich ist, vor dem Problem steht, wie die Wahrnehmung des

---

[56] Ebd., S. 94.

[57] Ebd., S. 124 ff. Zur „primordialen Epoché" vgl. Alfred Schütz, Das Problem der transzendentalen Intersubjektivität bei Husserl, in: Philosophische Rundschau, 5 (1957), S. 81-107, hier S. 85-88.

[58] Husserl, Cart. Med., S. 125.

anderen Körpers die Erfahrung eines *anderen ich* motivieren kann, wenn der Seinssinn *anderes ich* nicht bekannt ist.

In dieser eigentümlich reduzierten Sphäre, so Husserl, finde ich nun meinen Leib, den einzigen *Leib*, der für mich nicht *Körper* ist, als ein kinästhetisch erfahrenes Empfindungsfeld. Zurück bleibt also eine eigenheitlich reduzierte Natur. Ihr ist „durch den körperlichen Leib eingeordnet das psychophysische Ich mit Leib und Seele und personalem Ich". Die Ausschaltung alles Fremden betrifft also nicht das *psychophysische ich* mit seinem welterfahrenden Leben und seiner „wirklichen und möglichen Erfahrung von Fremdem". Sonderbar ist allerdings, daß Husserl am Beginn der *Cartesianischen Meditationen* schreibt, für das *meditierende ich* gebe es „keine psychischen Phänomene im Sinne der Psychologie, das ist als Bestandstück psychophysischer Menschen".[59] Demnach hat die Konstitution des psychophysischen *ich* der Konstitution der Fremderfahrung vorherzugehen.

Der entscheidende Schritt in Husserls Argumentationsgang setzt ein, nachdem das *ego* die Selbstapperzeption als psychophysischer Mensch bereits hinter sich hat: die Rekonstruktion der intentionalen Leistungen der *Einfühlung*. „Die eigentlichen und in der Tat nicht geringen Schwierigkeiten macht [...] der Schritt zu dem *Anderen*. Sie liegen also in der transzendentalen Aufklärung der Fremderfahrung in dem Sinne, in dem der Andere noch nicht zu dem Sinn Mensch gekommen ist." Husserls axiomatische These ist, daß ein anderer Mensch in der primordialen Sphäre unmittelbar nur als Körper wahrnehmbar ist. Der Andere steht zwar „leibhaftig" vor uns, aber seine Leibhaftigkeit – sein psychophysisches Wesen – ist uns nicht in direkter Weise zugänglich. „Eine gewisse *Mittelbarkeit der Intentionalität* muß hier vorliegen", die eine „Art des Mitgegenwärtigmachens, eine Art *Appräsentation*" erfordert.[60]

Appräsentation ist bekannt als eine Grundform der Dingwahrnehmung. Bei der Wahrnehmung eines Dinges ist uns immer nur die uns zugewandte Seite präsent. In der Wahrnehmung der Vorderseite des Dinges „appräsentieren" wir aber bereits notwendig die Rückseite. Da mir in der primordialen Sphäre nur mein eigener Leib bekannt ist, kann der wahrgenommene Körper des Anderen nur dann als Leib aufgefaßt werden, wenn er diesen Sinn „von einer *apperzeptiven Übertragung von meinem Leib her*" hat. Husserl spricht im folgenden von einer „*analogisierenden*" Auffassung bzw. einer „verähnlichenden Apperzeption", verwehrt sich aber ausdrücklich dagegen, diese Apperzeption als Schluß oder als Denkakt zu fassen. Die Appräsentation erfolgt nicht als ein von der Wahrnehmung des Körpers unterschiedener Akt, sondern: „in eins mit ihm" wird mir der Andere bewußt.[61]

---

59 Ebd., S. 129 und S. 65.
60 Ebd., S. 138 f.
61 Ebd., S. 140 und S. 150.

Nun ist die Appräsentation des Leibes eine ganz andere als die Appräsentation der nicht im Blickfeld liegenden Rückseite eines beliebigen wahrgenommenen Dinges. Die Appräsentation, die mir die leib-körperliche Natur des Anderen vermittelt, ist möglich aufgrund einer „originalen Präsentation" des Körpers des Anderen. Weshalb aber nehmen wir manche Körper anders wahr als Dinge? Weshalb erscheint mir der Körper des Anderen nicht bloß als bloßer Körper? Das auslösende Moment ist die Ähnlichkeit des wahrgenommenen Körpers des Anderen – in allen seinen Modifikationen – mit meinem eigenen Körper, der mir zugleich als Leib, als belebt, bekannt ist: „Der erfahrene fremde Leib bekundet sich fortgesetzt wirklich als Leib nur in seinem wechselnden, aber immerfort zusammenstimmenden *Gebaren*, derart, daß dieses seine physische Seite hat, die Psychisches appräsentierend indiziert". Das „Gebaren" des Körpers des Anderen – seine wechselnde Mimik, Gestik und Motorik – kommt mit meinem mir kinästhetisch vertrauten Leibkörper in eine Assoziation. Diese Assoziation nennt Husserl „Paarung".[62]

Die Erscheinungsweise meines Körpers erlebe ich als die meines Leibes. Sehe ich den Körper eines anderen Menschen, so appräsentiere ich seinen Leib als *Leibkörper* eines *psychophysischen Ich*. „In dieser Art bewährbarer Zugänglichkeit des Original Unzugänglichen gründet der Charakter des seienden *Fremden*." Indem das original Unzugängliche nur mittelbar zugänglich ist, kann es nur als „Analogon von Eigenheitlichem" – also zu meinem Leibkörper als urstiftendem Original – gedacht werden. Der Andere ist „*Modifikation* meines Selbst"; es „konstituiert sich appräsentativ in meiner Monade eine andere". Woher aber habe ich Gewißheit, daß ich mir nicht bloß vorstelle: wäre mein Leibkörper dieser Körper, so beseelte ihn ein psychophysisches *ich*? Verhielte es sich so, dann müßte nämlich das konstituierte *fremde ich* identisch sein mit *meinem ich*. – Die Assoziation, die zur Konstitution des Anderen führt, ist keine unmittelbare, wie Husserl mehrmals ausdrücklich betont. Die paarende Assoziation zwischen meinem Leibkörper und dem Körper des Anderen ist eine vermittelte, wobei die Vermittlung nicht durch einen Schluß zustande kommt. Wie aber ist dann die Vermittlung möglich? Sie ist, so Husserl, möglich, indem ich mich in den Anderen *einfühle*: die Erscheinung des Anderen (sein Körper) erinnert mich an mein körperliches Aussehen. Sie wird mit meinem Körper assoziiert und motiviert mich so, mein *ich* in den anderen Körper zu phantasieren, „*wenn ich dort wäre*".[63] Es gibt keine Einfühlung in ein *reines anderes ich*, in jeder Einfühlung, jeder Erfahrung eines *anderen ich* erfahre ich das *fremde ich* als so-und-so-gestimmtes, fühlendes, urteilendes, erlebendes *ich*. Mein Leibkörper hat dabei zunächst die Gegebenheitsweise des *Hier*,

---

[62] Ebd., S. 144 und S. 142: „In einer paarenden Assoziation ist das Charakteristische, daß im primitivsten Falle zwei Daten in der Einheit des Bewußtseins in Abgehobenheit anschaulich gegeben sind und auf Grund dessen wesensmäßig [...] als unterschieden Erscheinende phänomenologisch eine Einheit der Ähnlichkeit begründen, also eben stets als Paar konstituiert sind."

[63] Ebd., S. 144 und S. 147.

der Körper des Anderen die Gegebenheitsweise des *Dort*. Jedes *Dort* ist für mich ein mögliches *Hier*. Ich kann, mich frei bewegend, den Ort des *Dort* einnehmen und in ein *Hier* verwandeln. Um den Leibkörper des Anderen zu appräsentieren, muß mein leibkörperliches *ich* phantasierend den Ort des Anderen einnehmen, ehe es sich wieder zurücknimmt und den Anderen als Anderen erfährt.[64]

Die wesentlichen Schritte von Husserls Analyse der intentionalen Akte, in denen der Andere konstituiert wird, sind damit gegeben. Erstens: die Konstitution des Seinssinns alter ego. Damit ist die Motivation, sich auf den Anderen zu beziehen, erklärt. Zweitens: die Paarung des eigenen Körpers, den ich als Leibkörper erfahre, mit dem Körper des Anderen. Auf diese Weise kann der Körper des Anderen als Leibkörper erfahren werden. Drittens: um den Anderen als anderen Leibkörper zu erfahren, muß sich das eigene *ich* in den Körper des Anderen einfühlen. Als *fremder* wird dieser Leibkörper erfahren, indem das *ich* zwischen Hier und Dort unterscheidet.

Ausgehend von dem zuletzt genannten Schritt können Schwierigkeiten von Husserls Theorie thematisiert werden. Es gilt nun zu klären, welche Probleme seiner Theorie auf welche Prämissen zurückzuführen sind. Als erstes ist die von Husserl behauptete *Mittelbarkeit* der *Einfühlung* herauszustellen. Wenn wir unser *ich* im Akt der Einfühlung an die Stelle des anderen Körpers versetzen – der für uns ja noch kein Anderer ist, sondern es erst werden soll –, so haben wir lediglich phantasierend *unser ich* an diesen Ort gesetzt, aber noch keinerlei Bewußtsein vom Anderen. Vergegenwärtigen wir uns jetzt, daß wir nicht *dort*, sondern *hier* sind, so könnte man davon sprechen, daß sich das in den fremden Körper *einfühlende ich* – im Modus des *Dort* – von unserem an *unseren eigenen* Leibkörper gebundenen *ich* – im Modus des *Hier* – ablöst. Damit hätten wir aber lediglich unser *eigenes ich* verdoppelt, nicht aber ein *fremdes ich* gewonnen.[65] Husserls Theorie der Einfühlung ist hier genauso problematisch wie diejenige von Lipps. Zwar ist bei Husserl nicht wie bei Lipps gefordert, daß das Gefühl des Anderen gefühlt werden muß, aber die Erfahrung des *anderen ich* als *Hineinverlegen des eigenen ich in den Anderen* zu beschreiben, ist zu stark vom Subjekt aus gedacht, selbst wenn man das Subjekt nicht anspruchsvoll denkt. Das *ich*, das sich in einen anderen Körper einfühlt, kommt immer bei sich selbst an. Vermutlich hat Husserl auch deshalb die Erfahrung des Seinssinns *alter ego* aller möglichen Erfahrung Anderer vorgeschaltet. Allein wie die Konstitution dieses Seinssinns be-

---

64 Vgl. dazu Klaus Held, Das Problem der Intersubjektivität und die Idee einer phänomenologischen Transzendentalphilosophie, in: Perspektiven transzendentalphänomenologischer Forschung, hg. von Ulrich Claesges und Klaus Held, Den Haag 1972, S. 3-60, besonders S. 34-39. Held verweist auf die Unschärfe der Formulierung „wenn ich dort wäre“ und bemerkt, daß sie sowohl als *Irrealis* als auch als *Potentialis* gelesen werden kann bzw. muß, wenn die Theorie nicht scheitern soll. Nur ein wechselseitiges Zusammenwirken der beiden Vergegenwärtigungsarten könne zu ihrer Bewährung führen.

65 Vgl. die Ähnlichkeit zu Lipps' Unterscheidung von *positiver* und *negativer Einfühlung*, oben S. 73 f sowie die Kritik S. 75 f.

werkstelligt werden soll, bleibt ein Rätsel: denn die Erfahrung Anderer kann für diese Konstitution ja keine Rolle spielen.

Husserls Vorgehen läßt sich anhand der Schwierigkeiten erläutern, die Lipps der Analogieschlußtheorie nachgewiesen hatte. Der Haupteinwand gegen die Analogieschlußtheorie lautet: durch einen Schluß können wir niemals die Erfahrung von etwas machen, mit dem wir nicht schon vertraut sind. Da Husserl Analogieschlüsse mit den gleichen Argumenten ablehnt wie Lipps, entsteht für ihn die Schwierigkeit, wie eine mittelbare Konstitution auf anderem Wege möglich ist. Weil er annimmt, daß nur der Körper des Anderen originär erfahrbar ist, ist für ihn allein eine mittelbare Konstitution denkbar. Damit ist der Weg der Argumentation vorgezeichnet: eine nicht durch einen Schluß hergestellte Vermittlung kann nur noch als unbewußt analogisierende Assoziation vollzogen werden. Offensichtlich hat Husserl in dem Gedanken der Vermittlung deutlich die Gefahr gesehen, diese als Schluß zu denken, und daher das in der Vermittlung Vermittelte zusammengezogen. Wird in der Wahrnehmung des Körpers der Leib appräsentiert, so ist – wie bereits oben zitiert – „in eins mit ihm mir bewußt der *Andere*".[66]

Die Mittelbarkeit ist damit aber nicht aufgehoben, denn selbst wenn man eine genetische und keine statische Analyse vollzieht,[67] muß – wie Husserl betont – die Appräsentation von der Erfahrung des Anderen unterschieden werden, wenn es sich um eine echte Vermittlung handeln soll. Andernfalls wäre die Erfahrung des Anderen, die das transzendentale gereinigte *ich* macht, ja nicht mehr zu unterscheiden von der Erfahrung, die das *ich* der natürlichen Einstellung macht, denn von jenem hatte Husserl ja gesagt, daß es den Anderen unmittelbar in seiner Erscheinung als Leib erlebt.

4.4. Die Kritik an Husserl

Michael Theunissen hat zurecht in der Mittelbarkeit den „einheitliche(n) Grundzug der von Husserl explizierten Fremderfahrung" gesehen.[68] Viele Schwierigkeiten, die Husserls Interpreten sehen, zielen direkt auf die Mittelbarkeit. Auch Husserl selbst scheint ein Bewußtsein dieser Schwierigkeiten gehabt zu haben, wie sein Versuch zeigt, die Mittelbarkeit möglichst unmittelbar zu denken. Die Mittelbarkeit selbst konnte Husserl nicht umgehen. Sie hängt an der Prämisse, daß nichts, was dem Eigenwesen des Anderen angehört, in direkter Weise zugänglich ist. Da Husserl die Möglichkeit einer direkten Erfahrung fremder psychischer Gehalte von vornherein aus-

---

66 Husserl, Cart. Med., S. 150.

67 Über die Konfusion von genetischer und statischer Analyse in den *Cartesianischen Meditationen* vgl.: Held, Das Problem der Intersubjektivität und die Idee einer phänomenologischen Transzendentalphilosophie, a. a. O.

68 Michael Theunissen, Der Andere. Studien zur Sozialontologie der Gegenwart, Berlin 1977², S. 102.

schließt, muß er Intersubjektivität als vermittelte denken. Es ist daher nur konsequent, daß Husserl durchgängig vom *ich* als einer Monade spricht, weil Monaden fensterlos sind und ihr Zusammenhang immer ein vermittelter ist. Die Analogieschlußtheorie – soweit verbreitet sie auch bei nicht naturalistischen Denkern war (z. B. Brentano) – ist ihrem Kern nach eine naturalistische Theorie. Da Husserl ihre Prämisse teilt, es sei lediglich der Körper des Anderen originär erfahrbar, bleibt er, wie Theunissen betont, an einer naturalistischen Perspektive orientiert.[69]

Die Mittelbarkeit der Fremdwahrnehmung in Husserls Argumentation ist vor allem in zwei Hinsichten ein Problem. Erstens ist generell fragwürdig, wie ein primordiales *ich* die erste Erfahrung des Anderen mittelbar machen kann. Ist die oben als zweite Epoché eingeführte primordiale Epoché erfolgreich, dann stellt sich die Frage, wie überhaupt die analogisierende Appräsentation motiviert wird, wenn wir nicht schon mit dem Anderen vertraut sind. Dieses Problem hat Schütz zum Gegenstand seiner Kritik gemacht. Daß durch die primordiale Epoché jeder „Sinnbezug auf ein mögliches Uns und Wir ausgeschieden“ sein soll, sei nicht vereinbar mit der These Husserls, daß „in der eigenheitlichen Sphäre alle meine wirklichen und möglichen Erfahrungen von Fremdem“ erhalten bleiben sollen, weil doch die Erfahrung von Fremdem bereits ein *Wir* oder *Uns* stifte. Schütz vermutet dagegen, daß „vielleicht alle unsere Erlebnisse von Fremdem in der natürlichen Sphäre, die ja als intentionales Korrelat in der egologischen Sphäre erhalten bleibt, durch Leistungen fremder Subjektivität“ gestiftet seien.[70] Dem ist entgegenzuhalten, daß Erfahrung des Fremden hier ja noch nicht meint: *Erfahrung des Fremden als Fremden*. Husserl verteidigend könnte man antworten: eine wie auch immer geartete implizite, unbewußte Intentionalität auf den Anderen muß in dem Moment, in dem ich den Anderen noch nicht als Anderen erfahren habe, vorausgesetzt werden, um überhaupt die Erfahrung des Anderen zu motivieren. Alles hängt hier freilich daran, wie sich eine implizite, unbewußte Intentionalität denken läßt, die mich zum Anderen hin motiviert. Diese Motivation hat Husserl in den *Cartesianischen Meditationen* zu erklären versucht, indem er einen durch Spiegelung am *eigenen ich* gewonnenen Seinssinn *alter ego* annimmt. Eine andere, plausiblere Möglichkeit besteht darin, die implizite Intentionalität auf den Körper des Anderen als Instinkt zu fassen. Diesen Weg wählte Lipps, als er Einfühlung als *Instinkt* bestimmte.[71] Husserl hat wohl ebenso mit diesem Gedanken gespielt, wie einige aus dem Nachlaß edierten Manuskripte zeigen, in denen er an einer *transzendentalen Theorie der Instinkte* arbeitete. In veröffentlichten Texten hat eine Beschäftigung mit dem

---

69 Ebd., v. a. S. 116 ff. Hierin liegt vermutlich ein Grund, weshalb Husserls Theorie der Intersubjektivität in den letzten Jahren affirmatives Interesse hervorgerufen hat. Vgl. z. B. Peter Reynart, Intersubjektivity and Naturalism – Husserl's fifth Cartesian Meditation Revisited, in: Husserl Studies, 17 (2001) 3, S. 207-216.

70 Schütz, Das Problem der transzendentalen Intersubjektivität bei Husserl, a. a. O., S. 87.

71 Siehe oben S. 65 ff bzw. Lipps, Das Wissen von fremden Ichen, a. a. O., S. 697 und 713 f.

Thema kaum Niederschlag gefunden. Allerdings spricht Husserl schon in den *Logischen Untersuchungen* von der Schwierigkeit, daß nicht jedes Begehren eine bewußte Beziehung auf ein Begehrtes fordere, da es oft ein dunkles Drängen auf ein „unvorgestelltes Endziel" gebe. In diesem Zusammenhang verweist er „auf die weite Sphäre der natürlichen Instinkte", „denen mindestens ursprünglich die bewußte Zielvorstellung mangle". Diese Erlebnisse dunklen Begehrens könne man, so Husserl, durchaus als intentionale begreifen: es handle sich „jedoch um solche, die als unbestimmt gerichtete Intentionen charakterisiert sind".[72]

Ein zweites Problem, das in der angenommenen Mittelbarkeit der Fremderfahrung gründet, ist der Schritt der Konstitution des Anderen, in dem die Paarung zwischen meinem Körper und dem Körper des (noch nicht konstituierten) Anderen stattfindet. Schließlich ist mir mein Körper in ganz anderer Weise gegeben als der Körper eines Anderen. Vermutlich ist die Wahrnehmung des Gesichtsfeldes das Merkmal, das uns am meisten motiviert, in dem Körper des Anderen einen *Leibkörper* zu sehen. Mein Gesicht aber könnte mir nur aus einem Spiegel bekannt sein. Das kann freilich nach der primordialen Reduktion nicht der Fall sein. Meine Bekanntschaft mit mir selbst in einem Spiegel wäre nichts anderes als die Konstitution eines Anderen, von dem ich dann nach erfolgreicher Konstitution erfahren würde, daß ich es bin.

Schütz hat eine Variation dieses Einwandes vorgebracht und darin einen der gewichtigsten Einwände gegen Husserls Theorie gesehen: das Erleben der Kinästhesen meines Leibkörpers sei der „äußeren Wahrnehmung des fremden Leibkörpers so unähnlich als möglich" und könne daher „nie zu einer analogisierenden Auffassung führen".[73] Theunissen hat diesem Einwand widersprochen. Er argumentiert, dieser Einwand treffe Husserl gar nicht. Man müsse, so Theunissen, den Unterschied zwischen der Paarung der beiden *Körper* und der fremd*leiblichen* Analogieapperzeption beachten, die im Verlauf der Konstitution nachgeordnet zu denken sind. Auch wenn es richtig wäre, daß die Paarung nicht zwischen meinem Leibkörper, sondern meinem Körper und dem Körper des Anderen stattfindet, bliebe der von Schütz vorgebrachte Einwand bestehen, denn ein *ich* müßte ja dann seinen eigenen Körper (in Abhebung von seinem Leib) bereits konstituiert haben, bevor es den Körper des Anderen erfahren kann. Die solipsistische Konstitution des eigenen Körpers, die Husserl dann annehmen müßte, ist schwer vorstellbar. Sich selbst in äußerer Wahrnehmung vollständig zu vergegenständlichen, ist doch erst möglich, wenn sich ein *personales ich*

---

72 Husserl, Logische Untersuchungen 2.I², S. 395 f. Über die zahlreichen Ausführungen zu einer Phänomenologie der Instinkte in den Arbeiten aus dem Nachlaß vgl. schon: Alwin Diemer, Edmund Husserl. Versuch einer systematischen Darstellung seiner Philosophie, Meisenheim am Glan 1965², S. 99; sowie neuerdings: Nam-In Lee, Edmund Husserls Phänomenologie der Instinkte, Dordrecht u. a. 1993, v. a. S. 197 ff. Leider sind viele der von Lee erwähnten Stellen in den Nachlaßbänden zur Intersubjektivität nicht aufgenommen worden.

73 Vgl. Schütz, Das Problem der transzendentalen Intersubjektivität bei Husserl, a. a. O., S. 89 ff.

gemeinsam mit einem *alter ego* konstituiert hat.[74] Es ist daher plausibler anzunehmen, daß mein Leib hier noch nicht als reiner Körper konstituiert sein soll und daß die Paarung zwischen meinem Leibkörper und dem Leibkörper des Anderen stattfinden soll. Diese Paarung kann aber nur dann vollzogen werden, wenn die Erfahrung meines Leibkörpers der Erfahrung des anderen Körpers ähnlich ist, was Schütz zurecht in Frage stellt.

Die Mittelbarkeit der Fremdwahrnehmung ist auch noch in einer von den bisher vorgestellten Schwierigkeiten verschiedenen Perspektive problematisiert worden. Theunissen hat gegen Husserl die Frage vorgebracht: wie kann denn eine Beziehung zum Anderen, in der der Andere nicht Objekt ist, überhaupt gedacht werden, wenn der Andere im ‚Urakt' der Konstitution derart vergegenständlichend gedacht wird wie in Husserls Theorie der mittelbaren Fremdwahrnehmung? Hinter dieser Kritik steht nicht die erkenntnistheoretische Frage nach der Möglichkeit einer Erfahrung vom fremden *ich*, sondern die Frage, ob man mit Husserls Theorie Erfahrungen unmittelbarer Begegnungen überhaupt adäquat beschreiben kann.[75] Der Einwand lautet: ein echtes Ich-Du-Verhältnis, in dem der Andere nicht zum Gegenstand gemacht wird, kann mit Husserls Vermittlungsmodell schwerlich gedacht werden. Theunissen hat Husserls Ansatz einer grundlegenden Kritik unterzogen und zu zeigen versucht, daß die Unmöglichkeit mit Husserls Theorie, diese Erfahrung freizulegen, an der Mittelbarkeit der Fremdwahrnehmung hängt. Seine Kritik zielt daher darauf, die Prämissen aufzudecken, die für die Mittelbarkeit verantwortlich sind. Theunissens These ist, daß die Mittelbarkeit in Husserls Ausgang bei der Intentionalität des Bewußtseins gründet, und diese wiederum in einem direkten Zusammenhang mit dem Projekt der Transzendentalphilosophie steht, das Theunissen in Husserls Philosophie geradezu idealtypisch verkörpert sieht.

Ohne im einzelnen auf Theunissens Argumentationsgang eingehen zu können, soll im folgenden geprüft werden, inwiefern transzendentaler Ansatz und Modell der Intentionalität des Bewußtseins für die problematischen Züge der Mittelbarkeit der Fremdwahrnehmung verantwortlich sind. Die Ansicht, daß vom Standpunkt einer Transzendentalphilosophie aus das Problem der Intersubjektivität nicht in den Griff zu bekom-

---

74 Vgl. Theunissen, Der Andere, a. a. O., S. 58-66, besonders S. 64. Im übrigen handelt es sich hier um eine der vielen Schwierigkeiten, die auch Husserl sah und die er in einer neuen Fassung seiner Intersubjektivitätstheorie vielleicht deutlicher gefaßt hätte. Vgl. Husserl, Zur Phänomenologie der Intersubjektivität. Texte aus dem Nachlaß, Dritter Teil: 1929-1935, a. a. O., Text Nr. 37 (wohl 1934), S. 648-657, hier S. 655: Erst wenn ich den Anderen als mich konstituierend erfahren habe, so Husserl, gewinnt mein Leib für mich die volle Bedeutung des Körpers, weil ich erkenne, daß mich der Andere trotz meiner Leiblichkeit zunächst als Körper und erst qua Einfühlung als Leib wahrnimmt: „Die volle Konstitution meines Leibes als Körper gleich allen Körpern ergibt sich erst vermittels des Anderen."

75 Siehe auch: Bernhard Waldenfels, Das Zwischenreich des Dialogs. Sozialphilosophische Untersuchungen im Anschluß an Edmund Husserl, Den Haag 1971, S. 1.

men ist, wird von vielen geteilt.[76] Auch Schütz neigt zu dieser Einschätzung: „Es ist zu vermuten, daß Intersubjektivität nicht ein innerhalb der transzendentalen Sphäre lösbares Problem der Konstitution, sondern eine Gegebenheit der Lebenswelt ist. Sie ist die ontologische Grundkategorie des menschlichen Seins in der Welt und somit aller philosophischen Anthropologie."[77]

Wenn auf dem Boden der transzendentalen Fragestellung die Konstitution des Anderen nicht überzeugt, so kann dies als ein Einwand gegen den transzendentalen Ansatz insgesamt gewertet werden. Um diese These zu prüfen, muß geklärt werden, in welcher Weise Husserls Vorgehen transzendental ist. Hier lassen sich zwei Aspekte unterscheiden: Husserls Phänomenologie ist transzendental, weil die Generalthesis der natürlichen Einstellung eingeklammert wird. Im Rahmen dieses Sinnes von transzendental ist Husserls These zu verstehen, daß alles Dasein der Welt zufällig sei. Müßte es dann nicht auch zufällig sein, daß Bewußtsein einen Leib braucht, um höherstufige Konstitutionsleistungen zu erbringen, die uns das Eidos der Gegenstände der Welt erkennen lassen? Mag sein, daß es in dem von Husserl intendierten Sinn eine transzendentale Sphäre gibt, in der *alle* Möglichkeiten angelegt sind. Nur: ist diese Sphäre dem menschlichen Erkenntnisvermögen zugänglich? Muß nicht die Zufälligkeit der menschlichen Welt und der menschlichen Natur der Boden der Untersuchung bleiben? Denn von welchem Standpunkt aus ließe sich wirklich ausweisen, daß der Weg der verschiedenen Konstitutionsstufen des transzendentalen *ich* auch zur psychophysischen Konstitution führt?

Nun kann man den Sinn transzendentalen Vorgehens auch schwächer bestimmen, indem man darunter den Versuch einer Beschreibung der Struktur unseres Selbstverhältnisses als Verhältnis zwischen *ich* und *fremdem ich* und der dazugehörigen Konstitutionsleistungen faßt. Gegen ein solches Projekt kann es keine prinzipiellen Einwände geben. Jede empirische bzw. entwicklungspsychologische Vorgehensweise muß auch als Strukturtheorie reformulierbar sein.

Hinter Schütz' These, daß eine transzendentale Theorie der Intersubjektivität aus prinzipiellen Gründen scheitern muß, steht die Vermutung, daß im Ausgang bei einem intentionalen Bewußtsein, das in seinen Erkenntnis- bzw. Konstitutionsmöglichkeiten bereits über Fähigkeiten verfügt, die allererst in der Begegnung mit dem Anderen entstehen können, der falsche Anfang liegt. In Frage steht damit, was der Sinn von *Konstitution* ist. In den klassischen Auseinandersetzungen mit Husserl ist immer

---

76 Auch die erst nach den grundlegenden Untersuchungen von Theunissen und Waldenfels aus dem Nachlaß herausgegebenen umfangreichen Manuskripte Husserls zum Problembereich der Intersubjektivität haben kaum zu Ansätzen einer grundlegenden Revision der Kritik an Husserls Konzeption geführt. Vgl. aber den anspruchsvollen Versuch Dan Zahavis, Husserl gegen die sprachpragmatische Kritik zu verteidigen: Dan Zahavi, Husserl und die transzendentale Intersubjektivität. Eine Antwort auf die sprachpragmatische Kritik, Dordrecht 1996.

77 Schütz, Das Problem der transzendentalen Intersubjektivität bei Husserl, a. a. O., S. 105.

wieder darauf hingewiesen worden, daß Husserls Begriff der Konstitution schwankt zwischen Sinnbildung, die vom intentional vermeinten Gegenstand ausgeht – einem, wie Theunissen es genannt hat, „empfangenden Verstehen“ – und *Kreation* als Sinnbildung eines schöpferischen Bewußtseins.[78] Wird aus der Konstitution eine kreative Leistung – was Schütz unterstellt[79] –, dann entsteht tatsächlich ein Zirkel. Im Sinne einer Kreation kann in der transzendentalen Einstellung ein *anderes ich* nicht konstituiert werden, ohne daß Bekanntschaft mit dem Anderen bereits unterstellt wird. Daß Husserl die konstitutiven Leistungen des intentionalen Bewußtseins auch als Kreation denkt – worin sich der problematische Zug seiner Transzendentalphilosophie offenbart –, wird in folgender Passage deutlich: wenn in einer ersten Einfühlung der Andere erfolgreich konstituiert wurde, komme es, so Husserl, in weiterer Folge „zur *Einfühlung* von bestimmten Gehalten der *höheren psychischen Sphäre.* Auch sie indizieren sich leiblich und im außenweltlichen Gehaben der Leiblichkeit, z. B. als äußeres Gehaben des Zornigen, des Fröhlichen etc. – wohl verständlich von meinem eigenen Gehaben her unter ähnlichen Umständen.“[80] Hier stellt sich die Frage: wie können wir mit diesen Gefühlen schon vertraut sein, um sie bei einem Anderen zu verstehen? Kann ich nicht mein eigenes Gefühl erst verstehen, wenn es mir vom Anderen her bekannt ist? Lipps hat in seiner Theorie der Einfühlung diese Abhängigkeit behauptet: nicht nach Analogie *meiner* beurteile ich die *fremde* Gebärde, sondern nach Analogie der *fremden* Gebärde beurteile ich die *eigene.*[81] In einem gewissen Sinne unterläuft Lipps hier das subjektivistische Moment der Einfühlung. Aber auch in dieser Interpretation der Einfühlung liegt eine Tendenz, Konstitution als Kreation zu denken. Denn Lipps unterstellt dennoch, daß wir bereits mit dem Gefühl, das es zu verstehen gilt, vertraut sind. Die Möglichkeit, daß wir Gefühle wie Angst und Zorn erst in Kontakt mit dem Anderen erfahren, ja vielleicht noch bevor wir den Anderen als Anderen verstehen, wird weder von Husserl noch von Lipps gesehen. Beide setzen ein in seinen

---

78 Vgl. Theunissen, Der Andere, a. a. O., S. 152; Waldenfels, Das Zwischenreich des Dialogs, a. a. O., S. 80; Held, Das Problem der Intersubjektivität und die Idee einer phänomenologischen Transzendentalphilosophie, a. a. O., S. 24.

79 Schütz, Das Problem der transzendentalen Intersubjektivität bei Husserl, a. a. O., S. 106 f: „Aber unter der Hand und geradezu unversehens wandelte sich, wie es mir scheint, die Idee der Konstitution von einer Aufklärung der Sinnstruktur, von der Auslegung des Sinns des Seins, in eine Begründung der Seinsstruktur und von einer Auslegung in eine Kreation. Aus einer Enthüllung des Bewußtseinslebens wird ein Ersatz für die der Phänomenologie prinzipiell unerreichbare Begründung einer Ontologie aus den Lebensprozessen der Subjektivität.“

80 Husserl, Cart. Med., S. 149. In Nietzsches bekanntem Ausspruch: „Jeder ist sich selber der Fernste“ ist ausgesprochen, was Husserl hier übersieht. Friedrich Nietzsche, Die Fröhliche Wissenschaft, Aph. 335, KSA 3, München und Berlin 1980, S. 560; vgl. auch: Max Scheler, Der Formalismus in der Ethik und die materiale Wertethik, II. Teil, Halle an der Saale 1916, S. 250.

81 Lipps, Das Wissen von fremden Ichen, a. a. O., S. 699.

Erfahrungsmöglichkeiten bereits sehr *reifes ich* voraus.[82] Aber Husserls Theorie ist in einer Hinsicht ungleich problematischer als die von Lipps. In Husserls Theorie der Intersubjektivität gibt es nicht die für Lipps zentrale Phase positiver Einfühlung, in der das *ich* nur das gleiche fühlt wie der Andere, aber noch nicht die Erfahrung des Anderen als Anderen gemacht hat. Husserl kann in den *Cartesianischen Meditationen* nicht klären, welche Formen sozialer Begegnungen in der vorintersubjektiven Sphäre möglich sind. Er kann nicht klären, woher ein *ich* die Gefühle kennen kann, die es dem Anderen einfühlt. Daß bei Husserl jegliche Explikation einer vorintersubjektiven Sphäre sozialen Miteinanders fehlt, steht in indirektem Zusammenhang mit der angenommenen Mittelbarkeit der Fremdwahrnehmung. Mittelbar ist die Fremdwahrnehmung, weil das *andere ich* originär unzugänglich ist und nur vermittelt über eine Wahrnehmung des Körpers des Anderen erfahren werden kann. Da für Husserl alle Wahrnehmung, die nicht Wahrnehmung von Eigenpsychischem ist, Wahrnehmung von Physischem ist, kann er keine Sphäre menschlichen Miteinanders beschreiben, die der entwickelten Intersubjektivität vorhergeht, weil eine Begegnung mit Körpern nicht als soziales Miteinander beschrieben werden kann.[83]

Ein weiteres Problem des transzendentalen Ansatzes zeigt sich in der Unterscheidung von statischer und genetischer Analyse. Zunächst muß die Analyse statisch sein, damit die einzelnen Elemente in ihrer jeweiligen Rolle, die sie im Konstitutionsprozeß spielen, besser aufgeklärt werden können – dann muß sie genetisch sein, da die statische Analyse künstliche Abstraktion ist, in der die Zeitlichkeit und Prozessualität nicht berücksichtigt wird, schließlich ist jede Konstitution dynamischer Prozeß. Husserl hat aber hier nicht genügend geschieden und die genetische Analyse in den *Cartesianischen Meditationen* tendenziell vernachlässigt. Das ist in gewisser Weise verständlich, denn die genetische Analyse ist ungleich komplexer, und außerdem wird in ihr die angestrebte Aufdeckung der Fundierungsordnung unterlaufen, zumindest insofern, als sich in genetischer Analyse nicht mehr klären läßt, welche Konstitutionsleistung die andere fundiert, weil verschiedene Leistungen ineinander verwoben sind. Selbst wenn die Idee der Konstitutionsanalyse an sich unproblematisch wäre, könnte es sein, daß es unmöglich ist, die Konstitutionsleistungen zu rekonstruieren. Hier stellt sich das Problem: können wir denken bzw. denkend eingrenzen, was wir nicht denken können, d. h. den Punkt denken, an dem wir scheitern, nicht weil der transzendentale Ansatz falsch ist, sondern weil er unmöglich erfolgreich durchzuführen ist? Diese Argumente gegen das Projekt transzendentaler Konstitutionsanalyse dürften schwer auszuräumen sein. Aber Einwände auf dieser Ebene beziehen sich nur auf die Möglichkeit der Durchführung, nicht auf den Ansatz.

---

82 Unklar bleibt z. B. auch, weshalb nach der primordialen Reduktion das *personale Ich* noch Bestand haben soll, während es sich doch eigentlich erst gemeinsam mit dem Anderen konstituieren kann.

83 Bei Lipps hingegen findet sich eine Beschreibung der Sphäre noch nicht entwickelter Intersubjektivität in der Analyse der positiven Einfühlung.

Alle Schwierigkeiten, die aufgezeigt wurden, haben nichts mit der grundsätzlichen Bestimmung des intentionalen Bewußtseins zu tun. Theunissens Kritik, man könne mit dem Ansatz beim intentionalen Bewußtsein die Erfahrung des Anderen nur vergegenständlichend denken, läßt sich mit Husserl entgegenhalten, daß Intentionalität vor der Paarung *ich-alter ego* implizite Intentionalität meint – d. h. noch gar nicht vergegenständlichen kann. Erst das nach der Konstitution des Anderen mögliche ‚ich denke' meint eine explizit vollzogene Intentionalität.[84] Bewußtsein als singulärer Akt ist zwar immer auf einen Gegenstand gerichtet (Bewußtsein von etwas), kann aber niemals ohne weitere Akte vergegenständlichen (Bewußtsein von etwas als etwas).

Der Grund für die massiven Schwierigkeiten von Husserls transzendentaler Intersubjektivitätstheorie kann – wie herausgestellt wurde – auch nicht prinzipiell darin liegen, daß mit einem transzendentalen Ansatz Strukturen freigelegt werden sollen. Allerdings zielt Husserl auf eine stärkere Bestimmung des transzendentalen Ansatzes, weil er es auf Letztbegründung anlegt. Letztbegründung fordert, daß alle Konstitutionsleistungen in ihrer Abhängigkeit aufgeklärt werden müssen. So hat Husserl die oben angeführten Schwierigkeiten. Aber Einwände gegen dieses Projekt zielen auf die Durchführbarkeit des Programms, nicht auf den Ansatz. Sollte es tatsächlich so etwas wie einen falschen Anfang in Husserls Intersubjektivitätstheorie geben, dann spricht vieles dafür, diesen weder in Husserls Bestimmung des intentionalen Bewußtseins noch im transzendentalen Ansatz zu suchen, sondern in der Annahme, daß einem *ich* in der Fundierungsordnung des Gegebenen zunächst die eigenen psychischen Gehalte gegeben sind und es dann nur noch eine Form originärer Wahrnehmung gibt: die Wahrnehmung von Körpern.

Eingangs wurde bereits erwähnt, daß die gegenwärtige Popularität des Begriffs und des Themas Intersubjektivität eine interessante Geschichte hinter sich hat. Durch die Arbeiten von Alfred Schütz wurden Begriff und Thema in die Soziologie und Sozialphilosophie eingeführt und in den sechziger Jahren von Habermas aufgegriffen, der sich kritisch mit den von Schütz hergestellten Bezügen zwischen Phänomenologie und Pragmatismus auseinandersetzte.[85]

Habermas' Stellung zur Phänomenologie läßt sich anhand seiner Auseinandersetzung mit Husserl in den *Vorstudien und Ergänzungen zur Theorie des kommunikativen Handelns* diskutieren. Gegenüber Husserls phänomenologischer Grundlegung einer Konstitutionstheorie der Gesellschaft will Habermas hier zeigen, daß sich deren Probleme „im Rahmen einer Theorie des Bewußtseins nicht lösen lassen und den

84 Husserl, Ideen I, S. 236.

85 Jürgen Habermas, Zur Logik der Sozialwissenschaften, Tübingen 1967, S. 98-124, zu Schütz S. 112-116; von nun an wird der Begriff Intersubjektivität zentral: Vgl. z. B. Jürgen Habermas, Thesen zu einer Theorie der Sozialisation. Stichworte und Literatur zur Vorlesung im Sommersemester 1968. Als ‚Raubdruck' weit verbreitet; autorisierter Abdruck in: Jürgen Habermas, Kultur und Kritik, Frankfurt am Main 1973, S. 118-194.

Übergang zu einer Theorie der sprachlichen Kommunikation erforderlich machen."[86] Im besonderen geht es ihm darum zu zeigen, daß der phänomenologische Primat der Intentionalität durch den Primat sprachlicher Verständigung ersetzt werden muß.

Es genügt hier, einen von Habermas' Kritikpunkten herauszugreifen. Habermas setzt u. a. bei Husserls These an, der fremde Körper werde durch aufeinanderfolgende Appräsentationen als Leib erfahren. Diese Appräsentationen sind Husserl zufolge möglich, wenn ich ein *zusammenstimmendes Gebaren* wahrnehme. Habermas fragt nun, was als zusammenstimmendes Gebaren zu verstehen ist, und bietet zwei Möglichkeiten an. Zum einen könnte man unter einem zusammenstimmenden Gebaren Regelmäßigkeiten in der Folge der Zustände eines Körpers sehen. Dies könne, so Habermas, kein Kriterium für die Unterscheidung potentieller Leiber sein. Dieser Einwand braucht nicht weiter thematisiert zu werden, denn er trifft Husserls Intention sicher nicht. Schwerwiegender ist der Einwand, der an die zweite Auslegung anknüpft, die Habermas anbietet: zum anderen könne man das Gebaren als symbolische Äußerung verstehen. Dies würde nach Habermas' Bestimmung des Symbolbegriffs bedeuten, daß sich die Kohärenz aufeinanderfolgender Gebärden an einem System von Regeln bemessen lassen müßte, in dem festlegt ist, welche physischen Merkmale als Zeichen für etwas zu gelten haben. Nur dann, so Habermas' Einwand, können wir die Gebärde verstehen, wenn schon eine „intersubjektive Kenntnis von Zeichenvorrat und Lexikon" besteht. Husserl habe mit dem Begriff Appräsentation vorweggenommen, was es erst zu erklären gelte. Stillschweigend werde Appräsentation als „die Repräsentation einer Bedeutung durch einen symbolischen Ausdruck, in diesem Fall durch eine leibgebundene Expression aufgefaßt".[87]

---

[86] Habermas, Vorstudien und Ergänzungen zur Theorie des kommunikativen Handelns, a. a. O., S. 39. Habermas bezieht sich positiv auf Marx' Frühschriften, auf Wittgensteins Theorie des Sprachspiels und den bis dahin vornehmlich im *symbolischen Interaktionismus* (Herbert Bloomer) der fünfziger und sechziger Jahre populären George Herbert Mead. Bei Habermas wird die Theorie der Intersubjektivität auf dem Boden des historischen Materialismus zur sprachphilosophisch fundierten *Sozialisationstheorie*. Der Erfolg seiner Arbeiten ist – historisch betrachtet – der Erfolg dieses Themas, der getragen wurde vom emanzipatorischen Elan der späten sechziger und siebziger Jahre. Habermas' zentrales Interesse war es, die Ontogenese entwicklungspsychologisch zu rekonstruieren, um diejenigen Einflüsse zu benennen, die zu Fehlformen bei der Entwicklung autonomer Persönlichkeiten führen. Die wesentliche Differenz zu Husserl besteht nun nicht allein darin, daß Habermas in seiner Theorie der Intersubjektivität den Ausgang nicht beim Subjektpol nimmt, sondern darin, daß es ihm nicht mehr nur um die idealtypischen Strukturen von Selbstbewußtsein und Fremdbewußtsein geht, sondern in einer stark normativen Wendung um das sich innerhalb dieser Strukturen entwickelnde Selbstverhältnis. Nicht wie überhaupt ein Bewußtsein vom *anderen ich* zu erklären ist, sondern die Qualität der kommunikativen Beziehung zu den Mitmenschen steht im Mittelpunkt von Habermas' Aufmerksamkeit. Die Kritik an Habermas richtet sich nicht gegen das Projekt einer normativen Gesellschaftstheorie, sondern nur gegen deren fragwürdige Grundlegung.

[87] Ebd., S. 55.

An dieser Kritik sind zwei Punkte bemerkenswert: Habermas unterstellt Husserl, daß dieser voraussetze, was es zu erklären gelte. Damit trifft er den wunden Punkt von Husserls Theorie. Sein Argument, daß Intersubjektivität an sprachliche bzw. symbolische – Symbol im Sinne eines auf Konvention beruhenden Zeichens – Ausdrucksfähigkeit gekoppelt ist, verweist aber bereits auf seinen eigenen nicht weniger problematischen Standpunkt. Wenn die Möglichkeit der Erfahrung eines *anderen ich* von vornherein an die Fähigkeit gekoppelt wird, eine gemeinsame Sprache zu beherrschen, dann wird die Intersubjektivität vorausgesetzt, deren Möglichkeitsbedingungen doch erst aufgeklärt werden sollen.

Im übrigen zeigt sich eine Gemeinsamkeit mit Husserl: Habermas kann in seiner Theorie, wie bereits im ersten Kapitel gezeigt wurde, keine Sphäre vorintersubjektiven Miteinanders denken. Trotz gelegentlicher Hinweise auf entwicklungspsychologische Arbeiten finden sich bei Habermas keine theorierelevanten Hinweise darauf, wie kognitive Leistungen vor dem Spracherwerb beschrieben werden können. Habermas' Theorie ist selbstreferentiell, weil Selbstbewußtsein und Intersubjektivität nur Subjekten eignet, die die Regeln der Verwendung von auf Konvention beruhenden Zeichen, die etwas bedeuten, bereits beherrschen. Diese selbstbezügliche Bestimmung der Phänomene und Begriffe von Intersubjektivität und Selbstbewußtsein macht es für Habermas unmöglich, danach zu fragen, welche Rolle vorsprachliche Begegnungen mit dem Anderen für den Verlauf des Spracherwerbs haben. So ergeben sich schwerwiegende Einwände gegenüber der These, daß das sprachphilosophische Paradigma dem bewußtseinsphilosophischen grundsätzlich überlegen sei. Die These, daß die Intersubjektivität der Subjektivität vorangehe, hat absurde Konsequenzen. Wenn Intersubjektivität an Sprache gebunden wird, bedeutet dies ja, daß alles vorsprachliche Bewußtsein quasi in sich eingeschlossen ist. Es kann ja nach dem von Habermas bestimmten Begriff von Kommunikation nicht mit der Außenwelt kommunizieren, weil Habermas mit idiosynkratischer Hartnäckigkeit gegenüber allen Versuchen, ein vorsprachliches Verstehen auszuweisen, nachweisen will, daß soziales Miteinander nur am Modell der Sprache gedacht werden kann. Habermas' oben angeführter Einwand gegen Husserl setzte genau an diesem Punkt an: Habermas unterstellt, daß im Gebaren schon ein auf Konvention beruhendes Symbol angenommen werden muß. Die Möglichkeit, daß es auch nichtkonventionelle Zeichen geben könnte, auf die ein *ich* reagiert und die es *versteht* – ohne sie im Sinne sprachlichen Verstehens zu verstehen –, schließt er aber von vornherein aus. Hier zeigt sich, daß eine zur reinen Sprachphilosophie gewordene Philosophie nicht in der Lage ist, den Menschen in seiner natürlichen Lage ernst zu nehmen. Eine absolutgesetzte Sprachphilosophie kennt – wie Habermas gegenüber Plessner zugegeben hat – keine Hermeneutik nichtsprachlichen Ausdrucks, die nicht sprachphilosophisch reformulierbar ist. Hier liegt ein wesentliches Problem: Habermas irrt, wenn er glaubt, alle Formen menschlichen Miteinanders sprachphilosophisch reformulieren zu können, z. B. wenn er die Aufgabe sieht, „die subjektiven Erlebnisse, zu denen jedes Ich einen privilegierten Zugang hat, kommunikationstheoretisch zu erklären".[88] Kommunikationstheoretisch aufgeklärt werden kann nur die Fähigkeit, sich die subjektiven Empfindungen sprachlich zuzuschreiben. Daß jedes *ich* einen privilegierten Zugang zu seinen Erlebnissen hat, weil es diese Erlebnisse hat, kann keine Kommunikationstheorie erklären.

Die eigentlichen Schwierigkeiten Husserl liegen also nicht an einem sprachphilosophischen Defizit. Zusammenfassend kann gesagt werden: zentrales Problem ist, daß Husserl in der Reihe der Konstitutionsleistungen unplausible Abhängigkeiten annimmt. Dieser Einwand trifft an verschiedenen Punkten. Im Rahmen von Husserls Intersubjektivitätstheorie ist es sehr fragwürdig, weshalb die Konstitution des psychophysischen Leibkörpers der Konstitution des Anderen vorhergeht. Husserl kann nicht ausweisen, wie die Erfahrung von Körpern der Erfahrung von Fremdpsychischem vorausgehen soll. Problematisch ist also, wie Husserl die Fundierungsordnung begründet. Seine Prämisse ist, daß alle Wahrnehmung, die nicht Wahrnehmung des *eigenen ich* ist, Wahrnehmung von Körpern sein muß. Daraus folgt, daß die Wahrnehmung Anderer eine vermittelte sein muß. Wenn die Wahrnehmung des Anderen nur auf dem Weg einer Vermittlung möglich ist, muß das *ich* schon im Ursprung sich selbst gegeben sein. Alle Probleme führen letztlich zu der These zurück, daß es keine originäre Erfahrung des *anderen ich* geben könne und diese daher als über eine Erfahrung von Körpern vermittelte anzusehen ist. Husserl hat dies vormals anders gesehen: in Vorlesungen aus dem Jahr 1906/07 heißt es über die Leistung der Epoché: durch die Reduktion hört Bewußtsein auf, menschliches Bewußtsein zu sein, es verliert „allen psychologischen Sinn, und schließlich wird man auf ein Absolutes zurückgeführt, das weder physisches noch psychisches Sein im naturwissenschaftlichen Sinn ist. Das aber ist in der phänomenologischen Betrachtung überall das Feld der Gegebenheit. Mit dem aus dem natürlichen Denken stammenden, vermeintlich so selbstverständlichen Gedanken, daß alles Gegebene entweder Physisches oder Psychisches ist, muß man eben brechen."[89] Die im nächsten Kapitel behandelte Theorie Schelers setzt genau an diesem Punkt an: Scheler bricht mit der Annahme, daß alles Gegebene entweder *physisch* oder *psychisch* sein müsse.

---

[88] Ebd., S. 59.

[89] Edmund Husserl, Einleitung in die Logik und Erkenntnistheorie. Vorlesungen 1906/07 (Husserliana XXIV), Den Haag 1984, S. 242.

5. Schelers Lehre der unmittelbaren Fremdwahrnehmung

> „Denn was überhaupt der Mensch dem Menschen zu sein vermag (oder auch nur möglicherweise einst zu werden) und was nicht – sei es in Liebe oder in Haß, in Vereinigung und Verständigung jeder Art oder im Kampfe – was er noch zu verstehen vermag und wie er es vermag, was noch zu ‚verstehen' und was nicht zu verstehen, sondern nur noch zu ‚erklären', in welchen Grundarten möglicher Gruppenbildung ferner er noch diese oder jene Daseins- und Erlebnisschichten des Nebenmenschen und Mitmenschen zu erfassen und zu würdigen vermag, das alles hängt doch davon ab, welcher Art letzter *Seinsverkettungen* zwischen Mensch und Mensch (in den verschiedenen Stufen der Daseinsrelativität des Menschen selbst) und in letzter Linie der absoluten Daseinssphäre bestehen und bestehen können." (Scheler, Wesen und Formen der Sympathie 1923^2, S. 246 f.)

5.1. Rekapitulation. Noch einmal Dilthey

Der Gang der Untersuchung folgte den Schwierigkeiten, die den bisher behandelten Ansätzen nachgewiesen werden konnten: dem sprachphilosophischen Ansatz, der Analogieschlußtheorie und der Theorie der Einfühlung bei Theodor Lipps, den Versuchen Wilhelm Diltheys, die als problematisch erkannte Mittelbarkeit der Erfahrung des Anderen möglichst unmittelbar zu denken, und Edmund Husserls idealtypisch zugespitzter Theorie der Intersubjektivität durch Einfühlung. So unterschiedlich die in den verschiedenen Theorien der Intersubjektivität auftretenden Probleme im einzelnen waren, es stellte sich ein gemeinsames Dilemma heraus: immer erwies sich letztlich die Mittelbarkeit der Erfahrung des *anderen ich* als der Grund, der alle weiteren Schwierigkeiten präjudizierte.

Abgesehen vom sprachphilosophischen Ansatz zeigte sich die Mittelbarkeit als gemeinsamer Zug, weil die behandelten Theorien das *andere ich* nur auf dem Weg einer Vermittlung über eine Wahrnehmung des anderen Körpers wahrnehmen zu können glaubten. Hinter dieser gemeinsamen Schwierigkeit am Anfang des Problems steht die bei keinem Autor in Frage gestellte Prämisse, daß eine unmittelbare Wahrnehmung des Psychischen nur für die eigenen Erlebnisse eines *ich* möglich sei, weil alle Wahrnehmung, die nicht Selbstwahrnehmung qua *innerer Wahrnehmung* ist, nur Wahrnehmung der Außenwelt und daher zunächst Wahrnehmung von Körpern sein könne.

Zwei Probleme konnten hier aufgedeckt werden: zum einen kann eine Theorie, die jede Wahrnehmung eines Anderen an der Wahrnehmung des anderen Körpers ansetzen läßt, nicht erklären, wie die erkenntnislogisch erste Erfahrung eines *anderen ich* gemacht werden kann; zum anderen kann sie nicht ausweisen, wie die Beseeltheit und Belebtheit Anderer (das Fremdpsychische) überhaupt – d. h. in jedem einzelnen Fall aufs Neue – nicht bloß gewußt, sondern *erfahren* werden kann. So entstand zum einen immer wieder ein Zirkelproblem, das den bekannten Zirkelproblemen der Selbstbewußtseinstheorien auf frappierende Weise ähnelte. Um ein *anderes ich* erfahren zu können, müßte das *ich*, das die Erfahrung des *anderen ich* machen soll, immer schon die Erfahrung eines *anderen ich* bzw. die Erfahrung von *Fremdpsychischem* überhaupt gemacht haben. Durchweg blieb unklar, weshalb ein zunächst bloß als Körper wahrgenommenes *X* als *anderes ich* erfahren werden soll, wenn die Erfahrung, daß es überhaupt *andere iche* gibt, noch nicht gemacht wurde. Zum anderen konnte die Erfahrung des Anderen, die in den Phänomenbeschreibungen durchaus vorkam, philosophisch nicht ausgewiesen werden. Besonders deutlich wurde dies bei Husserl, der die Erfahrung des Anderen als unmittelbare beschrieb, sie in der transzendentalen Epoché aber als vermittelte erklärte. Auch der Versuch, die Vermittlung möglichst unvermittelt zu denken (z. B. bei Dilthey), zeigte zwar, daß das Problem der zirkulären Erklärung erkannt wurde; aber dieser Versuch erwies sich dennoch als unzulänglich, da auch eine unbewußte Mittelbarkeit die Erfahrung des *anderen ich* nicht erklären kann. Durch die Annahme einer unbewußten Mittelbarkeit der Fremderfahrung ist nur der psychologische Einwand, daß die Erfahrung eines *anderen ich* keine mittelbare sein kann, zurückgewiesen, nicht aber der erkenntnistheoretische Einwand. Für die Frage nach den Bedingungen der Möglichkeit einer Erfahrung ist es sekundär, ob die Erfahrung bewußt oder unbewußt gedacht wird. Entscheidend ist hier allein die Frage nach der Mittelbarkeit bzw. Unmittelbarkeit einer Erfahrung – d. h. einer bestimmten Form der Erfahrung (der Erfahrung von Körpern oder der Erfahrung von *anderen ichen* etc.).

Zwei in engem Zusammenhang stehende Annahmen, deren Fragwürdigkeit in den Phänomenbeschreibungen von Lipps und Dilthey immer wieder deutlich wurde, zwangen die bislang behandelten Autoren dazu, die Erfahrung des Anderen als mittelbare zu denken. Die erste Annahme ist, daß jedem *ich* ursprünglich alle Erlebnisse zunächst als eigene Erlebnisse gegeben sind. Die zweite Annahme ist, daß alle Erlebnisse, die sich auf etwas nicht dem bewußtseinhabenden *ich* Zugehöriges beziehen, auf die Wahrnehmung von Körpern zielen. Damit sind, wie gezeigt wurde, alle weiteren Schwierigkeiten präjudiziert. Da die am Anfang stehende Annahme, ein *ich* könne anderes als sich selbst bloß in *äußerer Erfahrung* wahrnehmen, dazu nötigt, daß der Andere zunächst als Körper wahrgenommen werden muß, weil *äußere Erfahrung* ihrem Wesen nach auf Körperliches geht, können die behandelten Autoren die Erfahrung des *anderen ich* gar nicht anders denn als mittelbare denken.

Ein möglicher Verteidiger der geschilderten Position könnte die bisher vorgebrachte Kritik, daß eine ursprüngliche Erfahrung des Anderen als Anderen auf diesem Weg nicht erklärt werden könne, auszuräumen versuchen, indem er sich auf den Standpunkt stellt, daß es gar keine wirkliche *Erfahrung* des Anderen gibt, sondern eine nur gewohnheitsmäßige Annahme Anderer – von denen letztlich bloß vermutet werden kann, daß sie fühlen, denken, handeln etc. Wer diese Position ernsthaft vertritt, entledigt sich zumindest des Problems der *Erfahrung* des Fremdpsychischen, indem er schlicht behauptet, daß es gar keine eigentliche Erfahrung des Fremdpsychischen gibt. Offen (etwa bei Carnap) oder verdeckt (wie in manch anderen Zweigen der Sprachphilosophie) ist diese Position immer wieder vertreten worden. Gegenüber einer derartigen Position, die das zu erklärende Phänomen einfach leugnet, kann man bekanntlich nur bedingt argumentieren. Zumindest bleibt von dieser Position aus völlig unklar, wieso überhaupt die Annahme Anderer, mögen deren psychische Erlebnisse auch unzugänglich sein, möglich ist.

Im Kontext der hermeneutischen Linie von Lipps über Dilthey und Husserl bis zu Scheler war es jedoch nie fraglich, daß es eine *echte Erfahrung* des *anderen ich* bzw. der Gefühle Anderer gibt. Wenn diese Erfahrung aber möglich sein soll, dann kann sie nicht auf dem Weg gemacht werden, den Lipps, Dilthey und Husserl behauptet haben. Am deutlichsten scheint dies Dilthey gesehen zu haben. An einer relativ entlegenen Stelle in Diltheys nachgelassenen Manuskripten findet sich eine Überlegung, die als Ausgangspunkt dienen kann für Schelers Kritik und seine Überwindung der Position Diltheys und aller anderen bisher genannten Ansätze:

> „Zum Charakter der inneren Wahrnehmung: Auch für fremde Individua bildet die Grundlage des Verständnisses ein unmittelbares Innewerden der in ihnen gegebenen Gemütszustände, aber noch als von Fremden. Diese psychologische Konstruktion macht aus, was wir Mitleid, Mitfreude, tiefstes Verstehen nennen, und es ist die Grundlage dieser Nachkonstruktion.
> Christus in uns, Sterben und Begrabenwerden als mystischer Ausdruck dieses Innewerdens einer ganz zu sich hinziehenden Realität.
> Problem, wie mit Selbstbewußtsein verträglich, nach welcher Innewerden= Innewerden seiner selbst.“[1]

---

1 Wilhelm Dilthey, Grundlegung der Wissenschaften vom Menschen, der Gesellschaft und der Geschichte, Ausarbeitungen und Entwürfe zum zweiten Band der Einleitung in die Geisteswissenschaf-

Dilthey stößt hier auf eine Aporie, deren Grund in jener Annahme liegt, daß jedem *ich* zunächst alle Erlebnisse als eigene gegeben sind. An keiner anderen Stelle seines Werkes ist ihm diese Aporie so deutlich geworden. Im Kontext von Diltheys Ausführungen lautet die grundlegende Annahme etwas ausführlicher formuliert: alle Empfindungen und Gefühle sind meinem *ich* zugehörig; alle Erlebnisse im weitesten Sinne des Wortes, also auch Vorstellungen, die sich auf die Außenwelt beziehen, sind mir in *innerer Erfahrung* bzw. *innerer Wahrnehmung* gegeben: sie sind *meine*, indem ich sie erlebe. Offenkundig wird die Aporie nun, da Dilthey das zu erklärende Phänomen (die Erfahrung des Fremdpsychischen) als echte unmittelbare *Erfahrung* denkt: ein *ich* hat für Dilthey von den psychischen Gehalten Anderer nicht allein ein abstraktes Wissen, sondern kann sie *nachfühlen*.

Aus beiden Annahmen ergibt sich ein unaufhebbarer Widerspruch: wenn alle Erlebnisse, die ich erlebe, *meine* Erlebnisse sind, dann sind auch die nachgefühlten Gefühle Anderer *meine* Gefühle und nicht die Gefühle anderer. Das bedeutet jedoch, daß sie, wenn ich sie einem Anderen *einfühle*, ein *anderes ich* allenfalls *indizieren* können. Als problematisch erweist sich die im Anfang liegende Annahme, jedem *ich* seien seine Erlebnisse in *innerer Erfahrung* als seine Erlebnisse präsent. *Innere Erfahrung* wird so von Dilthey mit Selbstbewußtsein identifiziert. *Innere Erfahrung* bedeutet hier: jedes Erlebnis wird nicht nur erlebt, sondern auch als *meinem ich* zugehörig erlebt. Auch jede *äußere Erfahrung*, d. h. auf physische Objekte der Umwelt bezogene Erfahrung, ist ein Fall von *innerer Erfahrung*, weil sie als *meinem ich* zugehörig erlebt wird. *Innere Erfahrung* ist täuschungsimmun. Zwar kann ein Ereignis der Außenwelt bezweifelt werden, nicht aber: daß dieses Erlebnis *meinem ich* zugehörig ist.

Aus dieser Annahme ergibt sich dann notwendig, daß fremde Erlebnisse nur als *eigene*, dem Anderen *bloß eingefühlte* erlebt werden können. Lehnt man nun *Einfühlung* als denjenigen Akt ab, in dem ein *anderes ich* und seine Gefühle erlebt werden, weil es sich durch einen Akt der Einfühlung nur um eine vermittelte Erfahrung, d. h. eine Scheinerfahrung handeln würde, dann bleibt die von Dilthey selbst festgestellte Aporie. Dilthey ist also schon einen ersten Schritt weiter als Lipps, wenngleich er noch keine Mittel gesehen hat, die erkannte Aporie aufzulösen. Auch Husserl kam hier nicht weiter, da er, obwohl er am Ende der *Logischen Untersuchungen* in der Beilage *Äußere und innere Wahrnehmung. Physische und psychische Phänomene* eine Transformation der problematischen Prämissen der Tradition vollzogen hatte, diese später wieder zurücknahm, so daß er bei der Frage nach der Erfahrung des *anderen ich* an ähnlichen Schwierigkeiten wie Lipps und Dilthey scheitern mußte. Das Problem, vor dem Dilthey ratlos stand – dies sei hier im Rückblick auf die eingangs behandelten Po-

---

ten (ca. 1870-1895), Gesammelte Schriften, XIX. Band, Göttingen 1982, S. 438, vgl. Abschnitt 3.1, S. 80.

sitionen von Henrich und Frank angemerkt – ergibt sich im übrigen für jede Theorie, die ein ursprüngliches Selbstbewußtsein annimmt.

5.2. Überblick über die erste Phase von Schelers Denken

Erst mit Schelers Ansatz liegt ein Versuch vor, die Konsequenzen aus der von Dilthey festgestellten Aporie zu ziehen. Schelers Vorgehen unterscheidet sich grundsätzlich von den bisher behandelten Ansätzen Lipps', Diltheys und Husserls, weil Scheler mit der im Anfang liegenden Annahme einer Selbstgegebenheit des *ich* und ineins damit mit der traditionellen Unterscheidung von *res cogitans* und *res extensa* sowie der daran gekoppelten Unterscheidung von *innerer* und *äußerer Wahrnehmung* bricht. Scheler versucht die bei Dilthey diagnostizierte Aporie aufzulösen, indem er die Annahme, alles Bewußtsein sei *innere Erfahrung*, verwirft.[2] Das, so wird zu zeigen sein, ist nur deshalb möglich, weil Scheler mit der von Husserl neu eingeführten Unterscheidung von *innerer* und *äußerer Wahrnehmung* Ernst macht und nicht von einem ursprünglichen Selbstbewußtsein ausgeht. Die Notwendigkeit von Schelers Vorgehen wird deutlich, nachdem die Aporien, in die sich die genannten Autoren verstrickt haben, aufgedeckt wurden. Scheler fängt nicht einfach von vorne an, sondern entwickelt seine Theorie in ständiger Auseinandersetzung mit den Lösungsansätzen anderer Autoren und versucht auf diese Weise, die Prämissen der als unzureichend erkannten Theorien offen zu legen. So ist der Weg der hermeneutischen Rekonstruktion, der in vorliegender Arbeit genommen wurde, in zweifacher Hinsicht zu rechtfertigen. Zum einen ist dieser Weg ein historischer – insofern, als er eine Linie des Denkens freilegt, von der behauptet wird, daß sie eine mögliche Perspektive auf die tatsächliche Entwicklung der phänomenologischen Bewegung darstellt. Zum anderen ist dieser Weg ein Weg in systematischer Absicht: auch derjenige, der ohnehin einem phänomenologischen Ansatz offen gegenübersteht und die positiven Gehalte von Schelers Arbeiten attraktiv findet, wird kaum umhinkommen anzuerkennen, daß Scheler seine Theorie nicht allein an den Phänomenen entwickeln konnte, sondern daß er durch eine Kritik anderer Theorien, d. h. natürlich durch eine Kritik der Phänomenbeschreibungen Anderer, hindurchgehen mußte, um zu seiner eigenen Theorie zu kommen.

1906 hatte Scheler eine schon in den Druck gegebene *Logik* kurz vor der Auslieferung zurückgezogen; im gleichen Jahr habilitierte er sich von Jena nach München

[2] Scheler hat sich verschiedentlich mit Dilthey beschäftigt; ja man kann sogar sagen, daß er in wichtigen Fragen von Dilthey beeinflußt ist. Vgl. Max Scheler, Versuche einer Philosophie des Lebens, in: Die weißen Blätter, 1 (1913/14), S. 203-233; sowie: Idealismus-Realismus, in: Philosophischer Anzeiger, II (1927) III, S. 255-324. Mit Diltheys Überlegungen zum *Verstehen* bzw. zur Erfahrung des Anderen hat er sich jedoch nicht explizit auseinandergesetzt. Die Adressaten seiner Kritik sind hier Lipps, Erdmann, Külpe u. a.

um.[3] Dieses Datum kann als Einschnitt gelten. Es folgen ausgesprochen produktive Jahre, in denen Scheler eine eigene Theorie ausarbeitet und Publikationen weitgehend zurückstellt. 1912 erscheinen die beiden Aufsätze: *Das Ressentiment im Aufbau der Moralen* und *Über Selbsttäuschungen* (der 1915 unter dem Titel *Die Idole der Selbsterkenntnis* in umgearbeiteter Form erscheint). Beide Texte stehen bereits in engem Zusammenhang mit der *Ethik* und dem Buch über *Sympathiegefühle.*

Der erste Durchbruch zu einer eigenen profilierten Theorie liegt 1913 vor. Kurz nacheinander erscheinen der erste Teil von *Der Formalismus in der Ethik und die materiale Wertethik* und *Zur Theorie und Phänomenologie der Sympathiegefühle und von Liebe und Hass.* Was den Zusammenhang der beiden Werke angeht, so ist anzumerken, daß Schelers umfangreichstes Werk *Der Formalismus in der Ethik und die materiale Wertethik* noch keine materiale Ethik gibt, sondern nur die Grundlegung einer materialen Ethik gegenüber allen formalen Pflichtethiken ausweisen soll. Scheler will hier zeigen, wie sich Menschen ethisch verhalten: nämlich immer schon in *wert*nehmenden Akten, die allen bloß *wahr*nehmenden Akten vorhergehen. Rein kognitive Akte sind demnach lediglich Abstraktionen zunächst wertnehmender Akte intentionalen Fühlens. Gegenüber der formalen Pflichtethik, die immer auf ein Sollen zielt, macht Scheler deutlich, daß das Gute nicht durch bloße Forderung realisiert werden kann, sondern im kreativen Erfassen eines Wertes fundiert sein muß.[4] Das

---

[3] Seinem Schüler Herbert Leyendecker vermachte Scheler ein bereits gesetztes Exemplar der *Logik* mit handschriftlichen Korrekturen. Jörg Willer edierte den Text der korrigierten Fahne als photomechanischen Nachdruck 1975. Auf Schelers außerordentlich interessante Biographie gehe ich im folgenden nicht ein. Vgl. dazu: John Staude, Max Scheler 1874-1928. An Intellectual Portrait, New York 1967; Wilhelm Mader, Max Scheler in Selbstzeugnissen und Bilddokumenten, Reinbek bei Hamburg 1980; Wolfhart Henckmann, Zum Verhältnis zwischen Philosophie und Persönlichkeit von Max Scheler, in: Rationalität und Prärationalität, Festschrift für Alfred Schöpf, Würzburg 1998, S. 151-166. Aus der Literatur über Scheler ist herauszuheben der von Paul Good herausgegebene Sammelband: Max Scheler im Gegenwartsgeschehen der Philosophie, Bern 1975, sowie die einzige bislang vorliegende Monographie über Schelers philosophisches Werk insgesamt: Wolfhart Henckmann, Max Scheler, München 1998; die vollständigste Bibliographie der Primärschriften findet sich in: Max Scheler, Schriften aus dem Nachlaß, Band V (Gesammelte Werke, Band 14), Bonn 1993, S. 456-464. Einen Überblick über die ältere Sekundärliteratur gibt: Wilfried Hartmann, Max Scheler. Bibliographie, Stuttgart-Bad Cannstatt 1963; über die neuere Sekundärliteratur informiert das genannte Werk Henckmanns; am ausführlichsten ist: Giancarlo Caronello, Nota Bibliografica, in: Max Scheler, Il Formalismo nell'Etica e l'Etica materiale dei Valori, Milano 1996, p. 106-167.

[4] Vgl. Max Scheler, Der Formalismus in der Ethik und die materiale Wertethik. Neuer Versuch der Grundlegung eines ethischen Personalismus, zunächst in: Jahrbuch für Philosophie und phänomenologische Forschung, I. Teil, 1913, II. Teil, 1916; beide Teile vereint als Sonderdruck, Halle an der Saale 1916; unverändert, mit seitenidentischer Paginierung des Sonderdrucks und je einem neuen Vorwort in zweiter Auflage 1921 sowie in dritter Auflage 1927 (im folgenden zitiert mit der Sigle: Ethik), II. Teil, S. 186: „Umgekehrt aber gilt, daß wo von einem Sollen die Rede ist, immer ein Erfassen eines Wertes stattgefunden haben muß." Vgl. dazu auch: Hans Joas, Die Entstehung der Werte, Frankfurt am Main 1997, Kap. 6, Das Wertgefühl und sein Gegenstand (Max Scheler), S. 133-161.

kreative Erfassen eines Wertes aber ist keine reine Operation des Verstandes, sondern nur durch intentionales Fühlen möglich. Weite Teile des Buches sind daher einer auch ganz unabhängig von allen ethischen Fragen geltenden Theorie der Gefühle gewidmet, einer Theorie der Person als Aktzentrum und einer Theorie der sozialen Sphären, in denen der Mensch leben kann. So handelt es sich letztlich weniger um die Grundlegung einer materialen Ethik, sondern eher um die Begründung der These, daß alles menschliche Weltverhältnis in *fühlenden* Akten fundiert ist. Damit ist bereits der enge Zusammenhang zu beiden Fassungen des Buches über *Sympathiegefühle* markiert, das ja ebenfalls nicht nur eine Theorie der verschiedenen Sphären sozialen Miteinanders und der diesen Sphären korrespondierenden Formen der Sympathie, sondern auch eine Theorie von ethisch bedeutsamen Akten wie dem Mitfühlen gibt, obgleich diese Akte für sich genommen wertblind sind. Beide Bücher und die flankierenden Aufsätze über das *Ressentiment* und die *Selbsttäuschungen*, die aus dem Nachlaß publizierte Arbeit über das *Schamgefühl* sowie zwei im Nachlaß erhaltene Aufsätze über die Grundlagen seiner Phänomenologie müssen zusammengelesen werden, um Schelers Theorie, wie sie um 1913 vorlag, zu konturieren.[5]

An dieser Stelle ist ein Hinweis auf Schelers Werk insgesamt angebracht. So sehr Schelers Werke je für sich genommen teilweise zerfasern, so sehr hängen sie auch zusammen. Vielen Arbeiten Schelers eignet das Problem, daß in ihnen auf nicht immer durchsichtige Weise verschiedene Probleme nebeneinander gestellt werden. Ihr Zusammenhang erschließt sich mitunter erst, wenn man dem dichten Netz von Verweisen auf andere – in einigen Fällen allerdings nie bzw. erst im Nachlaß erschienene – Arbeiten folgt.[6] Gerade eine Auseinandersetzung mit Schelers Lehre der *unmittelbaren Fremdwahrnehmung* steht vor der hermeneutischen Schwierigkeit, daß bloß ein kurzer Aufriß vorliegt, der ohne Kenntnis anderer Teile von Schelers Werk, wenn nicht unverständlich, so doch in vielen Argumenten nicht hinreichend begründet und insgesamt tendenziell thetischer Natur ist. Der Versuch der Aneignung von Schelers Theorie der Fremdwahrnehmung muß daher darauf zielen, den Zusammenhang verschiedener, teils auch zu Lebzeiten unveröffentlichter Arbeiten im Hinblick auf das gestellte Thema herauszupräparieren. Mein Vorgehen ist zunächst prospektiver Art, d. h. ich stelle erst Schelers Theorie der Fremdwahrnehmung in ihren positiven Grundzügen

---

5 Der Aufsatz über das *Schamgefühl* stammt vermutlich von 1913. Ein kurzer Teil der bedeutend längeren Arbeit erschien unter dem Titel: Das geschlechtliche Schamgefühl und seine Funktionen, in: Geschlecht und Gesellschaft, 8 (1913), Heft 3/4 und 5, S. 121-131, 177-190. Die beiden Arbeiten, in denen Schelers Auffassung von Phänomenologie am deutlichsten wird, die Aufsätze *Phänomenologie und Erkenntnistheorie* und *Lehre von den drei Tatsachen* sind vermutlich aus den Jahren 1913/14 und 1911/12. Alle drei Texte sind, von Maria Scheler herausgegeben, erschienen in: Max Scheler, Schriften aus dem Nachlaß, Band 1, Zur Ethik und Erkenntnislehre, Berlin 1933; sowie als Band 10 der Gesammelten Werke, Bern 1957.

6 Vgl. dazu: Wolfhart Henckmann, Der Systemanspruch von Schelers Philosophie, in: Phänomenologische Forschungen, 28/29 (1994), S. 271-312.

dar, um dann, den von Scheler gegebenen wechselseitigen Bezugnahmen auf andere Werke folgend, die wichtigsten Grundlagen dieser Theorie in einzelnen Abschnitten zu schildern. Darauf aufbauend werden die wichtigsten Momente von Schelers Theorie sozialen Miteinanders vorgestellt und diskutiert.

5.3. Die Unmittelbarkeit der Fremdwahrnehmung

Den besten Einstieg in Schelers Theorie der Fremdwahrnehmung bietet der zuerst 1913 als Anhang des Buches *Zur Phänomenologie und Theorie der Sympathiegefühle* veröffentlichte Text *Über den Grund zur Annahme der Existenz des fremden Ich.* Als Scheler 1922 das beträchtlich erweiterte Buch als I. Band der *Sinngesetze des emotionalen Lebens* unter dem Titel *Wesen und Formen der Sympathie* in zweiter Auflage herausbrachte, gliederte er den Anhang nahezu unverändert ein in den Zusammenhang des neuen Schlußkapitels *C Vom fremden Ich.* Dort erschien er als dritter Abschnitt unter dem Titel *Die Fremdwahrnehmung.* Zu den wenigen Passagen, die Scheler strich, gehörte die einleitende Explikation der Fragestellung: „Wo immer wir mitfühlen, da ist die Existenz anderer beseelter Wesen bereits vorausgesetzt. Wie aber kommen wir zu der Annahme der Existenz selbst?“[7] Die Streichung markiert die Verschiebung, die das Thema für Scheler bekommen hat: in der Fassung von 1922 ist in der aus der Fassung von 1913 übernommenen Passage nur noch von der *Wahrnehmung* des *fremden ich* die Rede und nicht mehr von der *Existenz des fremden ich.* Dieser Unterschied sei hier nur vermerkt, auf ihn wird später zurückzukommen sein. Zunächst soll es nur um die Frage der Fassung von 1913 gehen, d. h. um die Frage: wie werden *andere iche* wahrgenommen, nicht aber darum, wie wir die Realität bzw. die Existenz Anderer erfahren – obgleich Scheler mitunter auch dort von der Existenz des *anderen ich* spricht, wo er bloß die Wahrnehmung des *anderen ich* meint.

Scheler setzt an, indem er jene oben bereits erwähnten Prämissen herausstellt, die der Einfühlungs- und der Analogieschlußtheorie zugrunde liegen. Es ist dies erstens die Prämisse: jedem *ich* sei „‚zunächst‘ nur das eigene *ich* und dessen Erlebnisse ‚gegeben‘“ und zweitens die Prämisse: „Was uns von einem anderen Menschen ‚zunächst‘ gegeben sei, das sei allein die *Erscheinung seines Körpers*, dessen Veränderungen, Bewegungen usw., und erst fundiert auf dieser Gegebenheit komme es – irgendwie – zur Annahme seiner Beseeltheit, zur Annahme der Existenz des fremden Ich.“[8]

---

7 Max Scheler, Über den Grund zur Annahme der Existenz des fremden Ich, S. 118. Genaue Angabe in der folgenden Anmerkung.

8 Max Scheler, Zur Phänomenologie und Theorie der Sympathiegefühle und von Liebe und Hass. Mit einem Anhang. Über den Grund zur Annahme der Existenz des fremden Ich, Halle an der Saale 1913 (im folgenden zitiert mit der Sigle: Sympathiegefühle), S. 118 und S. 124; die zweite stark umgear-

Diese Prämissen stellt Scheler deshalb schon am Beginn vor, weil er zeigen will, daß die Probleme der anderen Theorien an einem falschen Anfang hängen. Gegen die Versuche, vermittelt durch einen *Analogieschluß*, durch *projektive Einfühlung* oder Nachahmungsimpulse die Erfahrung des *anderen ich* zu erklären, wendet er ein, daß sie voraussetzen müssen, was sie zu erklären vorgeben: deutlich zeigt sich die Zirkularität dieser Versuche daran, daß sie eine körperliche Gestalt bereits als *Ausdruck* verstehen müssen, um dann „hinter" dem *Ausdruck* ein *anderes ich* erfahren zu können, indem das *eigene ich* in den Körper des Anderen „eingefühlt", d. h. in ihn hineinverlegt wird. Solange aber die Erfahrung des *anderen ich* noch nicht gemacht wurde, fehlt der Grund, von der bloßen Wahrnehmung des anderen Körpers motiviert zu werden, diesem ein *ich* einzufühlen: „Daß die optischen Bilder irgendwelcher Bewegungen Bilder von Ausdrucksbewegungen sind, das ist eine Einsicht, welche die Kenntnis des Bestandes eines fremden *beseelten Etwas* eben bereits *voraussetzt*! Ihre Auffassung als ‚Ausdruck' ist nicht der Grund, sondern die Folge dieser Annahme."[9]

Die Zirkularität in der Erklärung der Erfahrung *Anderer* (hier zunächst verstanden als andere Subjekte) ist aber nur *ein* Angriffspunkt von Schelers Kritik. Denn es geht ja nicht allein darum, daß die Erfahrung eines Anderen gemacht wird, sondern auch darum, *wie* diese Erfahrung gemacht wird. Selbst wenn man voraussetzt, daß ein *ich* bereits die Erfahrung fremder Subjektivität gemacht hat, bleiben Einfühlungs- und Analogieschlußtheorie problematisch: allenfalls ein blinder Glaube, daß es andere beseelte Wesen gibt, nicht aber die (originäre) *Erfahrung* anderer *beseelter iche* kann Resultat eines Analogieschlusses oder eines Aktes der Einfühlung sein. Daß der Pro-

---

beitete Auflage erschien als: Die Sinngesetze des emotionalen Lebens, I. Band, Wesen und Formen der Sympathie, Bonn 1923, hier S. 273 f und S. 281 (eine dritte, seitenidentische Auflage mit einem kurzen neuen Vorwort datiert von 1926, eine vierte Auflage von 1931 ist ein getreuer Abdruck der zweiten bzw. dritten Auflage). Über die Unterschiede der ersten und zweiten Auflage siehe unten Abschnitt 5.9 und 5.10. Da die 1973 innerhalb der Gesammelten Werke Max Schelers erschienene, von Manfred Frings herausgegebene sechste Auflage auf der von Maria Scheler 1948 herausgegebenen fünften Auflage basiert, in der Maria Scheler an zahlreichen Stellen in den ursprünglichen Text der von Scheler selbst verantworteten Ausgabe eingriff, indem sie zum einen Passagen umgruppierte, zum anderen den Satzbau zahlreicher Passagen veränderte, zitiere ich neben der Fassung von 1913 ausschließlich nach der Ausgabe letzter Hand, d. h. nach der zweiten bzw. dritten Auflage von 1923 bzw. 1926 (an deren Wortlaut halte ich mich, sofern eine Passage in beiden Fassungen vorliegt). So kann der Leser sehen, welche Passagen neu hinzugekommen bzw. gestrichen worden sind. Ebenso halte ich es aufgrund der fragwürdigen Praxis, sich nicht streng an die zu Lebzeiten erschienenen Textfassungen zu halten, mit den übrigen Arbeiten Schelers, d. h. ich arbeite ausschließlich mit den zu Schelers Lebzeiten veröffentlichten Fassungen, und nur die aus dem Nachlaß edierten Fragmente werden nach der von Maria Scheler begonnenen und von Manfred Frings fortgeführten Edition der Gesammelten Werke Max Schelers zitiert. Zu den editorischen Problemen der Gesammelten Werke vgl.: Wolfhart Henckmann, Die Gesammelten Werke Max Schelers. Mit einer Nachlese unbekannter Buchbesprechungen, in: Zeitschrift für philosophische Forschung, 39 (1985), S. 289-306.

9 Scheler, Sympathiegefühle, S. 118 ff, Zitat S. 121; Wesen und Formen der Sympathie, S. 274 ff, Zitat S. 278.

zeß der Einfühlung mit wirklicher Beseelung zusammentrifft, so Scheler, wäre daher „purer ‚Zufall'".[10]

Wenn als problematischer Zug der Einfühlungstheorien herausgestellt worden ist, daß der Andere – d. h. die Erfahrung des Anderen als eines lebendigen, fühlenden, wollenden *ich* – bloß auf einem Weg der Vermittlung über den Körper möglich ist, so kann der Eindruck entstehen, es sei lediglich der Schritt vom Körper hin zum anderen Subjekt problematisch. Tatsächlich geht es aber darum, nicht irgendein anderes Subjekt, sondern ein menschliches, d. h. ein belebtes Subjekt zu erfahren; tatsächlich geht es um die Erfahrung des Lebendigen überhaupt. So muß die durch die Wahrnehmung eines Körpers vermittelte Erfahrung des *anderen ich*, die Einfühlungs- und Analogieschlußtheorie behaupten, auch als Fall der Erfahrung von Leben bzw. dem Lebendigen überhaupt gelten. Die Erfahrung des Lebendigen wäre demnach immer eine nachträgliche und indirekte, die die Erfahrung eines zunächst noch als unbelebt gegebenen (also toten) Körpers voraussetzt; letztlich wäre sie bloßer Schein.[11] Die Einfühlung müßte daher eine doppelte sein: „Einmal eine Einfühlung unseres ‚Lebensgefühls' in gewisse sinnliche Komplexe, und eine weitere ‚Icheinfühlung', die wieder in das Ganze dieses schon ‚belebten' Komplexes hinein erfolgte." Auch hier handelt es sich um eine zirkuläre Erklärung, denn: „Wie will man das ‚Lebensgefühl' näher bestimmen, wenn die Erscheinung des ‚Lebens' erst auf Einfühlung beruhen soll und man sich dabei nicht an einer schon vorausgesetzten Lebenserscheinung orientieren darf?"[12]

Damit kann, dem Gedankengang Schelers folgend, von der Kritik zu einem positiven Neuanfang übergegangen werden. Scheler stellt den bisher diskutierten Entwürfen eine schon im Ansatz andere Theorie gegenüber: er bricht mit der Mittelbarkeit der Fremdwahrnehmung. Genauer gesagt: er bricht mit der Annahme, daß die Erfahrung des *anderen ich* nur vermittelt durch die Wahrnehmung des Körpers des Anderen möglich ist. Dennoch setzt Scheler wie die bisher behandelten Autoren an einer Beschreibung der Wahrnehmung des Anderen an. In einen Gegensatz zu allen anderen Theorien stellt er sich jedoch, indem er annimmt, zunächst sei uns in der Wahrneh-

---

10 Scheler, Sympathiegefühle, S. 120; Wesen und Formen der Sympathie, S. 277.

11 Vgl. die treffenden Bemerkungen Ernst Cassirers, der Schelers Kritik affirmiert: „Der Grundmangel der Theorie der Einfühlung und ihr πρῶτον ψεῦδος liegt darin, daß sie die Ordnung der phänomenalen Gegebenheiten umkehrt. Sie muß die Wahrnehmung zuvor ertöten, sie muß sie zu einem Komplex bloß sinnlicher Empfindungen machen, um dann diesen toten ‚Stoff' der Empfindung durch den Einfühlungsakt aufs neue zu beleben. Aber das Leben, das ihm auf diese Weise zuteil wird, bleibt letzten Endes ein bloßes Scheinleben – bleibt das Werk einer psychologischen Illusion. Die Wahrnehmung besitzt den Charakter der ‚Lebendigkeit' nicht aus eigenem Recht, sondern trägt ihn nur von einer fremden Instanz zu Lehen. Daß sie selbst sich unmittelbar keineswegs als Ganzes von Empfindungen gibt, sondern daß zu ihrer reinen Erscheinung bestimmte *Modi des Erscheinens* gehören, die in einer ganz anderen Ebene liegen: dies wird übersehen." Ernst Cassirer, Philosophie der symbolischen Formen, Dritter Teil, Phänomenologie der Erkenntnis, Berlin 1929, S. 85; die Diskussion von Schelers Theorie der Fremdwahrnehmung S. 100-107.

12 Scheler, Sympathiegefühle, S. 121; Wesen und Formen der Sympathie, S. 278 f.

mung nicht ein Körper gegeben – auch nicht ein Körper, der einen Ausdruck zeigt –, sondern allein ein nicht weiter zurückführbarer *Ausdruck*: „Sicher ist es wohl, daß wir im Lächeln die Freude, in den Tränen das Leid und den Schmerz des Anderen, in seinem Erröten seine Scham, in seinen bittenden Händen seine Bitten, in dem zärtlichen Blick seiner Augen seine Liebe, in seinem Zähneknirschen seine Wut, in seiner drohenden Faust sein Drohen, in seinen Wortlauten die Bedeutung dessen, was er meint, usw. direkt zu haben vermeinen.“[13]

Die Wahrnehmung zielt nicht auf isolierbare körperliche Merkmale des Anderen, sondern auf dessen *Ausdruck*, der nie bloß die Summe einzelner körperlicher Merkmale, sondern etwas übersummenhaft Ganzes darstellt: „Daß Jemand mir freundlich oder feindlich gesinnt ist, erfasse ich in der Ausdruckseinheit des ‚Blickes‘, lange bevor ich etwa die Farben, die Größe der ‚Augen‘ anzugeben vermag.“[14] Scheler will sagen: wir sehen nicht zuerst die Röte eines Gesichts und schließen dann – bewußt oder unbewußt: der Andere schämt sich. Denn tatsächlich verhält es sich ganz anders: *unmittelbar* im Ausdruck nehmen wir die Scham des Anderen wahr, unmittelbar verstehen wir, daß sich der Andere schämt. Die Ausdrucksbewegungen eines *anderen ich* werden nicht in einem ersten Schritt als Komplex sinnlicher Empfindungen oder als Eigenschaften und Tätigkeiten von Körpern wahrgenommen, um dann in einem zweiten Schritt als Zeichen seelischer Erlebnisse aufgefaßt zu werden.

Entscheidend ist hier die ganz neue Bestimmung des Ausdrucks. Scheler macht den Ausdruck zu einer nicht ableitbaren und ursprünglichen, genau genommen zur ursprünglichsten Kategorie der Wahrnehmung, die den ebenfalls nicht ableitbaren Kategorien Körperliches (Physisches) und Beseeltes (Psychisches) vorgeordnet ist: „Aus diesen und ähnlichen Tatsachen folgern wir, daß ‚Ausdruck‘ sogar das *Allererste* ist, was der Mensch an außer ihm befindlichen Dasein erfaßt; [...] Die Empfindungsfetzen aus denen die Assoziationspsychologie unser Weltbild zusammenwachsen läßt, sind eben – pure Fiktionen.“[15]

5.4. Die psychophysische Indifferenz des Ausdrucks

Die folgenden Ausführungen haben vor allem ein Ziel: in ihnen soll herausgearbeitet werden, in welcher Weise die von Scheler behauptete *Unmittelbarkeit* der Erfahrung des *anderen ich* zu denken ist. Unmittelbar ist die Wahrnehmung des *anderen ich* für Scheler insofern, als wir die Gefühle unserer Mitmenschen *in* ihrem Ausdruck verstehen. Jeder Ausdruck stellt dabei eine nicht weiter zurückführbare Einheit bzw.

---

13 Scheler, Sympathiegefühle, S. 143 f; Wesen und Formen der Sympathie, S. 301 f.

14 Scheler, Wesen und Formen der Sympathie, S. 281 (neu).

15 Scheler, Wesen und Formen der Sympathie, S. 275 (neu).

Ganzheit dar. Das bedeutet: der Ansatz der bisher behandelten Theorien, die das *andere ich* vermittelt über die Wahrnehmung eines Körpers erklären wollten, wird nicht einfach umgekehrt: so, als ob uns in der Wahrnehmung zunächst Psychisches gegeben wäre, und wir dann in einem zweiten Schritt – also ebenso vermittelt – sehen würden: die *anderen iche* haben auch eine Außenseite, die wir unter der Abstraktion ihrer Belebtheit als Körper erfahren können. Statt dessen gewinnt Scheler eine ganz neue Bestimmung des Ausdrucks, indem er den Ausdruck zunächst als *psychophysisch indifferent* bestimmt. Bevor eine Erfahrung *Erfahrung* von *Psychischem* oder *Erfahrung* von *Physischem* sein kann, ist sie *psychophysisch indifferente* Wahrnehmung von Ausdruck, d. h. Psychisches und Physisches sind als Formen der Anschauung zunächst noch gar nicht gegeben. Indem die Wahrnehmung des *Anderen* Wahrnehmung seines Ausdrucks ist, ist sie *ursprünglich* und *unmittelbar*: „‚Gegeben' im Sinne von anschaulich selbstgegeben ist nun aber der fremde Körper so wenig wie die fremde Seele."[16]

An dieser These Schelers, daß ‚Wahrnehmen' zunächst ‚Wahrnehmen von Ausdruck' ist, läßt sich erläutern, in welcher Weise Schelers Philosophieren als *phänomenologisch* bezeichnet werden kann. 1915 schrieb Scheler in der Einleitung zu den unter dem Titel *Vorträge und Aufsätze* zusammengefaßten kürzeren Arbeiten aus den Jahren 1911 bis 1914, diese seien der Hauptsache nach von der durch Edmund Husserl formulierten phänomenologischen Einstellung beherrscht, „vermöge der alle unsere Welt- und Grundbegriffe auf ihre letzten und wesensmäßigen Erlebnisgrundlagen zurückgeführt werden".[17] Dieses Bekenntnis zu Husserl ist etwas irreführend, wenn man Schelers Kritik an Husserls Wendung in den *Ideen* bedenkt – sofern man es aber im Hinblick auf Schelers Selbstverständnis liest, ist hier der entscheidende Gedanke angesprochen: die Phänomenologie fragt nach den Grundlagen von Erfahrung überhaupt bzw. nach den Grundlagen der *verschiedenen* möglichen ursprünglichen Erfahrungen. Um zu erläutern, was dies bedeutet, sollte man die Frage nach der Erfahrung eines *anderen ich* erst einmal zurückstellen. Zunächst muß es um die allgemeine

---

16 Max Scheler, Idole der Selbsterkenntnis, in: ders., Abhandlungen und Aufsätze, Zweiter Band, Leipzig 1915, S. 3-168, hier S. 33. Der Aufsatz war in kürzerer Gestalt bereits drei Jahre vorher unter anderem Titel erschienen. Vgl. Max Scheler: Über Selbsttäuschungen, in: Zeitschrift für Pathopsychologie, 1 (1912), S. 87-163. Die Lehre von der *psychophysischen Indifferenz* hat Scheler am ausführlichsten im zweiten Teil seiner *Ethik* entwickelt. Vgl. Scheler, Ethik, II. Teil, Kap VI, A, 3: *Person und Akt; die psychophysische Indifferenz der Person und des konkreten Aktes. Wesenhafte Zentralitätsstufen innerhalb der Person*, S. 397-495.

17 Max Scheler, Vorwort, in: ders., Abhandlungen und Aufsätze, Erster Band, Leipzig 1915, S. IX-XI, hier S. X (eine zweite und dritte je leicht bearbeitete Auflage dieser Sammlung erschien unter dem Titel *Vom Umsturz der Werte* 1919 und 1923.) Eine genauere theoretische Ausführung seines Verständnisses von Phänomenologie hielt Scheler offenbar für nicht besonders dringlich, sonst hätte er die erst im Nachlaß publizierten Arbeiten *Phänomenologie und Erkenntnistheorie* und *Lehre von den drei Tatsachen*, die ja schon vor 1915 geschrieben worden waren, veröffentlicht.

Frage gehen: was ist ursprünglich in der Wahrnehmung gegeben? Eine herkömmliche Antwort auf diese Frage lautet vergröbernd z. B. (in dem Fall, daß die Frage überhaupt ernsthaft gestellt wird): ursprünglich ist uns in sogenannter ‚innerer Wahrnehmung‘ Psychisches unmittelbar gegenwärtig; durch einen ersten Akt der Vermittlung erlangen dann manche Inhalte den Index *Körperliches* und durch einen weiteren Akt der Vermittlung wiederum nur manche Inhalte den Index *Fremdpsychisches*. In dieser Perspektive, die häufig von denen eingenommen wird, die vom Bewußtsein ausgehen – etwa von den Neukantianern (sogenannte *Erzeugung des Gegenstands durch Denken*!) – wird die Frage, wie eine Erfahrung von *X* als *Erfahrung* gegeben sein kann, mit der Frage verwechselt, wie die Erfahrung von *X* begründet ausgewiesen werden kann: die Erfahrung von X wird schrittweise konstituiert. Wer diese Perspektive einnimmt, setzt voraus, daß die Erfahrung des Selbstbewußtseins als einzige ursprüngliche, d. h. nicht ableitbare Erfahrung angesetzt werden kann. Von diesem ursprünglichen und nicht weiter anzweifelbaren *ich* aus werden dann alle anderen möglichen Arten von Erfahrungen als bloß abkünftige Erfahrungen erklärt. Dabei wird übersehen, daß auch andere Formen von Erfahrung *als originäre Erfahrung* (im Sinne Husserls) nicht abgeleitet werden können (z. B. die Erfahrung von Körpern, die Erfahrung von Fremdpsychischem, die Erfahrung der Einheit der Zeit etc). Da aber – wie im Verlauf der Arbeit an einigen Beispielen gezeigt wurde – alle Versuche scheitern, die *Erfahrung von X* als abgeleitete Erfahrung zu denken, gibt es gute Gründe, an dieses Problem ganz anders heranzugehen: und eben hier tritt die Idee der Phänomenologie als Versuch auf den Plan, diejenigen Erfahrungen, die wir machen, adäquat zu beschreiben und in eine Fundierungsordnung zu bringen.

Eine andere übliche Antwort auf die Frage, was uns eigentlich in der Wahrnehmung gegeben ist, lautet: es gibt zwei Formen der Wahrnehmung, einmal die Wahrnehmung meiner mir unmittelbar zugänglichen mentalen Zustände (das ‚Psychische‘) und dann gibt es noch die Welt der raumzeitlich kausal-geschlossenen Realität: die Welt der Körper (das ‚Physische‘); in dieser Annahme trifft sich diese Perspektive mit der ersten; sie unterscheidet sich jedoch von ihr darin, daß sie sich nicht dafür interessiert, in welchem Verhältnis diese beiden Formen von Erfahrung stehen. Es ist die Perspektive der Wissenschaft, die in keiner Weise ihren Standort einholen kann.[18] Hier bleiben alle Fragen erkenntnistheoretischer Grundlegung – trotz aller Wissenschaftstheorie – letztlich im Dunkeln: denn wie läßt sich denn ausweisen, daß es nur diese beiden Formen der Erfahrung gibt?

Nun hat die in der Phänomenologie von vielen Autoren verwendete Rede von einer unmittelbaren Erfahrung des Gegebenen viel Widerspruch auf sich gezogen; mitunter,

---

18 Wie aktuell dieses Problem immer noch ist, zeigt die Debatte zwischen Hirnforschung und Philosophie. Vgl. dazu: Hans-Peter Krüger, Das Hirn im Kontext exzentrischer Positionierungen. Zur philosophischen Herausforderung der neurobiologischen Forschung, in: Deutsche Zeitschrift für Philosophie, 52 (2004) 2, S. 257-293.

weil gar nicht verstanden wurde, was hier eigentlich ‚unmittelbar' heißen soll. Wenn Scheler von der „Selbstgegebenheit eines Gemeinten in unmittelbarer Anschauungsevidenz"[19] spricht, dann ist damit nicht die Unmittelbarkeit eines *ich* gemeint, das unmittelbar eine Empfindung hat. Scheler setzt voraus – worauf später noch ausführlicher einzugehen ist –, daß Erfahrung bzw. Wahrnehmen etwas anderes ist als bloßes Empfinden. Hier ist also etwas anderes gemeint: von *unmittelbarer Anschauungsevidenz* ist z. B. die Erfahrung des Lebendigen. Sie ist unmittelbar und evident, weil die Erfahrung des Lebens überhaupt *evidente* Erfahrung von Leben sein muß, d. h.: weil sie nicht auf irgendwelche anderen Erfahrungen zurückgeführt werden kann. Die Erfahrung, daß *Leben* ist, muß prinzipiell vorausgesetzt werden, bevor die Frage geklärt werden kann, *was* Leben ist: „Das Er-lebte und Er-schaute ist ‚gegeben' nur in dem *er-lebenden und er-schauenden Akt selbst*, in seinem Vollzug: es erscheint *in* ihm und nur in ihm."[20]

Nun erschöpft sich das Programm von Schelers Phänomenologie aber nicht darin aufzudecken, welche Erfahrungen ableitbar sind und welche nicht. Scheler will durch das Einüben einer phänomenologischen Einstellung auch zeigen, welche nicht ableitbare Erfahrung ursprünglicher ist als eine andere ebenfalls nicht ableitbare Erfahrung.[21] Er transformiert so das vom bewußtseinsphilosophischen Standpunkt ausgehende Projekt der Konstitution in ein Projekt der Ordnung der Fundierungsverhältnisse, die zwischen verschiedenen Erfahrungen bestehen.[22]

Nach diesem Exkurs kann der Gang der Untersuchung wieder zum Phänomen des Ausdrucks zurückgeführt werden. In der Bestimmung des Ausdrucks, die Scheler gibt, greifen erkenntnistheoretische und entwicklungspsychologische Argumentation eng ineinander. Trotzdem lassen sich sowohl tendenziell erkenntnistheoretische als auch tendenziell entwicklungspsychologische Aspekte freilegen. In erkenntnistheoretischer Perspektive argumentiert Scheler in etwa folgendermaßen: an den Menschen, mit denen wir zusammenleben, ist uns, wenn wir sie wahrnehmen, zunächst weder der *fremde Körper* noch das *fremde ich* bzw. die fremde Seele gegeben. Wir nehmen zunächst immer anschauliche Ganzheiten wahr, ohne daß die *Richtung* unserer Anschauung schon auf Körperliches oder auf Seelisches zielte. Die Rede von einer anschaulichen Ganzheit des Ausdrucks meint, daß sich eine Ausdruckserscheinung, z. B. ein Lächeln, niemals in einzelne Einheiten zerlegen läßt, deren Summe dann das

---

19 Max Scheler, Phänomenologie und Erkenntnistheorie, in: ders., Schriften aus dem Nachlaß, Band 1, Bern 1957, S. 377-430, hier S. 382.

20 Ebd., S. 380.

21 Vgl. Abschnitt 5.9.

22 Scheler hat dieses Thema erst später ausführlicher behandelt. Vgl. Scheler, Idealismus – Realismus, a. a. O., Abschnitt 4. Das Sphärenproblem S. 266-269; Max Scheler, Das Problem der ‚Sphären' des Soseins, in: ders., Schriften aus dem Nachlaß, Band II, Erkenntnislehre und Metaphysik (Gesammelte Werke, Band 11), Bern und München 1979, S. 103-107; Max Scheler, Erkenntnis und Arbeit, in: ders., Die Wissensformen und die Gesellschaft, Leipzig 1926, S. 233-486, hier S. 475 ff.

‚Lächeln' darstellt. Das aber müßte möglich sein, wenn wir in einem lächelnden Gesicht zunächst nicht das Lächeln, sondern bloß bestimmte räumlich lokalisierbare Verschiebungen bestimmter Teile des Gesichts wahrnehmen würden, wie es die Annahme verlangen würde, daß alle Wahrnehmung, die nicht Wahrnehmung von eigenen psychischen Gehalten ist, zunächst Wahrnehmung von Körpern bzw. der rein körperlichen Eigenschaften eines Gegenstandes ist.[23] In entwicklungspsychologischer Perspektive nimmt Scheler die Ursprünglichkeit des Ausdrucks als erste Wahrnehmungsleistung des Kleinkindes an, von der ausgehend sich erst alle weiteren Wahrnehmungsleistungen entfalten können. Primär ist für kleine Kinder zunächst alles Wahrgenommene Ausdruck. Jene Entwicklung in der frühen Kindheit, die auch als *Lernen* bezeichnet wird, ist nicht eine nachträgliche Beseelung bzw. Belebung zuerst als tot bzw. unbelebt erfahrener Körper, sondern umgekehrt, so Scheler, eine „fortgesetzte Enttäuschung darüber, daß sich nur einige sinnliche Erscheinungen als Darstellungsfunktionen von Ausdruck bewähren – andere aber nicht. ‚Lernen' ist in diesem Sinne zunehmende Ent-seelung – nicht aber Beseelung."[24]

Das Verständnis des Ausdrucks als einheitlicher Ganzheit erläutert Scheler mit einer Bezugnahme auf den Begriff des Symbols. Im Ausdruck ist, so Scheler, ein *symbolischer Zusammenhang* gegeben. Zunächst ist jede Wahrnehmung eines Ausdrucks Wahrnehmung eines Ausdrucks als ganzheitlicher Einheit. Erst in einem weiteren Prozeß, den Scheler als *Auseinanderschauen* bzw. *Ineinanderschauen* bezeichnet, kann die Richtung der Aufmerksamkeit in abstrahierender Einstellung auf die körperliche oder auf die seelische Seite des Ausdrucks gehen. Scheler führt diese Rede in einer Passage ein, in der er Möglichkeiten der Störung des Verstehens anspricht.[25] Zwar sei uns normalerweise in der Begegnung mit Anderen deren Ausdruck als Einheit gegeben, aber es gibt auch Fälle, in denen uns die Wahrnehmung, die zunächst auf den Ausdruck als Ganzheit zielt, aufgrund von Störungen des Verständnisses zur Auffassung einer Inadäquatheit drängt. Eine Reihe von Handlungen eines Menschen, der mit mir sprach, so Schelers Beispiel, führte mich zu dem Schluß, daß ich ihn mißverstanden, daß ich seinen Ausdruck falsch aufgefaßt habe. Hier würden nun tatsächlich Schlüsse gezogen, weil der *symbolische Zusammenhang* von *Ausdruck* und *Erlebnis* getrennt worden sei. An diesem Beispiel ist zweierlei erläuterungsbedürftig:

a) Zum einen nennt Scheler bloß *Erlebnis* und *Ausdruck* als Momente des *symbolischen Zusammenhangs*. Diese Angabe ist nicht ganz eindeutig und kann leicht falsch verstanden werden. Sie ist nicht eindeutig, weil von den drei Momenten, die unter-

---

23 Scheler, Sympathiegefühle, S. 146; Wesen und Formen der Sympathie, S. 304. Scheler ist hier von den Arbeiten der Gestaltpsychologen Kurt Koffka und Wolfgang Köhler beeinflußt, auf die er mehrfach hinweist.

24 Scheler, Wesen und Formen der Sympathie, S. 275 (neu). Vgl. dazu Gurwitsch, Die mitmenschlichen Begegnungen in der Milieuwelt, a. a. O., S. 88 f.

25 Vgl. Scheler, Sympathiegefühle, S. 144 ff; Wesen und Formen der Sympathie, S. 302 ff.

schieden werden können (Physisches, Psychisches und *psychophysisch indifferenter* Ausdruck), nur zwei genannt werden (Psychisches und Ausdruck). So ist nicht deutlich, daß hier mit Ausdruck auf keinen Fall das gemeint ist, was in der Rede von einem körperlichen Ausdruck angesprochen ist. Denn die Rede von einem symbolischen Zusammenhang von Ausdruck und Erlebnis soll ja gerade nicht bedeuten, daß ein wahrgenommenes körperliches X – das mißverständlich als körperlicher Ausdruck bezeichnet wird, obgleich eigentlich nur eine bestimmte körperliche Erscheinung gemeint ist – als Symbol für das Erlebnis steht, das einer hat, der einen bestimmten Ausdruck zeigt. Denn den Ausdruck eines Anderen zu verstehen, meint ja die *psychophysisch* noch *indifferente* Erfahrung des Anderen, die allein im Ausdruck, der nicht bzw. noch nicht nach seiner körperlichen oder seiner seelischen Seite hin aufgefaßt wird, ihren Gegenstand hat. Wenn also *Ausdruck* der Name für die Einheit des symbolischen Zusammenhangs ist, dann heißt das: der *Ausdruck* symbolisiert gleichermaßen eine bestimmte *körperliche Bewegung* in ihrem wesensmäßigen Zusammenhang mit einer bestimmten *seelischen Gemütsbewegung*. Wahrnehmung eines Ausdrucks meint die Wahrnehmung eines Leibes, der einmal als Leib*körper* und einmal als Leib*seele* aufgefaßt werden kann.[26]

Eine Unklarheit darüber, was Ausdruck meint, entsteht, wenn eine körperliche Bewegung (etwa eines Gesichts) unter einer bewußten oder unbewußten Abstraktion als rein körperliche Äußerung aufgefaßt wird und dabei von einem körperlichen Ausdruck gesprochen wird, obwohl hier nur der Köper gemeint ist. Damit geht die eigentliche Pointe der Idee verloren, im Ausdruck ein drittes (*psychophysisch indifferentes*), die Einheit von Körper und Seele umgreifendes Moment der Anschauung zu sehen. Spricht man – wie Scheler an der oben erwähnten Stelle – in unvorsichtig verkürzender Weise bloß von einer symbolischen Einheit von *Erlebnis* und *Ausdruck*, so kann ja der Eindruck entstehen, die fälschlich als Ausdruck ausgezeichnete körperliche Äußerung sei Symbol für das Erlebnis. Dann wäre man jedoch wieder bei jener

---

26 Vgl. Scheler, Ethik, II. Teil, S. 413-440. Wenn analog zur Verwechslung von ‚*psychophysisch indifferentem* Ausdruck' mit ‚körperlichem Ausdruck' die Begriffe ‚Leib' und ‚Körper' synonym verwendet werden – etwa in der Rede vom Leib-Seele-Verhältnis bzw. -Dualismus – dann kann natürlich nicht klar werden, was die Rede vom Leib in der Phänomenologie meint. Für die Wahrnehmung des Leibes gilt – weil der Leib immer einen Ausdruck zeigt – also gleichermaßen, was für die ursprünglichste Form der Wahrnehmung gilt, die zunächst immer Ausdruckswahrnehmung ist: der Leib ist weder in *äußerer* noch in *innerer* Wahrnehmung gegeben. Mit der heute populären Rede von einem ‚leiblichen Spüren', mit der das ‚Spüren des Körpers' bezeichnen werden soll, ist nichts gewonnen, solange der Substanz-Dualismus von Körper und Geist nicht aufgelöst wird in eine Lehre von den Anschauungsrichtungen und den Kategorien, die in den verschiedenen Anschauungsrichtungen möglich sind. Scheler spricht daher vom *Leib*körper und der *Leib*seele, um deutlich zu machen, daß es sich um (ursprüngliche, nicht intellektuelle, d. h. nicht durch Denken gewonnene) Abstraktionen handelt. Zur weiteren Ausarbeitung von Schelers Lehre der *psychophysischen Indifferenz* in bezug auf den Leib vgl. v. a. Plessner, Die Einheit der Sinne, a. a. O., z. B. S. 296: der Leib ist die qualitative Form und Gestalt, „in welcher Körper und Seele ineinander verankert existieren".

fragwürdigen Theorie, die Psychisches nur auf dem Umweg der Vermittlung durch Physisches erfahrbar glaubt. Der zunächst *psychophysisch indifferente* Ausdruck kann jedoch erst eine symbolisierende Funktion gewinnen, wenn von ihm ausgehend die Aufmerksamkeit entweder in der Aktrichtung *äußerer Wahrnehmung* auf den *Körper* (das Leibkörper) des Anderen oder in der Aktrichtung *innerer Wahrnehmung* auf das *ich* (die Leibseele) des Anderen gerichtet wird.[27] In entwicklungspsychologischer Perspektive ist diese Ausdifferenzierung keine ursprüngliche, sondern wird erst erlernt; in erkenntnistheoretischer Perspektive ist sie jedoch insofern als ursprünglich und unmittelbar anzusehen, als sich die beiden Aktrichtungen *innere* und *äußere Wahrnehmung* – auch wenn ihnen die Ausdruckswahrnehmung vorangehen muß, weil sie sich erst ausgehend von der Ausdruckswahrnehmung differenzieren können – nicht ableiten lassen.

b) Zum anderen darf die allgemeine Rede von einer *Symbolisierung* im *Ausdruck* nicht gemäß der Symbolfunktion der Sprache gedacht werden. Begreift man Wörter als Symbole für Gegenstände, Begriffe als Symbole für Sachverhalte, so meint Symbol ein Schriftzeichen oder eine gesprochene Lautkombination, die in einer kontingenten Beziehung zu der mit ihr gemeinten Sache steht. Nur durch eine Gemeinschaft von Sprechern, die ein Wort immer in derselben Weise verwenden, wird der symbolische Zusammenhang hier manifest. Ganz anders verhält es sich bei den symbolischen Zusammenhängen der Ausdruckserscheinungen. Hier ist das Verhältnis von Ausdruck und dem im Ausdruck Ausgedrückten nicht kontingent; hier bilden die körperliche und die seelische Seite im Ausdruck eine in ihrem Wesen liegende nichtkontingente Einheit.[28] So sind z. B. Lachen und Weinen keine auf gemeinschaftlicher Vereinbarung beruhenden Äußerungen, sondern ihrem Wesen nach mit einer bestimmten Situation, einem bestimmten Verhalten und bestimmten Gefühlen verbundene *Ausdrucks*erscheinungen. Natürlich gibt es auch im Bereich der Mimik und Gestik Konvention. Die Bedeutung des Lächelns oder die Bedeutung des Kopfschüttelns ist in verschiedenen Kulturen eine ganz unterschiedliche. Aber das ändert nichts daran, daß es zahlreiche in allen Kulturen nachweisbare ursprüngliche Ausdruckserscheinungen gibt, die nicht nach dem Modell der Sprache gedacht werden können.[29]

---

27 Vgl. Scheler, Sympathiegefühle, S. 147; Wesen und Formen der Sympathie, S. 305. Über Schelers neue Fassung der Aktrichtungen *innere* und *äußere* Wahrnehmung siehe den nächsten Abschnitt sowie unten Abschnitt 5.7.

28 Scheler wendet sich damit – ohne dies explizit zu machen – gegen die seinerzeit von Wilhelm Wundt vertretene These, daß Ausdruck bzw. Ausdrucksgebärden und Sprache auf gleiche Weise Symbole sind. Wilhelm Wundt, Völkerpsychologie, Erster Band, Die Sprache [1900], dritte Auflage, Erster Teil, Stuttgart 1911; vgl. dazu die Kritik Wundts bei Helmuth Plessner, Einheit der Sinne, a. a. O., S. 147 f; und bei Karl Bühler, Ausdruckstheorie, Jena 1933, Kap. VIII. Die Psychophysik des Ausdrucks von Wundt, S. 128-151.

29 Vgl. dazu die neueren Forschungen Paul Ekmans, z. B.: Paul Ekman, Gefühle lesen, München 2004, darin das Kapitel: Emotionen quer durch die Kulturen, S. 1-22.

Die Rede von ursprünglichen Ausdruckserscheinungen zielt darauf, daß die beiden Momente, die im Ausdruck *psychophysisch* indifferent gegeben sind, also z. B. das freudige Lachen als Bewegung des Gesichts und die Freude, die in diesem Lachen ausgedrückt ist, zusammengehören – und zwar in dem Sinn, daß es zum Wesen dieses Ausdrucks gehört, mit diesem Gefühl verbunden zu sein, so wie es umgekehrt zum Wesen dieses Gefühls gehört, mit diesem Ausdruck verbunden zu sein. Damit ist zugleich gesagt, daß es so etwas, wie eine *„universale Grammatik"* des Ausdrucksverhaltens geben muß[30] – universal in dem Sinn, daß sie bei allen Menschen und in allen Kulturen nachzuweisen ist. Daß die grundlegenden Ausdrucksformen des Menschen in allen Kulturen die gleichen sind, hatte schon Darwin als Beleg der stammesgeschichtlichen Einheit der verschiedenen Menschenrassen angesehen.[31] Genau genommen hat Darwin aber kein Argument für die Ähnlichkeit der Ausdrucksformen als ganzheitlicher Phänomene, sondern nur für die körperliche Seite des Ausdrucks gesucht und gefunden. Man muß jedoch gar keine evolutionsbiologische Perspektive auf die konkrete menschliche *Gestalt* einnehmen, um dafür zu argumentieren, daß es universale, die ganze Menschheit umfassende symbolische Zusammenhänge der Ausdruckserscheinungen gibt. Die Doppelnatur des Menschen, der ein Wesen ist, das Geist und Körper zu vermitteln hat, ist ja nicht an eine bestimmte menschliche Gestalt gebunden, sondern könnte auch in anderen Gestalten realisiert werden.[32] In der Struktur des menschlichen Selbst- und Weltverhältnisses liegt der eigentliche Grund dafür, daß sich Menschen in allen Kulturen in bestimmten Situationen schämen, in anderen lachen oder weinen.[33] Die stammesgeschichtliche Einheit ist zwar eine Voraussetzung für die Ähnlichkeit der menschlichen Gestalt, und daher Bedingung der

---

30 Vgl. Scheler, Wesen und Formen der Sympathie, S. 7 (neu): „Die Zusammenhänge zwischen Erlebnis und Ausdruck haben *elementare* Zusammenhangsgrundlagen, die von unseren spezifisch *menschlichen* Ausdrucksbewegungen *unabhängig* sind. Es gibt hier gleichsam eine universale Grammatik, die für alle Sprachen des Ausdrucks gilt und oberste Verständnisgrundlage für alle Arten von Mimik und Pantonomik des Lebendigen ist." Daß man diese Formulierungen nicht metaphysisch lesen muß, sollen die folgenden Ausführungen zeigen.

31 Vgl. Charles Darwin, Der Ausdruck der Gemüthsbewegungen bei dem Menschen und den Thieren, Stuttgart 1872², z. B. S. 363.

32 Vgl. die treffenden Bemerkungen Plessners, die auch für Scheler Gültigkeit haben: „Physische Merkmale der menschlichen Natur haben daher nur einen empirischen Wert. Mensch sein ist an keine bestimmte Gestalt gebunden und könnte daher auch (einer geistreichen Mutmaßung des Paläontologen Dacqué zu gedenken) unter mancherlei Gestalt stattfinden, die mit der uns bekannten nicht übereinstimmt." Der Charakter des Menschen ist, so Plessner, nur an die zentrische Organisationsform eines Lebewesens, das einen Leib hat, gebunden. Vgl. Plessner, Die Stufen des Organischen und der Mensch, a. a. O., S. 293.

33 Scheler hat dies für das Schamgefühl, Plessner für Lachen und Weinen gezeigt. Vgl. Max Scheler, Über Scham und Schamgefühl, in: ders., Schriften aus dem Nachlaß, Band I, Bern 1957, S. 65-154; Helmuth Plessner, Lachen und Weinen. Eine Untersuchung nach den Grenzen menschlichen Verhaltens, Arnhem 1941.

Möglichkeit, daß die Ausdruckserscheinungen auch universal (innerhalb der Gattung Mensch) verstanden werden können, gibt aber noch nicht den Grund für den wesensmäßigen Zusammenhang von körperlichem Ausdruck und Ausgedrücktem im ganzheitlichen Ausdruck. Daher muß die Behauptung universeller Zusammenhänge von Ausdruck und Gefühl auch keineswegs auf die Annahme hinauslaufen, Gefühle seien angeboren.[34]

Die gesprochene Sprache und die Sprache des Ausdrucksverhaltens sind also zwei ganz verschiedene Phänomene. Dieser Unterschied muß deutlich werden, denn er ist von eminenter Bedeutung für die Frage nach den Grundlagen einer Theorie der Intersubjektivität. Wenn das entwicklungspsychologisch ursprünglichere Ausdrucksverstehen, das nicht nach dem Modell der gesprochenen Sprache gedacht werden kann, schon die Erfahrung des Anderen als Anderen ermöglicht, dann gibt es nicht nur ein negatives Argument (den Zirkelvorwurf) gegen eine Theorie der Intersubjektivität, die die Erfahrung des Anderen als Anderen erst mit der Fähigkeit der Unterscheidung von erster und zweiter Person in der gesprochenen Sprache ansetzt, sondern auch ein positives Argument, wie die Erfahrung des Anderen als Anderen möglich ist, bevor der Spracherwerb beginnt bzw. weiter fortgeschritten ist.

Die bahnbrechende These der psychophysischen Indifferenz des Ausdrucks entwickelte Scheler in einer Phase seines Denkens, in der er noch nicht explizit an seiner Philosophischen Anthropologie arbeitete (etwa seit Beginn der zwanziger Jahre fordert Scheler eine Philosophische Anthropologie). Nun ist es eine ausgesprochen interessante Frage, wie sich die These des psychophysisch indifferenten Ausdrucks zu der Idee einer Strukturtheorie der menschlichen Situation verhält. In *Die Stellung des Menschen im Kosmos* hat Scheler die Aufgabe der Philosophischen Anthropologie bestimmt: sie habe zu zeigen, wie aus der „Grundstruktur" des Menschen „alle spezifischen Monopole, Leistungen und Werke des Menschen hervorgehen".[35]

Zu diesen Monopolen zählt Scheler die Umweltentbundenheit bzw. Weltoffenheit, die vollausgebildete Substanz- und Dingkategorie, Selbstbewußtsein und Weltbewußtsein. Der Mensch lebt mit der Möglichkeit der existenziellen Entbundenheit von allem Organischen, der Mensch ist der Neinsagenkönner, der Asket des Lebens. All diese Monopole lassen sich weder aus primitiven Formen des Lebendigen ableiten, noch läßt sich ihre Genese schrittweise verfolgen. Sie liegen auf der Ebene einer Struktur,

---

[34] Vgl. die Ausführungen Hans Peter Duerrs bezüglich der Frage, ob die Annahme einer Universalität des Schamgefühls auch impliziert, daß das Schamgefühl angeboren sei. Duerr verneint die Frage. Er argumentiert, daß sich universal nachweisbare Gefühle auch durch universal nachweisbare soziale Strukturen erklären ließen: Hans Peter Duerr, Intimität, Der Mythos vom Zivilisationsprozeß, Band 2, Frankfurt am Main 1990, §16 Theorie der Körperscham, S. 256-269, v. a. S. 265 ff; hierzu auch meinen Aufsatz: Rezeptionsschwierigkeiten. Hans Peter Duerrs Kritik an Norbert Elias' historischer Anthropologie, in: Leviathan, 28 (2000) 1, S. 109-121, hier S. 117.

[35] Max Scheler, Die Stellung des Menschen im Kosmos, Darmstadt 1928, S. 105.

die als solche nur zu beschreiben ist, nicht aber konstituiert werden kann. Ein Wesen, das in jener Struktur lebt, so Scheler, hat Geist. Die Lehre vom Geist, die Scheler in seiner späten Philosophie entwickelt, hat zwei deutlich unterscheidbare Momente. Zum einen ist Geist der Name für jene Struktur, die die menschliche Situation ausmacht, zum anderen ist Geist eine metaphysische Kategorie: der Geist steht für jenes X, das allem Leben prinzipiell opponiert. Dieses Zentrum, von dem der Mensch aus jene Akte vollzieht, „durch die er die Welt, seinen Leib und seine Psyche vergegenständlicht“, kann nicht selbst, so Scheler, Teil dieser Welt sein, sondern nur „im obersten Seinsgrunde selbst gelegen sein“.[36] Geist ist also nicht allein der Name für eine Struktur, sondern ineins damit eine geschichtsphilosophische und metaphysische Kategorie: der Mensch ist das Wesen, in dem sich der Geist realisiert. Geist und Drang sind für Scheler die zwei Attribute des *ens a se*, die erst im Menschen wieder zusammenfinden.[37]

Es braucht nicht eigens betont zu werden, daß die Form positiver Metaphysik, die Scheler hier ins Spiel bringt, kaum noch einer Argumente prüfenden Kritik unterzogen werden kann. Das bedeutet jedoch keineswegs, daß man Schelers Idee des Geistes pauschal zurückweisen muß. Die Idee einer Strukturtheorie der menschlichen Situation bleibt von allen Skrupeln gegenüber den metaphysischen Aspekten von Schelers Geistlehre unberührt. Von dieser Perspektive aus erscheint dann auch der Streit, ob Scheler oder Plessner die tragfähigere Anthropologie vertreten, weniger spannend als der Versuch, die Gemeinsamkeiten im Ansatz aufzuweisen: wenn es um die sachliche Arbeit an einer Strukturtheorie der menschlichen Situation geht, ergänzen sich die Theorien von Scheler und Plessner wechselseitig, da sie den Fokus auf unterschiedliche Aspekte legen (z. B. Scheler auf das Schamgefühl, Plessner auf Lachen und Weinen). Das wesentliche Moment, das ihre Strukturtheorie der menschlichen Situation von anderen unterscheidet, besteht darin, daß sie den Menschen nicht allein als selbstbewußt und weltoffen begreifen, sondern die Besonderheit menschlichen Selbstbewußtseins und menschlicher Weltoffenheit denken. Indem sie von der Leibgebundenheit des Menschen ausgehen, zeigen sie Möglichkeit und Notwendigkeit, den Leib zu verkörpern, und gewinnen so einen Begriff des Selbstbewußtseins, der sich von aller formalen Theorie, die Selbstbewußtsein lediglich durch Selbstbezüglichkeit bestimmt, deutlich unterscheidet.[38] Das Spezifische menschlichen Selbstbewußtsein zeigt sich in dem Bruch der menschlichen Natur, der – um die Begriffe Plessners zu

---

36 Ebd., S. 58.

37 Scheler, Die Formen des Wissens und die Bildung, a. a. O.

38 Vgl. dazu meinen Aufsatz: Die Ordnung des menschlichen Gefühlslebens, in: Gesa Lindemann, Hans-Peter Krüger (Hg.), Philosophische Anthropologie heute. Ein Streit über ihre Leistungsfähigkeit, Berlin 2005 (im Erscheinen).

verwenden – in den Formen von Zentrierung und Exzentrierung, Rezentrierung und Azentrierung besteht.[39]

Welche Rolle spielt nun die These des psychophysisch indifferenten Ausdrucks für eine Strukturtheorie der menschlichen Situation? Scheler behauptet einen wichtigen Zusammenhang: „Wenn wir Psychisches und Physiologisches nur als zwei Seiten desselben Lebensvorganges nehmen, denen zwei Betrachtungsweisen desselben Vorganges entsprechen, so muß das X, das eben diese beiden ‚Betrachtungsweisen' vollzieht, dem Gegensatz von Leib und Seele überlegen sein. Dieses X ist nichts anderes als der selber nie gegenständlich werdende, alles ‚vergegenständlichende' Geist."[40] Das besagt freilich nicht, daß Ausdruck nur für menschliche Wesen, d. h. für Wesen, die Geist haben, indifferent ist, denn Ausdruck ist ja das allererste, das jedem Wesen, das etwas wahrnimmt, gegeben ist. Es besagt vielmehr: wenn einem Wesen der Ausdruck nicht bloß psychophysisch-indifferent gegeben ist, sondern es in der Lage ist, beide Aktrichtungen zu entwickeln, die auf Psychisches und die auf Physisches zielende Aktrichtung, so hat dieses Wesen teil an jener Struktur, die nur einem Wesen, das Geist hat, offen steht. Denn indem sich die Aktrichtung *innere Wahrnehmung* entwickelt, entstehen ja erst durch die Unterscheidung von innerer Selbstwahrnehmung und innerer Fremdwahrnehmung ein Bewußtsein vom *anderen ich* und ineins Selbstbewußtsein als die zwei auszeichnenden Momente jener Struktur, in der nur Wesen leben, die Geist haben.

5.5. Schelers neue Fassung von innerer und äußerer Wahrnehmung und die damit verbundene Transformation der Fragen nach dem Selbstbewußtsein und der Erfahrung des Anderen

Im letzten Abschnitt ist Schelers Unterscheidung von *innerer* und *äußerer Wahrnehmung* eingeführt worden, ohne daß näher erläutert wurde, inwiefern sich Scheler von der bisher in der Philosophie üblichen Auffassung von Begriff und Phänomen ‚innerer' und ‚äußerer' Wahrnehmung distanziert, die exemplarisch in der eingangs erwähnten Passage aus Diltheys Nachlaß zu finden ist. Dies soll im folgenden nachgeholt werden, da es sich um eine ebenso radikale wie grundlegende Umstellung handelt, die mit zahlreichen anderen Fragen, die das Verhältnis von Subjektivität und Intersubjektivität betreffen, aufs engste verknüpft ist: Scheler transformiert im Anschluß an den Husserl der *Logischen Untersuchungen* die traditionelle Rede ‚innerer Wahr-

---

39 Vgl. dazu auch den Aufsatz von Hans-Peter Krüger: Phänomen und Diskurs. Plessners quasitranszendentales Verfahren, Phänomenologie und Hermeneutik quasidialektisch zu verschränken, in: Gesa Lindemann, Hans-Peter Krüger (Hg.), Philosophische Anthropologie heute. Ein Streit über ihre Leistungsfähigkeit, Berlin 2005 (im Erscheinen).

40 Scheler, Die Stellung des Menschen im Kosmos, a. a. O., S. 95.

nehmung' in eine mit anderen Prämissen ansetzende Theorie des Bewußtseins bzw. Selbstbewußtseins.

Nach der ,traditionellen' Auffassung von ,innerer' und ,äußerer' Wahrnehmung bezieht sich die Unterscheidung von *innen* und *außen* auf die Unterscheidung der beiden Sphären Psychisches und Physisches. ,Äußere Wahrnehmung' ist die Wahrnehmung von Körpern der mich umgebenden Welt; ,innere Wahrnehmung' ist die Wahrnehmung meiner Erlebnisse: meiner Empfindungen, meiner Gefühle, meiner Gedanken; das bedeutet: ,innere Wahrnehmung' zielt immer nur auf Eigenpsychisches.

Scheler schließt sich der Zuordnung, *innere Wahrnehmung zielt auf Psychisches – äußere Wahrnehmung zielt auf Physisches* an, vertritt jedoch eine ganz andere Position, weil er die Sphäre des Psychischen anders bestimmt: „Psychisch sind vielmehr nur solche Gegenstände, die als Erlebnisse eines Erlebnis-ich ,gegeben' sind, und zu deren Gegebenheit wesensmäßig eine ganz besondere Form des ,Bewußtseins von etwas' oder des intentionalen Aktes gehört."[41]

Zwei fundamentale Umstellungen zur traditionellen Auffassung von ,innerer Wahrnehmung' kennzeichnen Schelers Ansatz. Erstens: *innere Wahrnehmung* meint auch bei Scheler Wahrnehmung des *ich* (Genitivus objectivus), aber nicht Wahrnehmung des *ich* und seiner Empfindungen, denn diese sind überhaupt nicht verstehbar, sondern des *ich* als Aktzentrums, das intentionale Akte und Funktionen vollzieht.[42] Daß einer eine Empfindung hat, können wir nicht verstehen – verstehen können wir nur, daß er an dieser Empfindung leidet oder sie als angenehm erlebt etc. Wenn Scheler von einem *Fühlen* bzw. *Nachfühlen* der Gefühle des Anderen spricht, dann bringt dieses *Nachfühlen* immer nur die intentionale Bewegung des Anderen, nie aber das sinnliche Gefühl des Anderen zum Verständnis. Zweitens: die auf Psychisches zielende *innere Wahrnehmung* kann sowohl auf Eigenpsychisches als auch auf Fremdpsychisches bezogen sein.

Wenn *innere Wahrnehmung* auf Psychisches gerichtet ist und das Verstehen des Psychischen dadurch bestimmt wird, daß einzig das intentionale Auffassen verstanden werden kann, dann könnte der Verdacht entstehen, Empfindungen und alle anderen nichtintentionalen sinnlichen Erlebnisse gehörten überhaupt nicht zur Sphäre des Psychischen; denn Empfindungen können ja nicht verstanden werden. Scheler spricht sich deutlich gegen diese Konsequenz aus: „Die Sphäre des Psychischen ist sicher weiter als diejenige der intentionalen Akte. Sie umfaßt auch Empfindungen und zu-

---

[41] Max Scheler, Phänomenologie und Erkenntnistheorie, in: ders., Schriften aus dem Nachlaß, Band 1, Bern 1957, S. 377-430, hier S. 386. Vgl. auch Moritz Geiger, Fragment über den Begriff des Unbewußten und die psychische Realität, in: Jahrbuch für Philosophie und phänomenologische Forschung, IV. Band, 1921, S. 1-137.

[42] Des *ich* und noch nicht der *Person*, denn die Person ist erst dann Person, wenn sie alle möglichen Aktarten auszuüben vermag. Vgl. Scheler, Ethik, II. Teil, S. 497 f.

ständliche Gefühle."[43] Problematisch wäre diese Bestimmung, wenn es reine zuständliche Empfindungen gäbe. Gerade diese Annahme weist Scheler aber zurück (und folgt damit Husserls *Logischen Untersuchungen*): eine zuständliche Empfindung, die nicht Moment eines intentionalen Erlebnisses ist, gibt es nicht. Je geringer der Grad des intentionalen Auffassens, desto mehr wird das zuständliche Erlebnis aus dem Erleben verdrängt.[44] Scheler will den Irrtum überwinden, daß die Sinnesfunktionen von sich aus eine kognitive Bedeutung haben: „Niemals in ihnen, sondern nur in dem sich durch ihre Vermittlung vollziehenden einheitlichen Anschauungsakt liegt überall das, was uns die Daten der Erkenntnis gibt. Sie ‚machen' nichts und produzieren nichts, sondern *wählen* nur Seiten und Teilinhalte aus der tatsächlich bestehenden Wirklichkeit heraus, die für die Lebensfunktionen, die der Erhaltung des Leibes dienen, resp. für die auszuführenden Reaktionen als Zeichen diensam sein können."[45]

In einer anderen Hinsicht ergibt sich jedoch ein Problem im Hinblick auf das, was die Sphäre des Psychischen umfaßt. In *Die Stellung des Menschen im Kosmos* hat Scheler die Sphäre des Psychischen weiter gefaßt als in der eben angeführten Passage: wenn es – wie oben dargelegt – in der Aktrichtung *innere Wahrnehmung* um die Erfahrung von Lebendigem überhaupt geht, dann muß – wenn *innere Wahrnehmung* dadurch bestimmt ist, daß sie auf Psychisches gerichtet ist – die Sphäre des Psychischen mit der Sphäre des Lebendigen zusammenfallen.[46] Scheler hätte hier vielleicht verschiedene Formen *innerer Wahrnehmung* genauer unterscheiden sollen, um deutlich zu machen, wie die Erfahrung von pflanzlichen und animalischen Formen des Lebendigen in ihrem unterschiedlichen Beseeltsein möglich ist. Daß auch pflanzliches Leben psychisch bzw. beseelt ist, erhellt Scheler nirgends anschaulicher als in einem Brief, den er an Märit Furtwängler schrieb: „Wunderbar war ein Pflanzenfilm, in dem je 24 Stunden Pflanzenleben auf eine Sekunde zusammengezogen ist (war mit Wertheimer dort); man sieht die Pflanzen atmen, wachsen u. sterben. Der natürliche Eindruck, die Pflanze sei unbeseelt, verschwindet vollständig. Man schaut die ganze Dramatik des Lebens – die unerhörten Anstrengungen. Am schönsten waren Ranken, die sich an vier nebeneinander gestellten Stangen aufreihen. Das stürmische ‚Suchen'

---

43 Scheler, Die Idole der Selbsterkenntnis, a. a. O., S. 52.

44 Vgl. Scheler, Erkenntnis und Arbeit, a. a. O., S. 407: „Bedeutet Empfindung überhaupt noch etwas, was irgendwie ‚Existenz' besitzt, oder ist sie nur ein fiktiver Rechenpfennig, der im Schlussresultat wieder auszuschalten ist?"

45 Max Scheler, Lehre von den drei Tatsachen, in: ders., Schriften aus dem Nachlaß, Band 1, Bern 1957, S. 431-474, hier S. 437.

46 Scheler, Die Stellung des Menschen im Kosmos, a. a. O., S. 16 ff: „Was die Grenze des Psychischen betrifft, so fällt sie mit der Grenze des Lebendigen überhaupt zusammen." Lebewesen, so Scheler, sind nicht nur Gegenstände für äußere Beobachter, sondern besitzen noch ein „Fürsich- und Innesein": „Diese erste Stufe des seelischen Werdeseins dürfen wir schon den Pflanzen zuweisen. Keineswegs aber geht es an, wie dies Fechner getan hat, den Pflanzen auch bereits Empfindung und Bewußtsein zuzueignen."

nach Halt, die Befriedigung wenn sie die Stange gefunden hat, die vergeblichen Versuche (oft sucht die eine Ranke an der anderen Ranke Halt, die ebenso haltlos ist, so daß beide zusammenbrechen) u. vor allem: die Erscheinung, daß – wenn die Ranke die 4. letzte Stange im Wachsen erreicht hat – sie ‚verzweifelt' ins Leere greift, sucht u. sucht – bis (unerhört!) sie sich nach Mißerfolgen umwendet u. zur 4. Stange zurückkehrt. Das erschütterte mich so, daß ich mit Mühe die Tränen zurückhielt. O wie ist das ‚Leben' überall gleich süß, zuckend und schmerzhaft, Liebe, u. wie ist alles, alles Leben eins."[47]

Von der Theorie der *inneren Wahrnehmung* ausgehend muß für Scheler auch das Problem des Selbstbewußtseins behandelt werden. *Innere Wahrnehmung*, in der die Erfahrung eines anderen Menschen gemacht wird, ist nicht auf die zuständlichen Empfindungen, sondern auf das intentionale Fühlen eines *ich* bezogen. Erst das fühlende Auffassen einer Empfindung (z. B. das Erleiden bzw. das Als-angenehm-Erleben einer Empfindung) ist als psychisches Phänomen verstehbar. Damit ist die Differenz zum bewußtseinsphilosophischen Selbstbewußtseinsmodell markiert, dem Scheler – ähnlich wie Husserl in den *Logischen Untersuchungen* – ein nichtegologisches Modell des Bewußtseins gegenüberstellt: für Scheler schreibt sich das Erlebnis-*ich* nicht immer schon selbst seine psychischen Gehalte zu. Damit wendet sich Scheler implizit gegen die Annahme eines ursprünglichen Selbstbewußtseins, die ja häufig damit begründet wird, daß doch jede Empfindung, schon in dem *ich* sie habe, *meine* Empfindung ist. Für Scheler ist dies gar kein Fall von Selbstbewußtsein, weil hier nicht die Alternative von Selbstzuschreibung oder Fremdzuschreibung besteht. Ganz generell liegt nicht nur im Haben einer Empfindung, sondern im *Haben* irgendeines Erlebnisses kein Moment vor, angesichts dessen sich die Frage stellt, ob *ich* das Erlebnis habe oder ein *Anderer*. Die Frage der Zuschreibung stellt sich nicht bezüglich des Habens von Erlebnissen, sondern in bezug auf das *ich*, zu *dem* ein Erlebnis eigentlich ‚gehört'. Sie stellt sich also erst dann, wenn ein Gefühl, das ich erlebe, zwar von mir erlebt wird, aber die Möglichkeit besteht, daß es eigentlich *nicht* zu mir ‚gehört'. So kann ich mich z. B. freuen, wenn ich mich von der Freude Anderer anstecken lasse. Natürlich erlebe *ich* diese Freude; aber diese Freude ist nicht *meine* Freude, was ich dann merken kann, wenn ich die fröhliche Runde der Anderen verlasse und unmittelbar danach diese bloß angesteckte Freude schnell verfliegt.[48] Vor dem Hintergrund dieser Ausführungen läßt sich die ursprüngliche Frage nach der Erfahrung des *anderen ich* konkretisieren. Wenn Scheler nach der Wahrnehmung des *anderen ich* fragt, dann fragt er nicht danach, wie wir die Erfahrung machen, daß der Andere eine Empfindung hat, sondern danach, wie wir die Erfahrung machen, daß der Andere (intentional) fühlt, so

---

47 Max Scheler, Brief an Märit Furtwängler vom 3. März 1926, Nachlaß Max Scheler, Bayerische Staatsbibliothek München, Ana 385, EI1, S. 267 (Abschrift von Märit Furtwängler, Schelers zweiter Ehefrau).

48 Vgl. Scheler, Idole der Selbsterkenntnis, a. a. O.

und so gestimmt ist etc. Daß es sich hier nicht um willkürliche terminologische Festlegung handelt, wird vielleicht deutlicher, wenn man sich vergegenwärtigt, an welchem Datum das Verstehen ansetzen kann: an der bloßen Empfindung, die einer hat, kann ich nichts *verstehen*, weil mit der bloßen Empfindung kein Ausdrucksverhalten einhergeht. Erst im Erleiden oder dem Als-angenehm-Erleben einer Empfindung zeigt der Andere einen Ausdruck, den ich *verstehen* kann. Die These, das Fremdpsychische sei uns unzugänglich, hat, wie man an diesem Beispiel erläutern kann, ihren Grund in einer Verwechslung bzw. Nichtunterscheidung zwischen der sinnlichen Empfindung, die ein Erlebnis fundieren kann, und dem, *was* in dem Erlebnis gemeint ist.

Mit der soeben skizzierten Umformulierung des Selbstbewußtseinsproblems ist ein weiterer Unterschied zu dem verbunden, was traditionell ‚innere Wahrnehmung' genannt wurde. Scheler bestimmt das Psychische im Gegensatz zu vielen anderen Autoren nicht als kategorisch zu *mir* gehörend. Das bedeutet, daß die Aktrichtung *innere Wahrnehmung*, die auf Psychisches zielt, ebenso auf mein *eigenes ich* wie auf ein *fremdes ich* zielen kann. Ihr charakteristisches Moment ist lediglich, daß sie sich auf Psychisches richtet, das zu einem *ich* ‚gehört' – d. h. entweder zu *meinem* oder zu einem *anderen ich. Innere Wahrnehmung* ist daher auch nicht mit Selbstwahrnehmung gleichzusetzen, denn Selbstwahrnehmung ist nur ein Fall *innerer Wahrnehmung. Innere Wahrnehmung* ist die Wahrnehmung *eines ich*, d. h. der psychischen Erlebnisse *eines beliebigen ich*; sie kann sich genauso auf mein *ich* beziehen wie auf das *ich* eines *Anderen* (Scheler spricht daher von ‚innerer *Selbst*wahrnehmung' und ‚innerer *Fremd*wahrnehmung'). Selbstwahrnehmung und Fremdwahrnehmung sind prinzipiell gleichursprünglich. Wenn *innere Wahrnehmung* auf *mein ich* zielt, dann setzt dies voraus, daß mir die Sphäre der Anderen in der *inneren Fremdwahrnehmung* gegeben sein muß.[49]

Schelers Zurückweisung der traditionellen Lehre ‚innerer Wahrnehmung' bedeutet einen Bruch mit der Idee unmittelbarer Introspektion. Vielleicht ist es nicht besonders glücklich, daß Scheler dennoch an der Rede von einer ‚inneren Wahrnehmung' festhält. Einige seiner Formulierungen muten seltsam an, da man unwillkürlich geneigt ist, an diejenige Auffassung zu denken, die überwunden werden soll. Wenn Scheler sich einer Redeweise wie „mein innerlich wahrnehmendes Nacherleben seiner Erlebnisse"[50] bedient, so darf dieses ‚innerlich' nicht dahingehend verstanden werden, als

---

49 Man kann hier durchaus von einer Dezentrierung des Subjekts sprechen, sollte es aber vermeiden in Scheler einen Ahnherrn poststrukturalistischer Dekonstruktion zu sehen. Scheler denkt das Subjekt von der Intersubjektivität her, er hält aber am normativen Ideal einer Verantwortung tragenden Person fest. Vgl. die Arbeit von Angelika Sander, die Scheler in die Tradition der Dekonstruktion zu stellen versucht: Angelika Sander: Mensch – Subjekt – Person: Die Dezentrierung des Subjekts in der Philosophie Max Schelers, Bonn 1996.

50 Scheler, Sympathiegefühle, S. 144; Wesen und Formen der Sympathie, S. 302.

hätte ich das Gefühl des Anderen. ‚Innerlich‘ meint hier lediglich die Aktrichtung, die auf ein anderes *ich* zielt, d. h. auf Psychisches.

Innere Wahrnehmung und *äußere Wahrnehmung* sind als gleichermaßen fehlbare Formen der Erfahrung anzusehen, die sich auf ein beliebiges *ich* beziehen. Wie fundamental die neue Bestimmung von Phänomen und Begriff *innerer* und *äußerer* Wahrnehmung für eine Theorie der Fremdwahrnehmung ist, zeigt sich, wenn man sich noch einmal den Ausgangspunkt Husserls nach seiner Wende in den *Ideen* vergegenwärtigt. Husserl hat klar gesehen, daß die traditionelle Auffassung *innerer* und *äußerer* Wahrnehmung, zu der er in den *Ideen* zurückkehrte, eine echte *originäre* Erfahrung von Fremdpsychischem nicht zuläßt: „Originäre Erfahrung haben wir von den physischen Dingen in der ‚äußeren Wahrnehmung‘, aber nicht mehr in der Erinnerung oder der vorblickenden Erwartung; originäre Erfahrung haben wir von uns selbst und unseren Bewußtseinszuständen in der sog. inneren oder Selbstwahrnehmung, nicht aber von Anderen und von deren Erlebnissen in der ‚Einfühlung‘. Wir ‚sehen den anderen ihre Erlebnisse an‘ auf Grund der Wahrnehmung ihrer leiblichen Äußerungen. Dieses Ansehen der Einfühlung ist zwar ein anschauender, gebender, jedoch nicht mehr *originär* gebender Akt.“[51]

Die Frage nach der Erfahrung des *anderen ich* wurde bislang aus einer ganz bestimmten Perspektive behandelt. In der bisher gegebenen Darstellung von Schelers Theorie der unmittelbaren Fremdwahrnehmung ging es darum, welche Form der Wahrnehmung die Erfahrung des *anderen ich* ermöglicht (die *innere Wahrnehmung*), an welchem Datum die *innere Wahrnehmung* zunächst ansetzt (*Ausdruck, psychophysisch indifferenter Leib*) und was an diesem Datum wahrgenommen werden kann (das *Psychische*, nicht aber die sinnlichen Erlebnisse). Eine ganz grundsätzliche Frage ist damit aber noch nicht geklärt.[52] In den wenigen Bemerkungen über Schelers Stellung zum Problem des Selbstbewußtseins wurde zweierlei hervorgehoben: *erstens*, daß Scheler eine nichtegologische Theorie des Bewußtseins vertritt, d. h. Bewußtsein ist nicht immer schon Selbstbewußtsein; und *zweitens*: Selbstbewußtsein setzt Bewußtsein eines *anderen ich* voraus, d. h. Selbstbewußtsein und Bewußtsein eines Anderen bedingen einander wechselseitig. Damit stellt sich für Scheler das Problem, wie der Übergang von einem bloß intentionalen Bewußtsein (primitiver Subjektivität) zu einem Bewußtsein möglich ist, das sowohl die Fähigkeit des Selbstbewußtseins als auch die Fähigkeit des Fremdbewußtseins in sich trägt.

---

[51] Husserl, Ideen I, S. 8, vgl. oben S. 125 (Anmerkung 54).

[52] Eine weitere wichtige Frage ist bislang ebenfalls zurückgestellt worden und wird unten Abschnitt 5.9 ausführlicher diskutiert. Sie lautet: welcher Art ist mein Erlebnis des Anderen? Ihre Beantwortung ist möglich durch einen Vergleich der beiden Fragen: wie erlebe ich meine Gefühle – wie erlebe ich die Gefühle der Anderen?

Schelers Antwort auf dieses Problem setzt abermals bei einer Kritik der Einfühlungstheorie an. Die Theorie der Einfühlung – z. B. bei Lipps – muß nicht nur immer schon voraussetzen, daß die Erfahrung eines *anderen ich* bereits gemacht wurde, sondern ineins auch ein am *eigenen ich* entsprungenes Selbstbewußtsein voraussetzen. Aus einer Perspektive, in der nach dem Selbstbewußtsein gefragt wird, lautet dann das Argument gegen die Einfühlungstheorie: es kann nicht sein, daß wir die eigenen Erlebnisse in die körperliche Erscheinung der Anderen *einfühlen*, wenn wir noch gar nicht in der Lage sind, unsere Erlebnisse uns selbst oder einem Anderen zuzuschreiben. Hier stellt sich natürlich die Frage, welcher Art die Erlebnisse eines *ich* sind, wenn dieses *ich* noch nicht die Erfahrung des Anderen als Anderen gemacht hat. Scheler denkt hier an eine Sphäre gemeinsamen Wollens und Fühlens: zunächst muß „ein in Hinsicht auf Ich-Du indifferenter Strom der Erlebnisse" angenommen werden, der „faktisch Eigenes und Fremdes ungeschieden und ineinandergemischt enthält". Es sei an dieser Stelle gestattet, etwas ausführlicher zu zitieren, um Schelers Ausführungen eng am Text auslegen zu können. Scheler fährt fort: „in diesem Strome bilden sich erst allmählich fester gestaltete Wirbel, die langsam immer neue Elemente des Stromes in ihre Kreise ziehen und in diesem Prozesse sukzessive und sehr allmählich verschiedenen Individuen zugeordnet werden. [...] ‚Zunächst' lebt der Mensch mehr in den Anderen als in sich selbst; mehr in der Gemeinschaft als in seinem Individuum. Belege hierzu sind sowohl die Tatsachen des kindlichen Seelenlebens als die Tatsachen alles primitiven Seelenlebens der Völker. Die Ideen und Gefühle und Strebensrichtungen, in denen ein Kind lebt, sind – abgesehen von den generellen wie Hungern, Dürsten usw.– zunächst ganz und gar diejenigen seiner Umwelt, seiner Eltern, Verwandten, größeren Geschwister, Erzieher, seiner Heimat, seines Volkstums usw. Eingeschmolzen in den ‚familiären Geist' verbirgt sich ihm sein Eigenleben zunächst fast völlig!" Ein Kind ist zunächst wie ekstatisch verloren und wie hypnotisiert von den Ideen und Gefühlen seiner Umwelt; von seinen eigenen Erlebnissen erreichen nur diejenigen die Schwelle der Beachtung, die in das soziologische Schema seiner Umwelt passen: „Erst sehr langsam erhebt es – gleichsam – sein eigenes geistiges Haupt aus diesem über es hinbrausenden Strome und findet sich als ein Wesen vor, das auch zuweilen eigene Gefühle, Ideen und Strebungen hat. Dies aber findet erst in dem Maße statt, als es die Erlebnisse seiner Umwelt, ‚in' denen es zunächst lebt, indem es sie mit-lebt, *objektiviert* und damit ‚*Distanz*' zu ihnen gewinnt."[53]

Scheler beschreibt eine Sphäre, die vor aller entwickelten Intersubjektivität liegt und doch eine Sphäre sozialen Miteinanders ist. Es ist die Sphäre, in der alles menschliche Miteinander ihren Ursprung hat. Obwohl das Individuum noch keine Erfahrung des Anderen gemacht hat und noch nicht über Selbstbewußtsein verfügt, ist es in seinem Fühlen und Wollen nicht isoliert, sondern – indem es die Gemütsbewegungen

[53] Scheler, Sympathiegefühle, S. 127; Wesen und Formen der Sympathie S. 284 f.

der Anderen mitvollzieht – wie ‚eingeschmolzen in die Welt der Anderen'.[54] Scheler bietet damit die Beschreibung einer vorintersubjektiven Sphäre, in der das Zusammenleben mit Anderen konstitutiv ist. Damit ist ein entscheidender Vorteil gegenüber den Theorien erreicht, die von einem schon am *eigenen ich* entsprungenen Selbstbewußtsein ausgehen, aber auch gegenüber den Theorien sprachlich vermittelter Intersubjektivität. Beide können nämlich nicht erklären, wie das *ich*, das noch nicht die Erfahrung des Anderen gemacht hat, anders als ein in seinem Fühlen und Wollen *eingeschlossenes ich* begriffen werden kann.

Nun ist in Schelers Beschreibung einer vorintersubjektiven Sphäre sozialen Miteinanders noch nicht näher angesprochen, wie der Übergang von dieser Sphäre hin zu jener Sphäre der Intersubjektivität möglich ist, die aufbricht, indem die Erfahrung des Anderen als Anderen gemacht wird. Wie dieser Übergang zu denken ist, erhellt sich, wenn man der Frage nachgeht, wie ein *ich* in der Sphäre des vorintersubjektiven Miteinanders die Gefühle und Ideen der Anderen aufnehmen kann, ohne daß die Gefühle und Ideen der Anderen von diesem *ich* als von den Anderen herkommend verstanden werden: „Ein gefälltes Urteil, der Ausdruck einer Gemütsbewegung usw. wird hier zunächst nicht ‚verstanden' und als die Äußerung eines fremden Ich erlebt, sondern es wird mit-vollzogen, ohne daß selbst das ‚mit' in diesem ‚Mitvollzug' zur phänomenalen Gegebenheit käme; das heißt aber, es wird je primär ‚als' eigenes Urteil und ‚als' eigene Gemütsbewegung erlebt. Erst in der Erinnerung gewinnt dann meist dieses Erlebnis, sofern zur Zeit der Erinnerung der Prozeß der Sonderung des Selbsterlebens vom Fremderleben (und hierdurch erst auch der einzelnen Erlebnisinhalte) durch Reifung – nicht durch Erfahrung – fortgeschritten ist, den *Charakter* eines von Außen her Aufgenommenen. Ehe ein Kind aber auch nur von ferne das Stadium erreicht hat, indem es zu einer schärferen *Scheidung* zwischen sich und den Erlebnissen seiner seelischen Umwelt fähig wird, ist sein Bewußtsein bereits angefüllt mit Ideen und Erlebnissen, deren faktische Herkunft ihm vollständig verborgen ist".[55]

Im Hinblick auf die gestellte Frage, wie der Übergang zur Sphäre der Intersubjektivität möglich ist, ist die Bemerkung relevant, daß die Fähigkeit der Unterscheidung zwischen sich und Anderen nicht durch Erfahrung, sondern nur durch ‚Reife' erklärt werden kann. Scheler will sagen: daß ein *ich* die Erfahrung eines *anderen ich* machen kann, ist nicht aus einer Summe vorhergehender Erfahrungen erklärbar; die Tatsache,

---

[54] Man kann dies mit einem Beispiel plausibilisieren, das Karl Bühler in seinem affirmativen Referat Schelers anführt, um diese These zu erläutern: „Die primitive unmittelbare Gebärdenresonanz des Zweimonatskindes, das Mitschreien, und darin der Umstand, daß fremdentsprungene und selbstproduzierte Schreilaute denselben hörbaren Erfolg haben, ist ein Faktum, das man mit jeder wünschenswerten Genauigkeit feststellen kann." Karl Bühler, Die Krisis der Psychologie, Jena 1929, S. 100. Vgl. hierzu auch Meads Theorie der Lautgebärde, auf die bereits eingangs hingewiesen wurde (S. 65).

[55] Scheler, Sympathiegefühle, S. 128; Wesen und Formen der Sympathie, S. 286.

daß diese Erfahrung von allen Kindern irgendwann gemacht wird, gründet in dem natürlichen Reifungsprozeß eines Wesens, das von Natur aus auf Intersubjektivität angelegt ist. Ausgesprochen ungenau ist Scheler, wenn er davon spricht, daß Gefühle und Urteile etc., die wir von Anderen übernehmen, indem wir sie mitvollziehen, uns primär ‚als eigene' gegeben sind. Diese Formulierung ist ungenau, weil das *ich*, von dem hier die Rede ist – sofern es noch nicht in der Sphäre entwickelter Intersubjektivität lebt –, noch gar keine Unterscheidung zwischen *sich* und den *Anderen* kennt. Es empfindet diese Gefühle ‚als eigene' ja lediglich so, wie es ‚seine' Empfindungen erlebt. Aber auch in der Sphäre entwickelter Intersubjektivität werden viele Gedanken, Gefühle etc. zunächst einfach erlebt, ohne daß ich sie mir oder einem Anderen zuschreiben kann. Nicht nur das vorintersubjektive, auch das intersubjektive *ich* ist ein Knotenpunkt des objektiven Geistes: „Nichts ist dann gewisser als dies, daß wir sowohl unsere ‚Gedanken' als die ‚Gedanken' *Anderer denken*, unsere Gefühle wie die Anderer (im Mitfühlen) fühlen können.“[56] Die Gedanken, die wir denken und die Gefühle, die wir fühlen, sind nicht dadurch, daß wir sie denken bzw. fühlen, schon unsere. Sie sind es erst dann, wenn wir sie uns zuschreiben können, und diese Fähigkeit ist uns nicht immer schon gegeben, sondern wird erlernt in einem Prozeß der Reifung.

Hier ist noch einmal darauf zurückzugehen, wie sich der Übergang hin zur Sphäre der Intersubjektivität vorstellen läßt, die von der Unterscheidung zwischen *mir* und den *Anderen* getragen wird. Scheler hebt als erstes Moment heraus, daß die Gemütsbewegung eines Anderen mitvollzogen wird, ohne daß der Andere als Anderer gegeben ist. Dieses Mitvollziehen ist Voraussetzung dafür, daß ein *ich* das Gefühl eines Anderen erlebt. Scheler nennt dieses Phänomen *Gefühlsansteckung*. Die ontogenetisch frühen Formen der Gefühlsansteckung vollziehen sich alle über eine unbewußte Wahrnehmung des Ausdrucks, der ebenso unbewußt nachvollzogen wird. Im Rahmen der Beschreibung verschiedener Formen von Gefühlsansteckung hebt Scheler den Fall heraus, in dem die Ansteckung zwischen zwei Personen stattfindet. Diese ontogenetisch besonders wichtige Form der Gefühlsansteckung bezeichnet er als *Einsfühlung*. Scheler beschreibt einen Prozeß, der an jene Phänomenbeschreibung erinnert, die Lipps als *positive Einfühlung* analysiert hatte.[57] In dieser Phase der Einsfühlungen werden die Gefühle quasi erlernt, indem sie durch Mitvollziehen, das vor der Un-

---

56 Scheler, Sympathiegefühle, S. 125; Wesen und Formen der Sympathie, S. 283.

57 Husserl kommentierte seine Exzerpte aus Lipps' *Leitfaden der Psychologie* an der entsprechenden Stelle: „Daran erinnert Schelers Theorie, wonach mein einer und einziger Bewußtseinsstrom zunächst undifferenziert ist und erst hinterher differenziert als Ich und andere Personalitäten und Subjekte.“ Husserl, Phänomenologie der Intersubjektivität, Erster Teil: 1905-1920, a. a. O., S. 73. Dies ist der einzige explizite Hinweis auf Scheler im edierten Nachlaß. In einem Brief an Alexandre Koyré schrieb Husserl am 22. Juni 1931: „Ich gehe nun daran, die Méd<itations> Cart<ésiennes> für das deutsche Publicum und unter Rücksicht auf die seit Scheler herrschend gewordenen Missverständnisse umzuarbeiten.“ Edmund Husserl, Briefwechsel, Band III, Die Göttinger Schule, Dordrecht 1994, S. 359 f.

terscheidung *eigenes ich/anderes ich* liegt, von Anderen übernommen werden. Das Aufbrechen eines *Ich/Du-indifferenten Stroms* von Erlebnissen erfolgt aber nun nicht wie bei Lipps durch eine Disharmonie im Mitvollziehen der Gemütsbewegungen der Anderen (*negative Einfühlung*), sondern wird durch zunehmende Reife ermöglicht, d. h. durch die zunehmende Fähigkeit der Sonderung von Selbsterlebtem und Fremderlebtem. Dieser Prozeß der Reife vollzieht sich in langsamen Schritten. Das Selbstbewußtsein des Kindes, so Scheler, ist noch sehr labil und inkohärent. Es lebt noch in teilweiser Gefühlsansteckung mit der Mutter (Einsfühlung), auch wenn es schon die erste Erfahrung des *anderen ich* gemacht hat. Das kindliche So-tun-als-ob markiert den Übergang der Sphäre ungeschiedenen sozialen Miteinanders und der Sphäre entwickelter Intersubjektivität: „Wenn das kleine Mädchen mit seiner Puppe Mama ‚spielt', so besteht der Spielcharakter des ‚Spiels', d. h. das Sotun ‚als ob' es Mama wäre, wohl nur für den erwachsenen Zuschauer. Das Kind selbst fühlt sich (nach dem Vorbild der eigenen Mutter im Verhältnis zu sich selbst) im Augenblick des Spiels durchaus eins mit ‚der Mama' (hier noch eine Individualvorstellung, kein okkasioneller allgemeiner Ausdruck) und die Puppe eins mit sich selbst."[58]

---

[58] Scheler, Wesen und Formen der Sympathie, S. 24 (neu). An dieser Stelle wäre ein Vergleich der Position Schelers mit der in etwa zur gleichen Zeit entstandenen Theorie George Herbert Meads interessant. Das Phänomen, das Scheler hier beschreibt, spielt bekanntlich bei Mead – er nennt es *play* und hebt es vom *game* ab – eine ganz entscheidende Rolle im Prozeß der Entstehung eines Selbstverhältnisses (Mead hat bei Dilthey in Berlin studiert und gehört daher durchaus in den Kontext derjenigen Bewegungen, denen sich vorliegende Arbeit widmet). Den ersten Versuch eines Vergleichs hat Rehberg unternommen: indem Scheler zunächst einen *Ich/Du-indifferenten Strom der Erlebnisse* annehme und die Herausbildung von Selbstbewußtsein und Fremdbewußtsein auf eine Stufe stelle, komme Scheler, so Rehberg, Meads Theorie der Konstitution des Selbst ausgesprochen nahe. Diese Einschätzung ist etwas ungenau. Auf der einen Seite stimmen Mead und Scheler darin überein, daß Intersubjektivität und Selbstbewußtsein auf einer Ebene liegen. Auf der anderen Seite wird der Prozeß, in dem die Sphäre der Intersubjektivität aufbricht, doch sehr unterschiedlich beschrieben. Mead verortet die ersten Formen entwickelter Intersubjektivität in Situationen des Konflikts, in konfrontativen Begegnungen, während Scheler an eine Phase gemeinsamen Fühlens und Wollens denkt, die durch Gefühlsansteckungen getragen wird. Vgl. Karl-Siegbert Rehberg, Die Theorie der Intersubjektivität als eine Lehre vom Menschen. George Herbert Mead und die deutsche Tradition der ‚Philosophischen Anthropologie', in: Das Problem der Intersubjektivität. Neuere Beiträge zum Werk George Herbert Meads, hg. von Hans Joas, Frankfurt am Main 1985, S. 60-92, hier S. 68. Von entwicklungspsychologischer Seite findet die Theorie Schelers, daß die Erfahrung des *anderen ich* sich von Phänomenen der Gefühlsansteckung abhebt, heute Bestätigung bei: Doris Bischof-Köhler, Spiegelbild und Empathie. Die Anfänge der sozialen Kognition, Bern u. a. 1989, v. a. S. 26-46. Ein Vergleich von Mead und Scheler sollte nicht darauf abzielen, die eine gegen die andere Theorie auszuspielen, sondern ihre wechselseitige Ergänzungsbedürftigkeit herausstellen. Weil Mead allzu skeptisch gegenüber allen Theorien der Nachahmung ist, fehlt ihm ein Äquivalent zu Schelers Gefühlsansteckung. Das ist problematisch, da in der Analyse von Gefühlsansteckungen aufgezeigt werden kann, wie Gefühle sozial erlernt werden, bevor die Sphäre entwickelter Intersubjektivität aufgebrochen ist. Umgekehrt könnte die Theorie Schelers durch Meads Analysen kooperativer und konfliktgeladener Verhaltensweisen ergänzt werden, die den Eintritt in die Sphäre entwickelter In-

Was den Prozeß der Reife angeht, so läßt sich vielleicht nicht mehr sagen als oben schon angedeutet wurde: er muß als natürliche Entwicklung gedacht werden, in der nicht einzelne Schritte isolierbar sind – um die eingangs zitierte Formulierung Henrichs aufzugreifen: der Prozeß, in dem die Erfahrung des *anderen ich* gemacht wird, kann nicht rekonstruktiv beherrscht werden. *Natürlich* ist die Herausbildung entwickelter Intersubjektivität in doppeltem Sinne: auf der einen Seite ist damit der Prozeß der Reifung gemeint; auf der anderen Seite ist damit angesprochen, daß es zum Wesen des Menschen gehört, sich in entwickelter Intersubjektivität zu verwirklichen. Scheler versucht diesen Gedanken mit der paradoxen Figur eines fingierten erkenntnistheoretischen Robinson zu erläutern: „Auch ein fingierter erkenntnistheoretischer Robinson würde also im Erlebnis des Erfüllungsmangels der Akte von gewissen eine Person überhaupt mit konstituierenden Aktarten dieses sein *Gliedsein in einer Sozialeinheit* miterleben."[59] Dieses Beispiel will nicht so recht überzeugen, da Robinson ja zunächst die Erfahrung Anderer gemacht hat und erst nachdem er diese Erfahrung gemacht hat auf eine einsame Insel kommt. Scheler hätte besser einen erkenntnistheoretischen Kaspar Hauser ins Spiel bringen sollen: wenn man davon abstrahiert, daß die Entwicklung Kaspar Hausers aufgrund mangelnder Kontakte zu anderen Menschen retardiert, und sich einen intellektuell entwickelten Kaspar Hauser vorstellt, dann müßte dieser Kaspar Hauser, ohne je faktisch Anderen begegnet zu sein, doch die entsprechenden sozialen Akte, in denen die Erfahrung des Anderen gemacht wird, als unerfüllte vollzogen haben.

5.6. Unmittelbarkeit und Mittelbarkeit der Fremdwahrnehmung (vertiefende Betrachtung)

Schelers Theorie der Fremdwahrnehmung – Scheler selbst nennt sie *Wahrnehmungstheorie des fremden Ich*[60] – ist in der zeitgenössischen Literatur als Lehre von der *unmittelbaren Fremdwahrnehmung* bezeichnet worden.[61] Die These der Unmittelbarkeit der Fremdwahrnehmung ist im folgenden noch ausführlicher zu klären, da der Sinn von *Unmittelbarkeit* ein ganz verschiedener sein kann. Bislang wurde versucht

tersubjektivität vorbereiten. Zentral wäre auch die Frage, in welchem Verhältnis die Bedeutungen visueller und vokaler Ausdruckswahrnehmung zueinander stehen. Vgl. Mead, Geist, Identität und Gesellschaft, a. a. O.; sowie: Joas, Praktische Intersubjektivität, a. a. O., v. a. S. 91-119. Ebenso interessant wäre ein Vergleich von Meads „Me" und Schelers „sozialem ich" bzw. der „sozialen Rolle". Über das „soziale ich" vgl. z. B.: Scheler, Wesen und Formen der Sympathie, S. 175 (neu). Über die „soziale Rolle" vgl.: Scheler, Phänomenologie und Erkenntnistheorie, a. a. O., S. 388.

59 Scheler, Ethik, II. Teil, S. 542 ff; Vgl. auch: Scheler, Wesen und Formen der Sympathie, S. 270 f (neu).

60 Scheler, Sympathiegefühle, S. 6; Wesen und Formen der Sympathie, S. 6 und 253 (neu).

61 Karl Bühler, Die Krise der Psychologie, Jena 1929, S. 99.

zu zeigen, inwiefern Schelers Ansatz sich gegen die Annahme einer Mittelbarkeit der Erfahrung des *anderen ich* richtet. Da die pauschale Rede einer unmittelbaren Erfahrung problematisch ist, weil sie auch in einem ganz anderen als dem von Scheler intendierten Sinn begriffen werden kann, müssen einige Überlegungen zum Problemfeld Mittelbarkeit und Unmittelbarkeit der Wahrnehmung ausführlicher diskutiert werden.

Als Ausgangspunkt eignet sich die Kritik, die Heinrich Rickert an Schelers Theorie der unmittelbaren Fremdwahrnehmung geübt hat. An ihr kann gezeigt werden, in welcher Weise Scheler keine Unmittelbarkeit unterstellt werden darf. Rickert formuliert gegen Scheler: „Fremdes Seelenleben erreichen wir in seiner Realität stets auf einem Umwege. [...] Das Seelische, das *mir* unmittelbar gegeben ist, ist doch eben mein Seelisches, während ein mir unmittelbar zugänglicher Körper nicht mein Körper zu sein braucht. [...] Wenn ich glauben soll, ein anderer erfahre mein Seelenleben unmittelbar oder ich das eines anderen, dann müßte doch mein eignes Seelenleben mit dem fremden *identisch* sein."[62] Rickert versteht ganz offensichtlich Schelers Rede von ‚unmittelbar' falsch. Sein Einwand wäre nur dann berechtigt, wenn Scheler auch behaupten würde, wir könnten die zuständlichen Empfindungen der Anderen so unmittelbar fühlen wie unsere eigenen. Nimmt man die Unmittelbarkeit in Blick, die Rickert hier meint, dann vertritt Scheler aber gerade keine Theorie der Unmittelbarkeit und zwar weder im Hinblick auf eigenes noch im Hinblick auf ein fremdes Seelenleben. Sollte sich Rickert doch auf die von Scheler gemeinte Unmittelbarkeit beziehen, so wäre sein Einwand absurd: wenn ich ein Haus sehe und ein Anderer das gleiche Haus sieht, so käme Rickert ja auch nicht auf die Idee zu behaupten, meine Wahrnehmung des Hauses sei identisch mit der eines Anderen und ich mithin identisch mit diesem Anderen.

Die von Scheler behauptete Unmittelbarkeit läßt sich aus verschiedenen Gründen in Frage stellen. So könnte man auch einwenden: es muß doch eine Begegnung mit dem Anderen stattfinden, damit überhaupt der Andere als Anderer erfahren werden kann. Liegt hierin nicht an sich schon eine Mittelbarkeit? Was soll denn sonst Unmittelbarkeit heißen? Was soll das überhaupt heißen: ein *anderes ich* unmittelbar wahr-

---

62 Heinrich Rickert, Die Grenzen der naturwissenschaftlichen Begriffsbildung. Eine logische Einleitung in die historischen Wissenschaften, 3. und 4. verbesserte und ergänzte Auflage, Tübingen 1921, S. 432 f. Auf die zeitgenössische Kritik gehe ich im folgenden nur gelegentlich ein. Auf die wichtigsten Arbeiten sei aber hier hingewiesen: Bühler, Die Krise der Psychologie, a. a. O., S. 99-102; zu Cassirer vgl. S. 150 (Anmerkung 11); zu Plessner vgl. die folgende Anmerkung; Martin Heidegger, Sein und Zeit, Tübingen 1927, S. 116; zum Verhältnis Heideggers und Schelers vgl.: Mark Michalski, Fremdwahrnehmung und Mitsein. Zur Grundlegung der Sozialphilosophie im Denken Max Schelers und Martin Heideggers, Bonn 1997; Stein, Zum Problem der Einfühlung, a. a. O., § 6. Auseinandersetzung mit *Schelers* Theorie der Erfassung von fremdem Bewußtsein, S. 30-39; Alfred Schütz, Scheler's Theory of Intersubjektivity and the General Thesis of the Alter Ego, in: Philosophy and Phenomenological Research, 2 (1942), S. 323-347. Generell ist die Aufnahme in der Psychologie tendenziell eher affirmativ, in der Philosophie tendenziell eher kritisch.

nehmen? Schelers Antwort auf diese Fragen würde lauten: wir nehmen ein *anderes ich* wahr, indem wir *verstehen*, d. h. wir verstehen einen Menschen, weil er uns als eine leibseelische Ausdruckseinheit gegenübersteht. Es gibt kein bloßes oder reines Erkennen eines Menschen, in dem dieser nicht schon irgendwie als fühlendes, wollendes Lebewesen verstanden wird – und zwar als fühlendes, wollendes Wesen, das *etwas ganz Bestimmtes fühlt und will*. D. h. wir machen nicht einfach die Erfahrung: da, das ist ein anderer Mensch, der irgendwelche Gefühle hat und irgendwelche Ziele verfolgt, sondern wir *erfahren* den Anderen immer schon, indem wir ihn *verstehen*, d. h. wir erfahren ihn als einen, der traurig oder fröhlich ist etc.[63]

Wenn Scheler von einer *unmittelbaren* Erfahrung des *anderen ich* spricht, dann verweist das Adjektiv *unmittelbar* darauf, daß jene Form der Erfahrung, die auf Psychisches zielt (*innere Wahrnehmung*), nicht abgeleitet werden kann aus anderen Formen der Erfahrung. Man kann Schelers Theorie daher auch aus einer Perspektive plausibilisieren, in der es generell um Formen der Erfahrung bzw. Wahrnehmung geht. Für alles Denken der sogenannten bewußtseinsphilosophischen Tradition – also vergröbernd gesprochen für die meisten Autoren, die den oben genannten zwei Prämissen nahestehen[64] – stellt sich das Problem der Mittelbarkeit nämlich nicht erst bei der Erfahrung des Anderen, sondern schon bei der Erfahrung der Außenwelt. Vergegenwärtigen wir uns noch einmal in idealtypischer Zuspitzung die Ausgangslage jener Position, die von der unmittelbaren Gewißheit des *ich* ausgeht. Setzt man am Ausgangspunkt der erkenntnistheoretischen Frage, wie die Erfahrung der Außenwelt gemacht werden kann, ein *ich*, das alle seine Erlebnisse unmittelbar als sich selbst zugehörige erlebt, und fragt nun weiter, wie dieses *ich* das solipsistische Stadium der Selbstgewißheit überwinden kann, dann stößt man unweigerlich auf das Problem der Mittelbarkeit. Jene Wahrnehmungsleistungen, die sich auf die Außenwelt beziehen, also Sinneseindrücke der Umwelt etc., sind ja gemäß dieser Position zunächst nur als Erlebnisse sogenannter *,innerer'* Wahrnehmung gegeben und tragen zunächst bloß das Kennzeichen, ,innere' Erlebnisse dieses solipsistischen *ich* zu sein. Soll nun zu diesem Index ,innere Erfahrung' der Index hinzukommen, daß die ,inneren' Erlebnisse sich auf etwas beziehen, das nicht ich bin, d. h. soll hinzukommen, daß sie sich auf etwas außer mir – auf die ,Außenwelt' – beziehen, dann kann diese neue Erfahrung nur als durch eine andere Erfahrung vermittelte gedacht werden. Denn zunächst sind ja alle sinnlichen Reize bloß Erlebnisse des *ich*, das sich seiner selbst bewußt ist. Es stellt sich also

---

63 Das Argument, das Scheler hier vorbringt, erinnert an Diltheys These, daß alles Verstehen in *elementarem Verstehen* gründen muß. Vgl. dazu auch die Bemerkungen zu Husserl, oben S. 128; sowie: Helmuth Plessner und Frederik Buytendijk, Die Deutung des mimischen Ausdrucks. Ein Beitrag zur Lehre vom Bewußtsein des anderen Ichs, in: Philosophischer Anzeiger, I (1925) I, S. 72-126, hier S. 115 ff.

64 Eine Ausnahme bildet Husserl aufgrund seiner These einer *immanenten Transzendenz* des intentionalen Bewußtseins.

das Problem der Konstitution; es stellt sich das Problem: wie kann das eingeschlossene *ich* aus sich selbst heraus durch einen Akt der Vermittlung etwas Anderes erfahren, das von ihm verschieden ist.

Entscheidend für das Thema der Intersubjektivität ist nun folgendes: für den erkenntnistheoretischen Standpunkt, der von der Selbstgewißheit des *ich* ausgehend Erfahrung nach dem Modell einer andere Erfahrungen aktiv erschließenden Konstitution denkt, sind die Erfahrung der Außenwelt und die Erfahrung *anderer iche* analoge Probleme der Vermittlung. Als Beispiel kann Diltheys schon erwähnte Abhandlung *Beiträge zur Lösung der Frage vom Ursprung unseres Glaubens an die Realität der Außenwelt und seinem Recht (1890)* dienen. Dilthey setzt hier bei der Selbstgegebenheit des Bewußtseins an und versucht, die Erfahrung der Außenwelt und die Erfahrung der Realität Anderer zu erklären. In den Ausführungen Diltheys zeigt sich, daß die Schwierigkeit, eine neue Erfahrung als vermittelte Erfahrung zu denken, eine sehr ähnliche ist. In beiden Fällen sträubt sich schon die Beschreibung der psychischen Wirklichkeit gegen den Gedanken einer bewußten Vermittlung – und in beiden Fällen versucht Dilthey, den gleichen Ausweg zu nehmen: d. h. er versucht die Vermittlung möglichst unbewußt, also durch eine bewußten Schlüssen bloß äquivalente, in der Wirklichkeit des Erlebens unvermittelte Erfahrung zu denken, ohne damit den Aporien entgehen zu können, die in dem Versuch gründen, eine vermittelte Erfahrung zu denken.[65]

Vor dem Hintergrund dieser allgemeinen erkenntnistheoretischen Grundfragen muß Schelers Lehre von der Unmittelbarkeit der Fremderfahrung gesehen werden. Schelers Ansatz opponiert nicht allein gegen die Annahme einer vermittelten Wahrnehmung des Anderen, sondern gegen den erkenntnistheoretischen Ansatz insgesamt, der Erfahrung als aktive Konstitution vom Subjekt aus denkt und daher sowohl die Erfahrung des Physischen (Sphäre der Außenwelt) als auch die Erfahrung des Psychischen (Sphäre der *anderen iche*) nur als Akt der Vermittlung denken kann.[66] Die Erfahrung des *anderen ich* ist für Scheler eine völlig neue und eigenständige Erfahrung insofern, als sie eine neue Seinssphäre eröffnet, die als ursprünglich angenommen werden muß, weil sie in keiner Weise auf eine andere Seinssphäre zurückgeführt werden kann. Eine neue Erfahrung, die nicht aus einer anderen erklärt werden kann, kann nicht als in mittelbarer Konstitution erschlossene gedacht werden.

Dennoch ist die Erfahrung des *anderen ich* für Scheler in einem bestimmten Sinn *mittelbar* – schon deshalb, weil sie nicht infallibel ist. Prinzipiell kann ja jede Erfahrung eines *anderen ich* enttäuscht werden: ich könnte mich irren und glauben, einen anderen Menschen vor mir zu haben, obgleich es sich um ein unbelebtes Wesen künst-

---

65 Dilthey, Beiträge zur Lösung der Frage vom Ursprung unseres Glaubens an die Realität der Außenwelt und seinem Recht (1890), a. a. O. Vgl. oben Abschnitt 3.1.

66 Die Frage nach der Realitätserfahrung der Außenwelt hat Scheler erst spät ausführlicher thematisiert. Vgl. Max Scheler, Idealismus – Realismus, a. a. O.

licher Intelligenz handelt. Inwiefern Scheler eine *Unmittelbarkeit* und inwiefern eine *Mittelbarkeit* der Erfahrung des *anderen ich* annimmt, läßt sich an verschiedenen Beispielen erläutern. Zunächst ist klar: natürlich muß auch für Scheler, damit ein fremdes Erlebnis wahrgenommen werden kann, eine Geste bzw. ein Ausdruck sinnlich vermittelt wahrgenommen werden. Höre ich einem Anderen zu, so müssen erst die Schallwellen mein Ohr erreichen. In diesem Sinn ist die Wahrnehmung vermittelt. Ein Irrtum kann vorliegen, weil die Sinne uns getäuscht haben.[67] Aber diese Mittelbarkeit der Wahrnehmung bedeutet nicht, daß ich zuerst akustische Komplexe wahrnehme, die erst nachdem ich sie wahrgenommen habe Bedeutung gewinnen. Faktisch, so Scheler, verhält es sich anders: Zuerst ist mir der Bedeutungsgehalt der Rede gegeben und nur dann, wenn ich, z. B. durch schlechte oder zu leise Aussprache, im Verstehen gehemmt werde, drängen sich die akustischen Komplexe vor und werden zu einer selbständigen Erscheinung: „Wie irrig also, die *Folge der physischen Ursachen* in die *Folge der Bewußtseinserscheinungen* hineinzusehen!“[68] Damit hängt ein weiterer möglicher Sinn von Mittelbarkeit zusammen. Es ist eben keine *Kausalbeziehung,* die zwischen Ausdruck und dem darin Ausgedrückten liegt, sondern eine *Symbolbeziehung.*[69] Weil die angenommene Kausalbeziehung zwischen einer körperlichen Modifikation und einer psychischen Modifikation mit einem bestimmten Sinn von Mittelbarkeit zusammenfällt, bedeutet eine Zurückweisung der kausalen Beziehungen im Verständnis des Ausdrucks auch eine Zurückweisung der so gedachten Mittelbarkeit.

Die Unmittelbarkeit, von der Scheler spricht, bezieht sich aber nur darauf, daß keine Vermittlung über eine andere Form der Erfahrung stattfindet, nicht aber bezieht sie sich auf die Wahrnehmung von Gefühlen und Gedanken. Gedanken und Gefühle werden nicht *unmittelbar* erfahren, sondern können nur wahrgenommen werden, wenn sie sich in Ausdruckstendenzen realisieren. Jede Erfahrung eines *(anderen) ich* ist auf die Vermittlung durch den Ausdruck angewiesen.[70] Beim Verstehen eines Ausdrucks kann man sich täuschen. Fremd- und Selbsterfahrung sind dabei prinzipiell gleich ge-

---

67 Die *innere Wahrnehmung*, so Scheler, geht nicht „unmittelbar auf das Ich und seine Erlebnisse, *sondern gleichfalls vermittelt durch einen ‚inneren Sinn*‘“. Der *innere Sinn* „enthält nichts weiter als die Anerkennung, daß jedes psychische Erlebnis, das einem Lebewesen zur faktischen inneren Wahrnehmung kommen soll, in dessen Leibzustand irgendeine charakteristische *Variation* setzen muß“. Insofern bleibt „jedes Erlebnis, sofern es wahrgenommen wird, von Zuständen des Leibes, also auch des Seelen- und Körperleibes, in irgendeinem Maße abhängig“. Scheler, Idole der Selbsterkenntnis, a. a. O., S. 69.

68 Scheler, Idole der Selbsterkenntnis, a. a. O., S. 139.

69 Scheler, Sympathiegefühle, S. 6; Wesen und Formen der Sympathie, S. 6.

70 Vgl. Gurwitsch, Die mitmenschlichen Begegnungen in der Milieuwelt, a. a. O., S. 47: Gurwitsch warnt vor einer Einseitigkeit von Schelers Theorie der Fremdwahrnehmung: „Die Einseitigkeit besteht in der Annahme, daß es nur einen einzigen Phänomenbereich gibt, der für das Wissen um Fremdseelisches von Bedeutung ist. Überall da, wo es sich um andere Menschen handelt, liege demzufolge dasselbe Problem vor; damit müsse man prinzipiell auf dieselben Phänomene, nämlich die

stellt, wobei die Selbstwahrnehmung in manchen Fällen sogar schwieriger sein kann als die Fremdwahrnehmung.

Ein möglicher Einspruch liegt weiterhin auf der Hand: unterscheidet sich die Selbstwahrnehmung nicht gerade dadurch, daß sie zumindest in manchen Fällen infallibel ist, von der Fremdwahrnehmung, die zweifellos immer fallibel ist? – Wer sich die Probleme so zurechtlegt, verwechselt die unmittelbare Evidenz von zuständlichen Empfindungen mit Selbstwahrnehmung. Eine bloß zuständliche Schmerzempfindung zu haben, ist aber kein Fall von Selbstwahrnehmung. Was *Selbst*wahrnehmung ist, wird durch die Unterscheidung von *zuständlichem* Erleben und *intentionalem* Fühlen deutlich, die für Schelers Argumentation wesentlich ist. Erst das *intentionale* Auffassen eines Schmerzes – z. B. das Erleiden, Erdulden oder Genießen – setzt die Schmerzempfindung in ein Verhältnis zu *meinem individuellen ich*. Erst in der Aufmerksamkeit auf das *Erleiden* oder das *Genießen* kann es zu einer Selbstzuschreibung kommen. Hier aber bestehen nun ähnliche Schwierigkeiten des Verständnisses wie bei der Fremdwahrnehmung.[71] Ich kann mich in der Lokalisierung eines Schmerzes irren; ich kann mich irren in der Auffassung, ob ein Gefühl, das ich erlebe, wirklich *mein* Gefühl ist oder ob es bloß ein angestecktes Gefühl ist – wie das schon erwähnte Beispiel einer Gefühlsansteckung zeigt. So kann ich z. B. merken, daß ich mich bloß durch die fröhliche Stimmung Anderer habe anstecken lassen. Nachdem ich mich von der fröhlichen Runde der Anderen verabschiedet habe, verschwindet die fröhliche Stimmung bald, und mir wird klar, daß diese fröhliche Stimmung nicht wirklich *meine* war. Ich habe mich nicht wirklich *zusammen mit den Anderen* gefreut, sondern mich bloß anstecken lassen. Natürlich habe ich mich nicht darin geirrt, daß ich das Gefühl erlebt habe, sondern nur in der Auffassung des Gefühls als zu meinem *personalen ich* gehörig habe ich mich geirrt. Die Wahrnehmung von Psychischem verhält sich hier analog der Wahrnehmung von Physischem: glaube ich ein Haus zu sehen und stellt sich dann heraus: da ist gar kein Haus, so bestreite ich ja nicht, das optische Erlebnis gehabt zu haben.[72] Verschiedene Möglichkeiten, wie bei der Interpretation von Gefühlen eine Täuschung entstehen kann, sind zu unterscheiden: zum einen kann ich mich in der Wahrnehmung des Gefühls täuschen (ich sehe ihn, traurig, dabei weint er vor Freude), andererseits kann ich mich darüber täuschen, ob das Gefühl wirklich das Gefühl desjenigen ist, dem ich es zuschreibe (das Gefühl könnte ja durch Ansteckung hervorgerufen worden sein und nicht ‚wirklich' zu dem ich gehören, dem ich es zuschreibe).

Hier zeigt sich noch einmal, wie Scheler den Begriff des Psychischen neu bestimmt. Weil es für Scheler keine reine Empfindung gibt – jede Empfindung muß irgendwie aufgefaßt werden, d. h. Moment einer intentionalen Bewegung werden –, ist das Be-

---

Ausdrucksphänomene, zurückgehen." Wie im folgenden zu zeigen ist, trifft diese Kritik Scheler nicht. Vgl. unten Abschnitt 5.9 und 5.10.

71 Scheler, Sympathiegefühle, S. 133; Wesen und Formen der Sympathie, S. 291.

72 Vgl. Scheler, Idole der Selbsterkenntnis, a. a. O.

wußtsein nie bei sich selbst, sondern immer transzendent. Nimmt man hingegen die Immanenz des Bewußtseins als Ausgangspunkt und bestimmt das Psychische als das, was nur je einem *ich* gegeben ist, dann kann es gar kein Verstehen des Fremdpsychischen als Psychischen geben. In der Tat ist ja jene subjektive Qualität aller Erlebnisse, wenn man darunter die zuständlichen Empfindungen versteht, nur auf Umwegen verständlich. Die Qualität von Empfindungen, die ein Anderer erlebt, können wir nicht *verstehen.* Teilt mir jemand mit, daß er diese oder jene Empfindung hat, so kann er mir nur durch Hinweise auf die Bedingungen des Auftretens verständlich zu machen versuchen, wie sich seine Empfindung anfühlt. Wird z. B. eine Empfindung als stechender Schmerz bezeichnet, dann heißt dies: es fühlt sich so an, als ob man von einer Nadel gestochen wird. Wer sich dieser Redeweise bedient, nimmt von Anderen an, daß ihnen diese Empfindung aus eigenem Erleben bekannt ist. Hier findet tatsächlich eine Art Analogieschluß statt. Reduziert man die Sphäre des Psychischen auf die im Erleben gegebene *qualitas*, dann führt kein Weg zu einem Verstehen des Fremdpsychischen: „Wäre das Psychische jeweilig ‚nur Einem' gegeben, so könnte es aber auch nie mitteilbar sein. Hier bemerkt man, daß diese Theorie eben vom Psychischen überhaupt aussagt, was faktisch nur für die Leibempfindungen und die sinnlichen Gefühle gilt."[73]

Scheler bricht daher auch mit der von Lipps behaupteten, von Dilthey mitunter angedeuteten These, ein Gefühl des Anderen zu verstehen, sei nur möglich, indem das Gefühl von mir mehr oder weniger genau so erlebt werde, wie der Andere es erlebt hat. „Was wir durch Fremdwahrnehmung niemals ‚wahrnehmen' können, das sind allein die fremden erlebten Leibzustände, d. h. vor allem die Organempfindungen und die mit ihnen verknüpften sinnlichen Gefühle. Diese allein sind es, welche *diejenige* Art von Scheidung von Mensch zu Mensch bewirken, welche die obengenannten Theorien für das ganze der seelischen Erlebnisse annehmen."[74] Meint man, wenn man von Gefühlen oder vom Psychischen spricht, die zuständliche Qualität des Fühlens, so spricht man von etwas, das beim Verstehen des Anderen unzugänglich bleibt. Allein: was folgt daraus? Wenn Carnap die Frage nach dem Fremdpsychischen als Scheinproblem zu entlarven glaubte, so verwechselte er das Psychische mit der Empfindung. Denn die Frage, wie wir die originäre Erfahrung, daß ein Anderer eine Empfindung hat, machen können, ist in der Tat ein Scheinproblem.[75] Schelers Auffassung des Psychischen widerspricht nicht der Ansicht, daß die subjektive Empfindung privat ist und daher auch nicht verstanden werden kann: „Niemals können wir freilich dieselbe (auf bestimmte Leibteile lokalisierte) Sinneslust oder denselben Schmerz empfinden. Die-

---

73 Scheler, Sympathiegefühle, S. 140 f; Wesen und Formen der Sympathie, S. 298.
74 Scheler, Sympathiegefühle, S. 137 f; Wesen und Formen der Sympathie, S. 295 f.
75 Rudolf Carnap, Scheinprobleme in der Philosophie. Das Fremdpsychische und der Realismusstreit, Berlin 1928.

se Zustände hat Jeder für sich und sie können nur ‚gleich', niemals identisch sein."[76] Aber nicht nur die Möglichkeit gemeinsamen Fühlens, auch jede psychologische Rede vom Unbewußten wäre sinnlos. Denn die Annahme von unbewußten Gefühlen verlangt, daß eine Vermittlung durch den Leib stattfindet, der bislang Unbewußtes zu Bewußtsein bringen kann. Ebenso wie das Fremdverstehen ist auch das Selbstverstehen Ausdrucksverstehen. Zwischen Fremd- und Selbstwahrnehmung besteht gar kein prinzipieller Unterschied.[77] Reserviert man den Begriff des Psychischen für die zuständliche Qualität der Empfindung, dann kann man auch nicht mehr begreiflich machen, wie zwei Menschen dasselbe Leid fühlen können, wie eine Begeisterung durch die Reihe einer Menschenmenge ging etc.

Soll die von Scheler behauptete Unmittelbarkeit also bedeuten, daß wir Andere, d. h. die Gefühle Anderer, genauso unmittelbar verstehen wie wir unsere eigenen Gefühle erleben? Die Antwort auf diese Frage mutet zunächst paradox an, denn sie lautet: Wir verstehen die Gefühle Anderer – zumindest diejenigen, die überhaupt verstanden werden können – genauso *unmittelbar* wie wir unsere eigenen Gefühle verstehen, nämlich *vermittelt* durch die Ausdrucksbewegungen unseres Leibes und unserer Handlungen. Daher kann Scheler behaupten, daß „vom Akt der inneren Wahrnehmung und seinem Wesen aus gesehen, sowie in Bezug auf die Tatsachensphäre, die in innerer Wahrnehmung erscheint, jeder das Erleben der Mitmenschen genau so unmittelbar (*und mittelbar*) erfassen kann, wie sein eigenes."[78]

5.7. Die Umstellung der traditionellen Kategorien: innere Wahrnehmung und äußere Wahrnehmung – Psychisches und Physisches. Schelers Aufnahme, Weiterführung und Abgrenzung von Husserl

Von ganz entscheidender Bedeutung für Schelers Theorie der unmittelbaren Fremdwahrnehmung ist Husserls Kritik und Transformation der Unterscheidung von *innerer Wahrnehmung* und *äußerer Wahrnehmung* (resp. innerer Erfahrung und äußerer Erfahrung). Im Anhang der *Logischen Untersuchungen* von 1901 hat Husserl eine erkenntnistheoretisch und ontologisch fundamentale, bis heute kaum rezipierte Theorie der Unterscheidung von Physischem und Psychischem gegeben. Husserl setzt an bei

---

76 Scheler, Wesen und Formen der Sympathie, S. 300. Vgl. die ungenauere Formulierung der ersten Auflage: „Niemals kann ich den Schmerz oder die sinnliche Lust an einer Speise, die ein Anderer hat, *wahrnehmen.*" Das ist zumindest uneindeutig formuliert. Denn daß einer Lust an dem Geschmack einer Speise findet, ist durchaus im Ausdruck zu verstehen; nicht aber der Geschmack der Speise, wie ihn der Andere schmeckt. Scheler, Sympathiegefühle, S. 138.

77 Was die Täuschungsmöglichkeiten der Selbstwahrnehmung angeht, vgl. das erwähnte Beispiel Ernst Machs, oben S. 34.

78 Scheler, Sympathiegefühle, S. 139; Wesen und Formen der Sympathie, S. 296 f.

der cartesianischen Unterscheidung von Körper und Seele und den an diese Unterscheidung anknüpfenden Kategorien der Wahrnehmung *sensation* und *reflexion* bei Locke. Noch Brentano, so Husserl, habe evidente (infallible) und nicht evidente (fallible) Wahrnehmung mit ‚innerer' und ‚äußerer' Wahrnehmung gleichgesetzt. Für Brentano war ‚innere Wahrnehmung' als Wahrnehmung von Psychischem prinzipiell infallibel, ‚äußere Wahrnehmung' als Wahrnehmung von Physischem prinzipiell fallibel. Demgegenüber vertritt Husserl den Standpunkt, daß *innere* und *äußere* Wahrnehmung von ganz gleichem erkenntnistheoretischen Charakter sind. Zwar gibt es für Husserl einen Unterschied zwischen evidenter und nicht evidenter Wahrnehmung, zwischen untrüglicher und trüglicher Wahrnehmung, aber dieser deckt sich nicht mit der Unterscheidung von *innerer Wahrnehmung* als Wahrnehmung von *Psychischem* auf der einen Seite und von *äußerer Wahrnehmung* als Wahrnehmung von *Körpern* und deren Eigenschaften auf der anderen Seite: „So ist jede Wahrnehmung des Ich oder jede auf das Ich bezogene Wahrnehmung eines psychischen Zustandes gewiß nicht evident, wenn unter Ich verstanden wird, was jedermann in der Ichwahrnehmung wahrzunehmen glaubt, nämlich die eigene empirische Persönlichkeit. Auch ist es klar, daß die meisten Wahrnehmungen psychischer Zustände nicht evident sein können, da sie leiblich lokalisiert wahrgenommen werden. Daß *die Angst mir die Kehle zuschnürt*, daß *der Schmerz im Zahne* bohrt, daß *der Kummer im Herzen nagt*, das nehme ich genau in dem Sinne wahr, wie daß *der Wind die Bäume schüttelt*, daß *diese Schachtel quadratisch und braun gefärbt* ist u. dgl."[79]

Die von Husserl aufgezählten Beispiele sind erläuterungsbedürftig, um den Kern der These herauszustellen. Nicht über das zuständliche (sinnliche) Erlebnis der Angst, des Schmerzes, des Kummers kann ich mich täuschen, sondern nur über das mit diesem Erlebnis im Bewußtseinsstrom als zusammengehörig empfundene intentionale Moment der Apperzeption. Nicht täuschen kann ich mich in dem Schmerz als bloß zuständlicher (sinnlicher) Empfindung; sehr wohl aber kann ich mich täuschen in dem Schmerz, den ich als *Schmerz dieses Zahnes* erlebe, etwa wenn der Schmerz mitunter als in dem gesunden Zahn bohrend erscheint.[80] Verschiedene mögliche Bezüge sind hierbei zu unterscheiden: „In gewisser Weise wird nun freilich jedes sinnliche Gefühl, z. B. der Schmerz des sich Brennens und Gebranntwerdens, auf Gegenständliches bezogen; einerseits auf das Ich, näher auf das gebrannte Leibesglied, andererseits auf das brennende Objekt."[81] In jeder dieser Hinsichten kann es zu einem Irrtum kommen; so kann ich mich auch darin irren, daß ich mir die Empfindung zuschreibe, wenn ich mich darin irre, wer ich bin. Das ‚ich', das hier gemeint ist, ist für Husserl ein empi-

---

79 Edmund Husserl, Logische Untersuchungen, 2. Band, II. Teil, Halle an der Saale 1901, Beilage, Äußere und innere Wahrnehmung, Physische und psychische Phänomene, S. 694-715, hier S. 704.

80 Ebd., S. 711.

81 Husserl, Logische Untersuchungen, 2.I^2, S. 392.

rischer Gegenstand: „Das eigene Ich ist es ebenso gut wie das fremde, und jedwedes Ich ebenso wie ein beliebiges physisches Ding, wie ein Haus oder ein Baum usw.“[82]

Sowohl bei den Akten *äußerer* als auch bei den Akten *innerer* Wahrnehmung lassen sich die *sinnlichen (hyletischen)* Momente von den *intentional* auf den wahrgenommenen Gegenstand bezogenen Momenten unterscheiden. *Daß* etwas erlebt oder wahrgenommen wird, ist sowohl bei *äußerer* als auch bei *innerer* Wahrnehmung unbezweifelbar. *Was* hingegen wahrgenommen wird, ist in beiden Fällen nicht täuschungsimmun. Wenn wir uns über die Existenz eines wahrgenommenen Hauses täuschen, täuschen wir uns über die Wahrnehmung des Hauses und nicht über das Erlebnis der Wahrnehmung.[83] Alle Akte *innerer* und *äußerer* Wahrnehmung sind, so Husserl, transzendent apperzipierende.

Hier zeigt sich die Fruchtbarkeit von Husserls Analysen des Bewußtseins; nicht allein der Hinweis auf den intentionalen Charakter des Bewußtseins, sondern die Bestimmung dieses Charakters durch die Unterscheidung der sinnlichen (hyletischen) und intentionalen Momente bedeuten einen völlig neuen Anfang in der Analyse des Phänomens ‚Bewußtsein'. Obgleich Scheler hinsichtlich der Frage nach der Erfahrung des *anderen ich* einen ganz anderen Weg als Husserl eingeschlagen hat, zeigt er sich von Husserl abhängig. Ohne die von Husserl eingeführte neue Unterscheidung von ‚innerer' und ‚äußerer' Wahrnehmung ist Schelers Theorie der Fremderfahrung nicht denkbar. Scheler nimmt Husserls neue Bestimmung *innerer* und *äußerer* Wahrnehmung auf. Aber er löst sie aus dem engen erkenntnistheoretischen Rahmen von Husserls Denken, erläutert sie in zahlreichen Phänomenanalysen und erweitert den Geltungsbereich der sogenannten *inneren Wahrnehmung*, indem er sie auf die Sphäre der Intersubjektivität bezieht. Am ausführlichsten entwickelt Scheler die Unterscheidung von *innerer* und *äußerer* Wahrnehmung und ihr Verhältnis zu der Unterscheidung von Fremd- und Selbstwahrnehmung in dem Aufsatz *Über Selbsttäuschungen* von 1912, der drei Jahre später unter dem bekannteren Titel *Idole der Selbsterkenntnis* noch einmal überarbeitet erschien. Auch Scheler setzt mit einer Kritik der traditionellen Auffassung des Begriffs *innerer Wahrnehmung* an, den er wie Husserl noch bei Brentano findet. Husserl stellt sich gegen Brentano, indem er annimmt, ‚innere Wahrnehmung' als Wahrnehmung von Psychischem sei fallibel. Er teilt aber mit der Tradition weiterhin die Ansicht, daß jedes *ich* nur die eigenen psychischen Inhalte erfahren kann. So ist für Husserl – wie für Brentano und viele andere, die Scheler kritisiert – ‚innere Wahrnehmung' immer Selbstwahrnehmung. In gewisser Weise macht Scheler nun nichts anderes, als die Konsequenz aus Husserls Einsicht in die Fallibilität der Selbstwahrnehmung zu ziehen (ohne seine Stellung zu Husserl im einzelnen auszuweisen). Man kann Schelers Motivlage, die zu einer Fortsetzung des von Hus-

---

82 Ebd., S. 331.

83 Husserl, Logische Untersuchungen, 2.II, a. a. O., S. 709.

serl eingeschlagenen Weges drängte, in etwa so reformulieren: wenn die Wahrnehmung von Psychischem nicht infallibel ist, wieso soll Psychisches dann nur je von *einem ich* originär erfahrbar sein? Wenn Psychisches ebenso sinnlich vermittelt aufgenommen wird wie Physisches in äußerer Wahrnehmung, dann kann es doch als genauso objektiv (intersubjektiv) angesehen werden wie Physisches. Demnach ist die Wahrnehmung von Psychischem (*innere Wahrnehmung*) nicht mehr bestimmbar als Selbstwahrnehmung eines *ich*, sondern ganz allgemein als Wahrnehmung eines *individuellen ich* (also entweder *meines ich* oder des *ich* eines Anderen). So transformiert Scheler Husserls Ansatz in einem ganz fundamentalen Punkt: *innere Wahrnehmung* deckt sich nicht mit Selbstbewußtsein bzw. Selbstkenntnis oder Selbstwahrnehmung. Dieser Irrtum liege, so Scheler, zunächst in der falschen Vorstellung begründet, daß alle Erlebnisse eines *ich* einen Bezug auf das *individuelle ich* des erlebenden *ich* haben. Scheler wendet sich damit gegen alle Theorien des Selbstbewußtseins, für die jedes Bewußtsein immer schon – zumindest potentiell – Selbstbewußtsein ist. Sein Argument ist zunächst nicht positiv ausgewiesen. Scheler plausibilisiert es lediglich durch die Beobachtung, daß es zahlreiche Bewußtseinsvorgänge gibt, die sich gerade durch den fehlenden Ichbezug auszeichnen: zum einen sind da die *ichindifferenten* Seelenvorgänge, zum anderen die *ichfremden* Seelenvorgänge. *Ichindifferente* Akte nennt Scheler Akte äußerer Wahrnehmung, z. B. die Wahrnehmung der Farbe eines Gegenstandes. In diesem Akt liegt nicht notwendig ein Bezug auf mein *individuelles ich*, d. h. in der Wahrnehmung ist mir nicht eo ipso mitgegeben, daß *ich* es bin, der wahrnimmt. *Ichfremde* Akte nennt Scheler jene Akte, in denen ich etwas erlebe – z. B. einen Gedanken oder ein Gefühl –, das gewissermaßen von außen an mich herantritt (das weite Feld der Gefühlsansteckungen, der Zwangsantriebe und Zwangsvorstellungen gehört hierher).[84]

Von dieser Theorie des *ich* ausgehend kann die Differenz der Positionen Schelers und Husserls in Hinsicht auf die Theorie der Fremderfahrung skizziert werden. Husserl hat – was seine Veröffentlichungen angeht – in dem *Logos*-Aufsatz *Philosophie als strenge Wissenschaft* von 1911 und den *Ideen* von 1913 die These eines erkenntnistheoretisch gleichen Charakters von *innerer* und *äußerer* Wahrnehmung zurückgenommen und ist ineins damit von einer nichtegologischen zu einer egologischen Theorie des *ich* übergegangen.[85] In den *Logischen Untersuchungen* hatte Husserl deutlich ausgesprochen, das Mißverständnis müsse fernbleiben, daß die Beziehung auf das ‚ich' wesentlich zum Bestand des intentionalen Erlebnisses gehöre. In einem wahrnehmenden Akt des Betrachtens, in der Lektüre eines Märchens oder im Vollzug eines mathematischen Beweises sei nichts von einem ‚ich' als Beziehungspunkt des vollzo-

---

[84] Scheler, Idole der Selbsterkenntnis, a. a. O., S. 31.

[85] Vgl. oben Abschnitt 3.2.

genen Aktes zu merken.[86] Selbstbewußtsein ist demnach erstens keine notwendige Fähigkeit des ‚ich' und zweitens fallibel, weil es sich um einen Fall der Zuschreibung handelt. Diese Position hat Husserl in den *Ideen* – aus Gründen, die hier im einzelnen nicht angeführt werden können – revidiert.[87]

Damit ist der entscheidende Bruch zwischen Scheler und Husserl markiert (sofern man die unterschiedlichen Intersubjektivitätstheorien im Blick hat). Die Unterscheidung von *sinnlichen* und *intentionalen* Momenten im Bewußtsein, die Scheler mit Husserl teilt, zeitigt in Verbindung mit einer nichtegologischen Theorie des *ich* (wie der Schelers) in bezug auf das Problem der Fremdwahrnehmung ganz andere Folgen als in Verbindung mit einer egologischen Theorie des *ich* (wie sie Husserl in den *Ideen* entwickelt). Da der Husserl der *Ideen* gar kein besonderes Problem des Selbstbewußtseins sieht – Selbstbewußtsein ist immer schon ursprünglich gegeben –, können Selbstbewußtsein und Fremderfahrung für Husserl keine genuin zusammenhängenden Phänomene sein.

Scheler war sich seiner ambivalenten Stellung zu Husserl bewußt. Auf der einen Seite betonte er, daß er sich den Werken Husserls tief verpflichtet fühlt, um dann darauf hinzuweisen, daß Husserl seine Position der *Logischen Untersuchungen* im *Logos*-Aufsatz von 1911 ausdrücklich revidiert habe, indem er dort den Standpunkt vertritt, daß es in der Sphäre des *Psychischen* keinen Unterschied zwischen Erscheinung und Sein gebe. Damit ist, so argumentiert Scheler, die alte These einer Evidenz der *inneren Wahrnehmung* im Gegensatz zur *äußeren Wahrnehmung* wieder ins Spiel gebracht und die These der *Logischen Untersuchungen*, daß *innere* und *äußere Wahrnehmung* „von ganz gleichem erkenntnistheoretischen Charakter sind", zurückgenommen.[88]

Es ist kein Zufall, daß Husserl genau an der von Scheler erwähnten Stelle des *Logos*-Aufsatzes, an der er zu der schon überwundenen Auffassung des *Psychischen* als bloß dem *eigenen ich* originär Zugänglichen zurückkehrt, das Problem der Erfahrung von Fremdpsychischem in genau der problematischen Weise angeht, in der man es ausgehend vom Standpunkt der traditionellen cartesianischen Unterscheidung von *Psychischem* und *Physischem* allein angehen kann. Husserl nimmt hier ganz offen die

---

86 Husserl, Logische Untersuchungen, 2.I^2, S. 376.

87 Vgl. Abschnitt 3.2; Marbach, Das Problem des Ich in der Phänomenologie Husserls, a. a. O; sowie die kryptische Formulierung in: Husserl, Ideen I, S. 110: „In den ‚Log. Unters.' vertrat ich in der Frage des reinen Ich eine Skepsis, die ich im Fortschritte meiner Studien nicht festhalten konnte." Über die entscheidende These, daß jeder Bewußtseinsakt eine Beziehung auf das *Ich* haben soll, vgl. v. a. § 80 der *Ideen*: „Das ‚Gerichtetsein auf', ‚Beschäftigtsein mit', ‚Stellungnehmen zu', ‚Erfahren', ‚Leiden von' birgt notwendig in seinem Wesen dies, daß es eben ein ‚von dem Ich dahin' oder im umgekehrten Richtungsstrahl ‚zum Ich hin' ist – und dieses Ich ist das *reine*, ihm kann keine Reduktion etwas anhaben" (S. 160). Das, was Scheler *ichfremde* Erlebnisse nennt, ist von diesem Standpunkt nicht mehr zu beschreiben.

88 Vgl. Scheler, Idole der Selbsterkenntnis, a. a. O., S. 71. Die von Scheler zitierte Stelle Husserls findet sich in: Husserl, Logische Untersuchungen, 2.II, a. a. O., S. 704.

Position der *Logischen Untersuchungen* zurück: „Wir sehen bald, daß die Verhältnisse in der Sphäre des Psychischen total andere sind als in der physischen Sphäre. Das Psychische verteilt sich (im Gleichnis und nicht metaphysisch gesprochen) auf Monaden, die keine Fenster haben und nur durch Einfühlung im Commercium stehen." Alles *Psychische*, das erfahren wird, hat „Einordnung in einen umfassenden Zusammenhang, in eine ‚monadische' Einheit des Bewußtseins, eine Einheit, die in sich gar nichts mit Natur, mit Raum und Zeit, Substanzialität und Kausalität zu tun, sondern ihre ganz eigenen ‚Formen' hat".[89] Damit ist der Weg vorgezeichnet, den Husserl später in den *Cartesianischen Meditationen* beschritten hat.

Scheler hingegen kann im Gegensatz zu Husserl, da er von Husserls ursprünglichem Ansatz aus denkt, erstens eine *originäre* Erfahrung des *anderen ich* behaupten und zweitens Selbstbewußtsein und Fremdbewußtsein bzw. die Erfahrung von Eigenpsychischem und Fremdpsychischem in einen wechselseitigen Zusammenhang stellen: das eigene Selbst (das *individuelle ich*) ist uns nach Scheler nicht bloß durch *innere Wahrnehmung* gegeben, sondern ebenso in Akten *äußerer Wahrnehmung*, etwa wenn wir unsere Arme, Beine oder Hände betrachten. Selbstbewußtsein als Phänomen, das nur ineins mit Fremdbewußtsein gegeben ist, verlangt Selbstzuschreibung, so wie Fremdbewußtsein Fremdzuschreibung verlangt. Selbstzuschreibung ist dann ein besonderer Akt, der sich zu den beiden Akt*richtungen innerer* und *äußerer* Wahrnehmung neutral verhält. Die *innere Wahrnehmung* zielt auf *Psychisches*, die *äußere Wahrnehmung* zielt auf *Physisches*. *Physisches* und *Psychisches* sind grundsätzlich gegebene Kategorien, von denen keine in Abhängigkeit von der je anderen definiert, erschlossen oder konstituiert werden kann: sie sind „keine erst durch das Denken zu kreierenden, sondern *vorgefundene* Unterschiede"[90]; auch wenn sie, wie oben dargelegt wurde, insofern nicht ursprünglich sind, als sie in *psychophysisch indifferenten* Akten gründen.[91] Da die Selbstwahrnehmung nicht mit der *inneren Wahrnehmung* zusammenfällt, steht ihr nicht die äußere Wahrnehmung, sondern die Fremdwahrnehmung gegenüber. Auch die Fremdwahrnehmung ist gegenüber der Unterscheidung von *innerer* und *äußerer* Wahrnehmung indifferent. Ich kann in *äußerer* Wahrnehmung den Körper des Anderen betrachten, genauso wie ich meine eigenen Glieder wahrnehmen kann. Ich kann in *innerer Fremdwahrnehmung* die Gefühle des Anderen verstehen, so wie ich in *innerer Selbstwahrnehmung* meine eigenen Gefühle verstehen kann.

Vergegenwärtigt man sich nun die Schwierigkeiten von Husserls Theorie der Intersubjektivität und die an ihr von Theunissen und Habermas geübte Kritik, so zeigt sich,

---

89 Husserl, Philosophie als strenge Wissenschaft, a. a. O., S. 312 f.

90 Scheler, Idole der Selbsterkenntnis, a. a. O., S. 52 ff, Zitat S. 54.

91 Vgl. Scheler, Ethik, II. Teil, S. 404, die Formulierungen Schelers gegen die aus „alter kartesianischer Metaphysik stammende Alternative, es müsse ‚alles' entweder ‚psychisch' oder ‚physisch' sein, die verhindert habe, daß ideale Gegenstände wie der Leib" wahrgenommen worden wären.

daß Scheler von dieser Kritik nicht mitbetroffen ist. Die Kritik an Husserls Theorie der Intersubjektivität hat für deren Scheitern vor allem zwei Gründe verantwortlich gemacht: zum einen Husserls transzendentalen Ansatz, zum anderen Husserls grundsätzliche Bestimmung des Bewußtseins als intentional.[92] Würde die zuletzt genannte Kritik zutreffen, so würde dies auch für Schelers Ansatz und alle anderen phänomenologischen Ansätze gelten. Aber diese Kritik, deren Hauptargument darauf zielte, die von Husserl behauptete Mittelbarkeit der Fremdwahrnehmung zu bestreiten – mittelbar muß die Erfahrung des Fremdpsychischen für Husserl ja sein, weil nur die eigenen psychischen Gehalte originär erfahrbar sind – geht fehl in der Behauptung, daß die Annahme einer bloß mittelbaren Erfahrung des Anderen im Ansatz beim intentionalen Bewußtsein gründet. Daß diese Rückführung falsch ist, zeigt der Vergleich mit Scheler. Denn Scheler setzt einerseits wie Husserl beim intentionalen Bewußtsein und der Unterscheidung von sinnlichen und intentionalen Momenten an, andererseits denkt er aber die Erfahrung des *anderen ich* als nicht vermittelte originäre Erfahrung. Der eigentliche Grund für Husserls Annahme einer Mittelbarkeit der Fremderfahrung muß daher in einer egologischen Theorie des *ich* gesucht werden. Als wesentliche Differenz Husserls und Schelers erweist sich ja die *ich*-Theorie der beiden Autoren und die mit ihr verbundene Differenz hinsichtlich der Frage, ob das Psychische dadurch bestimmt ist, daß es Bezug zu einem *beliebigen ich* hat (Scheler), oder dadurch, daß jedem *ich* nur die *eigenen* psychischen Gehalte unmittelbar und evident zugänglich sind (Husserl). Weil Husserl in den *Ideen zu einer reinen Phänomenologie* von 1913 eine egologische Theorie des *ich* vertritt, stellt sich für ihn das Problem der Fremderfahrung ganz anders als für Scheler. Diese Differenz ist die entscheidende. Damit bestätigt sich die These, die bereits im Husserl-Abschnitt entwickelt wurde: daß Husserls Theorie der Intersubjektivität weder deshalb scheitert, weil Husserl transzendentalphilosophisch vorgeht, noch deshalb, weil Husserl Bewußtsein als intentionales bestimmt, sondern weil er ineins mit seiner Wende zu einer *egologischen* Theorie des *ich* zu einer traditionellen Auffassung der unmittelbaren Gegebenheit und Evidenz von Psychischem in ‚innerer Wahrnehmung' zurückkehren mußte.

Scheler hingegen nimmt (mit dem Husserl der ersten Auflage der *Logischen Untersuchungen*) ein *ichloses* Bewußtsein an. Nur das cogitare ist notwendige Bedingung eines Bewußtseinsaktes, der sich auf ‚etwas' bezieht, nicht ein cogito: „Es ist also durchaus keine ‚Bedingung' der Welt oder des Weltseins, durch ein Ich, resp. durch ein das Wesen der *Ichheit* an sich tragendes Erkennendes erfahrbar oder erkennbar zu sein."[93] Scheler hat daher, weil er die von Husserl in den *Logischen Untersuchungen* entwickelte Unterscheidung von *innerer* und *äußerer* Wahrnehmung aufnimmt, eine

92 Vgl. Theunissen, Der Andere, a. a. O., sowie die Ausführungen oben S. 133 ff.

93 Scheler, Ethik, 2. Teil, S. 390. Vgl. zu Schelers Theorie des ‚ich' bzw. des Selbstbewußtseins v. a. Scheler, Idealismus – Realismus, a. a. O., Abschnitt 2. Wissen und Bewußtsein, S. 260 f.

ganz andere Ausgangsposition als Husserl nach seiner Wende zu einer egologischen Theorie des *ich* – wie sie in Vorlesungen spätestens ab 1906, in Publikationen im *Logos*-Aufsatz von 1911 und in den *Ideen* von 1913 vorliegt. Das Sonderbare und in gewisser Weise Tragische an Husserls Theorie der Intersubjektivität ist, daß er seine in den *Logischen Untersuchungen* explizierte Unterscheidung von *innerer* und *äußerer* Wahrnehmung in keiner Weise zur Anwendung brachte, sondern im Gegenteil hinter seine eigene Theorie zurückfiel. Dies ist um so erstaunlicher, als er seine Theorie lange nach Schelers Theorie der Fremdwahrnehmung entwickelte und Schelers Theorie sicher kannte. Seltsamerweise findet sich aber weder in den *Cartesianischen Meditationen* noch in den aus dem Nachlaß publizierten Bänden zur *Phänomenologie der Intersubjektivität* eine Auseinandersetzung mit Schelers Theorie.[94]

5.8. Intentionale Gefühle

Unter dem Einfluß von Husserls *Logischen Untersuchungen* entwickelt Scheler in *Der Formalismus in der Ethik und die materiale Wertethik* eine neue Theorie der Gefühle, die gegenüber der groben Äquivokation, die der pauschalen Rede von Fühlen und Gefühlen eignet, eine Reihe von Unterscheidungen einträgt, die von grundlegender Bedeutung sind, wenn es darum geht herauszufinden, *was* wir eigentlich an Gefühlen Anderer verstehen können. Eine Theorie der Erfahrung des Anderen bzw. eine Theorie der Formen menschlichen Miteinanders muß zugleich auch eine Theorie der Gefühle sein. Denn sowohl die Sphäre menschlichen Zusammenlebens noch nicht entwickelter als auch die Sphäre menschlichen Zusammenlebens entwickelter Intersubjektivität ist in einem fundamentalen Sinn durch Gefühle konstituiert: menschliches Miteinander, das vor der Erfahrung des Anderen als Anderen liegt, basiert auf Formen gemeinsamen Fühlens, die durch Ansteckung vermittelt werden. Und die für Menschen typische Erfahrung des Anderen als Anderen setzt an der Erfahrung der Gefühle des Anderen an.

In Abschnitt 4.1 ist herausgearbeitet worden, wie die phänomenologische Grundthese, Bewußtsein sei intentional, zu verstehen ist. Die These, Bewußtsein sei immer auf etwas gerichtet, wurde erläutert durch die Unterscheidung der stofflichen (sinnlichen oder auch hyletischen) und der noetischen Schicht innerhalb der reellen Erlebnisse. Ein interessantes Thema ist nun, wie sich diese Unterscheidung in der Analyse von Gefühlen bewährt. In der *V. Logischen Untersuchung Über intentionale Erlebnisse und ihre ‚Inhalte'* stellt Husserl sich auch die Frage, ob es *nicht-intentionale Gefühle*

94 In den *Cartesianischen Meditationen* findet sich lediglich eine pauschal gegen Scheler gerichtete Zurückweisung von dessen Lehre der unmittelbaren Fremdwahrnehmung. Husserl, Cart. Med., S. 173. Vgl. auch oben S. 169 (Anmerkung 57).

gibt, und versucht diese Frage durch die Unterscheidung von *Gefühlsempfindungen* und *Gefühlsakten* zu klären. Um die Unterscheidung von sinnlichen und intentionalen Momenten im Bewußtsein zu verdeutlichen, weist Husserl darauf hin, daß gleiche Empfindungsinhalte unterschiedlich aufgefaßt werden können.[95] An diesem Beispiel zeigt sich eine problematische Äquivokation. Wenn alltagssprachlich von *Fühlen* die Rede ist, so kann beides gemeint sein: einerseits kann sich diese Rede auf das sinnliche Erlebnis in seiner zuständlichen Qualität beziehen, andererseits kann das auffassende Moment gemeint sein. Wenn davon gesprochen wird, daß ein Schmerz gelitten wird, so ist beides gemeint. Husserl weist nun diejenigen zurück, die nur das sinnliche Moment als eigentliches Gefühl bezeichnen wollen, und stellt heraus, daß viele Gefühle ursprüngliche intentionale Akte sind. Jede Freude ist Freude über etwas, jede Unfreude Mißgefallen an etwas. Husserl beschränkt aber den Begriff der Gefühle nicht auf die Arten von Gefühlen, die intentionale Erlebnisse sind, sondern nennt auch die rein sinnlichen Erlebnisse Gefühle. Dies ist unproblematisch, so führt er aus, wenn man die Unterscheidung zwischen *Gefühlsempfindungen* und *Gefühlsakten* beständig im Auge behalte. Denn in der Regel handle es sich ja immer um Komplexionen von Gefühlsempfindungen und Gefühlsakten: „So ist z. B. die Freude über ein glückliches Ereignis sicherlich ein Akt. Aber dieser Akt, der ja nicht ein bloßer intentionaler Charakter, sondern ein konkretes und *eo ipso* komplexes Erlebnis ist, befaßt in seiner Einheit nicht nur die Vorstellung des freudigen Ereignisses und den darauf bezogenen Aktcharakter des Gefallens; sondern an die Vorstellung knüpft sich eine Lustempfindung, die einerseits als Gefühlserregung des fühlenden psychophysischen Subjekts und andererseits als objektive Eigenschaft aufgefaßt und lokalisiert wird: das Ereignis erscheint wie von einem rosigen Schimmer umflossen. Das in dieser Weise lustgefärbte Ereignis als solches ist nun erst das Fundament für die freudige Zuwendung, für das Gefallen, Angemutetwerden, und wie man es sonst nennen mag."[96]

Scheler nimmt die Unterscheidung von *Gefühlsempfindungen* und *Gefühlsakten* auf und entwickelt sie weiter, indem er versucht, innerhalb des weiten Feldes von Phänomenen, die als Gefühle bezeichnet werden, schärfere Unterscheidungen einzutragen. Scheler unterscheidet zunächst das *intentionale Fühlen von etwas* (bzw. die *Gefühlsfunktionen* und *emotionalen Akte*) von allen *bloßen Gefühlszuständen*.[97] Bei allen Phänomenen, die als Gefühle bezeichnet werden, untersucht er, inwiefern in ihnen einerseits ein *intentionales Fühlen von etwas*, andererseits eine spezifische *zuständ-*

---

95 Vgl. oben S. 113.

96 Husserl, Logische Untersuchungen 2.I ^{2}, S. 394.

97 Inwiefern Scheler an Husserls Konzept von Intentionalität anschließt, wird hier nur in einer Perspektive vorgestellt, d. h. auf die Differenzen gehe ich nicht ein. Bei Scheler meint Intentionalität wie bei Husserl Weltoffenheit des Bewußtseins, zugleich bekommt der Begriff aber eine ontologische Wendung insofern, als Scheler Intentionalität auch als *Teilhabe* bzw. *Teilnahme* auslegt. Vgl.: Wolfhart Henckmann, Das Intentionalitätsproblem bei Scheler, in: Brentano-Studien, 3 (1990/91), S. 203-228.

liche (sinnliche) Qualität vorhanden ist. Das führt ihn zu der Unterscheidung vier verschiedener Klassen von Gefühlen, deren Zusammenhang als *Schichtung des emotionalen Lebens* begriffen werden kann. Diese vier Klassen lassen sich insofern unterscheiden, als in ihnen das Verhältnis von intentionalen und zuständlichen Momenten je verschieden ist. Scheler unterscheidet *rein sinnliche Gefühle*, die zwar intentional aufgefaßt werden, von sich aus aber keinen Bezug auf etwas haben (a), die *vitalen Gefühle* (b), die *seelischen Gefühle* (c), die sich dadurch auszeichnen, daß in ihnen sinnliche und intentionale Momente in einer nichtkontingenten, wesentlichen Einheit zusammenkommen, und die *rein geistigen Gefühle*, die von sich aus keinerlei sinnliche Komponente aufweisen (d).[98] Die wichtige Differenz zu Husserl liegt hier darin, daß Scheler die vitalen und seelischen Gefühle von den sinnlichen Gefühlen scharf unterscheidet und bei diesen intentionale und sinnliche Momente als Einheit faßt. Bei vitalen und seelischen Gefühlen gibt es demnach keine Dichotomie von Sinnlichkeit und Vernunft.

a) Die sinnlichen Gefühle oder Empfindungsgefühle (Wertreihe des Angenehmen und Unangenehmen). Ein rein sinnliches Gefühl, etwa eine Schmerzempfindung, kann auf ganz verschiedene Weise aufgefaßt werden: dasselbe Erlebnis hat hier verschiedene Seiten: „Ein und derselbe Schmerz sieht anders aus, wenn wir ihn in verschiedenen Modi erleben, z. B. leidend, duldend, genießend, uns ihm hingebend, ihm Widerstand leistend usw., und er bietet dabei immer neue ‚Erscheinungen' dar."[99] Die Beziehung zwischen dem sinnlichen Gefühl und dem Fühlen dieses Gefühls ist keine notwendige. Sinnliche Gefühle beziehen sich nicht von sich aus auf etwas. Sie sind wesensnotwendig als Zustand gegeben, und nie als Funktion oder Akt.[100] Gefühlszustände und Fühlen, so Scheler, sind grundverschieden: „Jene gehören zu den Inhalten und Erscheinungen, diese zu den Funktionen ihrer Aufnahme." Rein sinnliche Gefühle, die von sich aus kein intentionales Moment in sich tragen, werden als an bestimmten lokalisierbaren Stellen des Körpers haftende Organempfindungen erlebt. Sie sind ausschließlich aktueller Tatbestand: „es gibt kein Wiederfühlen, kein Nachfühlen, kein Vorfühlen, desgleichen kein Mitfühlen eines sinnlichen Gefühls. Seine ausschließliche Seinsform ist die seiner Zeit und die seines Ortes am Leibe."[101] Mitfühlen und Verstehen geht niemals auf die sinnliche Empfindung, sondern auf das intentionale Auffassen, z. B. das Leiden eines Schmerzes: nicht der Schmerz wird verstanden, sondern das Erleiden des Schmerzes.

b) Die vitalen Gefühle (Wertreihe des Edlen und Gemeinen): Leibgefühle als Zustände, Lebensgefühle als Funktionen. Zu den vitalen Gefühlen zählt Scheler z. B. Furcht und Hoffen und Stimmungen wie Mattigkeit und Frische. Sie sind „ausgespro-

---

98 Scheler, Ethik, II. Teil, S. 344-357.

99 Scheler, Idole der Selbsterkenntnis, a. a. O., S. 76.

100 Scheler, Ethik, II. Teil, S. 335.

101 Ebd., S. 263 und S. 346.

chene *Leibgefühle*",[102] d. h. sie werden nicht an einer lokalisierbaren Stelle des Körpers erlebt, sondern am ganzen Leib. Während die rein sinnlichen Gefühle sich als mehr oder weniger tote Zustände darstellen, haben die Lebensgefühle von sich aus immer schon funktionalen und intentionalen Charakter. Sinnliche und intentionale Momente sind bei ihnen nicht voneinander zu trennen, sondern bilden eine wesentliche Einheit. Der angenehme sinnliche Zustand der Frische gehört wesentlich zu dem, was in der Frische intendiert ist. Die Lebensgefühle können nicht auf die Verschmelzung rein sinnlicher Empfindungen zurückgeführt werden. So können wir uns während der Empfindung stärkster sinnlicher Lustgefühle matt und elend fühlen, und ebenso bei starken körperlichen Schmerzen frisch und kraftvoll. Die Lebensgefühle sind, so Scheler, ein einheitlicher nicht ableitbarer Tatbestand.

Daß Scheler auch den Stimmungen Intentionalität zuspricht, mag erstaunen. Ist es nicht ein Allgemeinplatz, daß sich Stimmungen gerade dadurch auszeichnen, daß sie nicht intentional sind, weil in ihnen keine bewußtes Etwas vorstellig sei? So gibt es eine Angst, die nicht Angst vor, sondern unbestimmte Angst ist etc. Die Rede, Stimmungen seien nicht intentional, weil in ihnen kein *etwas*, auf das sich die Stimmung richtet, bewußt sei, ist jedoch fragwürdig, sofern hier ein phänomenologischer Begriff von Intentionalität gemeint ist. Denn wie für Husserl so meint auch für Scheler die Intentionalität des Bewußtseins kein Wissen und kein Urteil. Die Lebensgefühle (Stimmungen wie Mattigkeit oder Frische) sind intentional, weil sie in ihrer Intentionalität Gefahren anzeigen, die der Vorstellungssphäre völlig verschlossen sind.[103] Mit den Lebensgefühlen beginnt die Sphäre der sozialen Gefühle. Die rein sinnlichen Gefühle sind ja, sofern sie nicht aufgefaßt werden, streng an das sie erlebende Individuum gebunden und weder verstehbar noch mitfühlbar.

c) Die seelischen Gefühle (geistigen Werte), auch bezeichnet als ‚reine Ich-Gefühle'. Die seelischen Gefühle, die auf geistige Werte gerichtet sind, tragen schon in der Art ihrer Gegebenheit eine eigentümliche Abgelöstheit und Unabhängigkeit von der gesamten Leib- und Umweltsphäre in sich. Die rein seelischen Gefühle heben sich von den Lebensgefühlen genauso scharf ab wie die Lebensgefühle von den rein sinnlichen Gefühlen. Zum Wesen seelischer Gefühle gehört es, daß die in ihnen intendierten Werte von sich aus Ichqualität haben: „Als *zuständliche* Korrelate haben diese Werte die Reihe derjenigen Gefühle, die wie z. B. geistige Freude und Trauer (im Unterschiede zu noch vitalem ‚Froh' und ‚Unfrohsein') das *phänomenale* Charakteristikum haben, daß sie nicht erst dadurch am ‚Ich' als dessen Zustände erscheinen, daß ‚zunächst' der Leib als Leib dieser Person zur Gegebenheit kommt, sondern daß sie *unvermittelt* durch diese Gegebenheit überhaupt in die Erscheinung treten."[104] Die seelischen

102 Ebd., S. 351.
103 Ebd., S. 354.
104 Scheler, Ethik, I. Teil, S. 107.

Gefühle teilen aber mit den Lebensgefühlen die Eigenschaft, daß zuständliche und intentionale Momente sich nicht voneinander trennen lassen. Während bei den Lebensgefühlen die zuständlichen Momente die intentionalen dominieren, kehrt sich bei den seelischen Gefühlen dieses Verhältnis um.

d) Die rein geistigen Gefühle. Diese bilden das Gegenstück zu den rein sinnlichen Gefühlen. Fehlt diesen von sich aus jedes intentionale Moment, so kommt den rein geistigen Gefühlen von sich aus kein zuständliches Moment zu: „In echter *Seeligkeit* und *Verzweiflung*, ja schon in *Heiterkeit* (serenitas animi) und ‚Seelenfrieden' erscheint alles *Ichzuständliche* wie ausgelöscht."[105]

An diese Gefühlsklassen knüpft Scheler eine Unterscheidung von drei Sphären, in denen Menschen sich fühlend verhalten. Für eine Theorie sozialen Miteinanders ist nun entscheidend, wie die Gefühle zwischen den Menschen Beziehungen herstellen. Zum einen geht es darum, wie die Gefühle durch Ansteckung erlernt werden können bzw. durch Ansteckung einen atmosphärischen Boden schaffen, der noch neben der nüchternsten Kommunikation besteht. Zum anderen geht es darum, wie die Gefühle Anderer verstanden werden können (Scheler spricht hier auch von einem *Nachfühlen*) und wie sie mitgefühlt werden können.

Der Ort, an dem die Gefühlsansteckungen stattfinden, liegt, da alle Ansteckung über das Ausdrucksverhalten vermittelt wird, „auf alle Fälle *zwischen* dem Leibbewußtsein wie es in spezifisch eigenartiger Einheitsform alle Organempfindungen und lokalisierten Gefühlsempfindungen umfaßt und dem noetisch-geistigen Personsein als Aktzentrum aller ‚höchsten' intentionalen Akte in der *Mitte*".[106] Die Einsfühlungen liegen allesamt in jenem Zwischenreich unserer menschlichen Wesenskonstitution, das Scheler als *Vitalsphäre* (die Vitalsphäre umfaßt auch die seelischen Gefühle) bezeichnet, und einerseits von der *Person- und Vernunftsphäre*, andererseits von der *Empfindungs- und (sinnlichen) Gefühlssphäre* unterscheidet. In die Vitalsphäre gehören vor allem die Lebensgefühle. Sie sind es, die den Boden gemeinsamen Fühlens in der Sphäre noch nicht entwickelter Intersubjektivität ausmachen: „Es ist die seelische Region und Atmosphäre des Lebens- und Todestriebes, der Leidenschaften, der Affekte, der Dränge und Triebe (und ihrer drei Wesensarten des Hungers und Durstes als Nahrungstrieb, der erotischen Vitaltriebe mit allen ihren Unterformen, des Macht-, Herrschafts-, Wachstums- und Geltungstriebes), die in den ihnen zugehörigen Bewußtseinserscheinungen zur Einsfühlung und echten Identifizierung führen können."[107] Die Unterscheidung der drei Sphären wie auch die Unterscheidung der vier Gefühlsklassen ist als idealtypische zu verstehen, d. h. keine der Sphären oder Klassen ist je in reiner Form realisiert.

---

105 Scheler, Ethik, II. Teil, S. 356.

106 Scheler, Wesen und Formen der Sympathie, S. 35 (neu).

107 Scheler, Wesen und Formen der Sympathie, S. 37 (neu).

Die Phänomene der Gefühlsansteckung gehören in den Bereich der Vitalsphäre. Lebt ein Mensch vorrangig in der Vitalsphäre – also wenn es z. B. zur Einsfühlung in einen anderen Menschen kommt –, dann sind die beiden anderen Sphären tendenziell außer Kurs gesetzt.[108] Lebt ein Mensch hingegen ganz in seinen sinnlichen Erlebnissen, d. h. in der Empfindungssphäre, so kann er weder einsfühlen, noch verstehen, noch mitfühlen. Genau in dem Maße, in dem ein Mensch vorwiegend in seinen Leibzuständen lebt, muß ihm das seelische Erleben seiner Mitmenschen wie auch sein eigenes seelisches Leben verschlossen bleiben. Im Extremfall, so Scheler, „nähern wir uns einem solchen Momentansolipsisten genau in dem Maße an, als wir in unserem Leibe leben".[109]

Damit ist ein weiterer wichtiger Punkt in Schelers Theorie erreicht. Das Verstehen stößt zunächst da an seine Grenzen, wo die Gefühle kein Ausdrucksverhalten zeigen. Menschliches Miteinander ist fundiert in Kontakten, die durch den Leib vermittelt sind, denn alles Ausdrucksverhalten verweist auf den Leib. Verstehen, sofern der Begriff auf Ausdrucksverstehen eingeschränkt wird, ist daher nur in einer bestimmten Sphäre, der Vital- und (Seelen)sphäre, möglich. „Sowohl sein Leibbewußtsein, als sein stets wesensmäßig individuelles geistiges Personzentrum hat *jeder Mensch für sich allein.*"[110] Die Grenze des Verstehens besteht also nicht nur hinsichtlich der Empfindungssphäre, sondern ebenso hinsichtlich der Person- oder Vernunftsphäre. Das ist erläuterungsbedürftig. Scheler meint nicht, daß wir die rein geistigen Gefühle Anderer nicht verstehen können. Vielmehr will er darauf hinaus, daß die geistige Sphäre des Menschen eine ist, zu deren Mitteilung die Person sich entschließen muß. Sie ist, da nicht an leiblichen Ausdruck gebunden, nicht ihrem Wesen nach offen oder sozial. Personen, so Scheler, können nicht verstehend erkannt werden, wenn sie sich nicht mitteilen *wollen*, denn die Ausdruckserscheinungen reichen nur bis zur Sphäre des vitalen und seelischen ich, nicht aber bis zur Erkenntnis der noetischen Akte der Person. Dies ist der Grund, warum der Sprache als Mitteilungsform hier eine wesentliche Rolle zukommt: „Die Sprache (und damit aber auch mögliches Schweigen und Verschweigen) ist für die Erfassung des Personinhaltes also wesentlich."[111]

Schelers These, Verstehen sei im Verhalten – genauer im Ausdrucksverhalten fundiert, gilt nicht nur für das Verstehen Anderer, sondern auch für das Selbstverstehen. Auch alle Selbstwahrnehmung ist daran gebunden, „daß sich das Wahrzunehmende in Ausdruckstendenzen umsetze."[112] In meinen Handlungen als der zusammenfassenden Einheit meines Ausdrucksverhaltens kann ich mich selbst verstehen. „Auch das Wesen unseres sittlichen ‚Charakters' erfahren wir nicht vollständig losgelöst von der

108 Scheler, Wesen und Formen der Sympathie, S. 37 (neu).

109 Scheler, Sympathiegefühle, S. 143; Wesen und Formen der Sympathie, S. 301.

110 Scheler, Wesen und Formen der Sympathie, S. 36 (neu).

111 Scheler, Wesen und Formen der Sympathie, S. 119 (neu).

112 Scheler, Sympathiegefühle, S. 134; Wesen und Formen der Sympathie, S. 291.

Handlungssphäre, etwa durch eine pure, vorhergehende Selbstschau, sondern nur im Verlaufe unserer Handlungen selbst."[113] Indem ihm der Ausdruck Ansatzpunkt jeder Fremdwahrnehmung ist, rückt Scheler das Verhalten in den Mittelpunkt der Sphäre menschlichen Miteinanders. Wenn wir auf jemanden zornig sind, so muß dieses Gefühl auch in unserem Verhalten sich als Ausdruck realisieren: „Ein Eigenerlebnis kommt zu gesonderter Wahrnehmung erst in dem Maße, als es sich in Bewegungsintentionen und (zum mindesten) in Ausdruckstendenzen entlädt."[114] Wie stark die Realisierung einer Gemütsbewegung an das Ausdrucksverhalten gekoppelt ist, zeigt folgende Beobachtung Schelers: kommt es zu einer Unterdrückung des Ausdrucks einer Gemütsbewegung, dann hat diese Unterdrückung zumeist die Tendenz, die Gemütsbewegung überhaupt aus der *inneren Wahrnehmung* zu verdrängen. Der Zorn, die Freude oder die Liebe, deren Ausdruck unterdrückt wird, verflüchtigt sich. Dies gilt allerdings nur insoweit die genannten Gefühle der Vitalsphäre angehören; geistige Gefühle, die nicht an eine Vermittlung durch den Leib gebunden sind, können auch nicht durch Hemmung der Ausdruckstendenzen unterdrückt werden. Auch die Selbstwahrnehmung ist also insofern nicht unmittelbar, als sie „nur durch die Wirkung eines Erlebnisses auf den Zustand des Leibes vermittelt" zur Abhebung eines Erlebnisses aus dem Gesamtstrome des Lebens führt.[115]

Gefühle sind nicht privat, sondern auf den Anderen, auf die Wahrnehmung des Anderen hin angelegt. Das heißt nicht, daß sie auf die Weise intersubjektiv sind, wie alles sprachlich Bezeichnete intersubjektiv ist, weil es auf Konvention beruht. Gefühle sind intersubjektiv, weil sie einen Ausdruck zeigen. Gefühle sind – sofern sie überhaupt wahrgenommen werden können – daran gebunden, daß sie zumindest Ausdrucks*tendenzen* hervorrufen. Stimmungen schlagen sich direkt im Ausdruck des So-und-so-Gestimmten nieder. Affekte wie Wut, Zorn oder Scham sind schlichtweg nicht denkbar ohne ihren Ausdruck. Genau genommen muß man hier noch weitergehen und sagen: Affekte bedürfen nicht nur eines Ausdrucks, sondern bestimmter typischer leiblicher Begleiterscheinungen, die wir einmal nach ihrer inneren, einmal nach ihrer äußeren Seite hin betrachten können. Beide Perspektiven sind hier im Auge zu behalten: zum einen die Perspektive der Anderen, die sehen und spüren (d. h. *verstehen*), daß ich zornig oder traurig bin; zum anderen meine Perspektive bzw. die Perspektive der ersten Person. Zum einen spüre ich unmittelbar, daß ich mich schäme. Ich spüre das Blut, das in meine Wangen steigt, und ich spüre eine allgemeine Tendenz der Verengung. Zum anderen spüre ich, wie Andere mich anblicken und mein Blick

---

113 Scheler, Sympathiegefühle, S. 134; Wesen und Formen der Sympathie, S. 292.

114 Scheler, Sympathiegefühle, S. 133; Wesen und Formen der Sympathie, S. 290.

115 Scheler, Sympathiegefühle, S. 134; Wesen und Formen der Sympathie, S. 291.

ihrem Blick ausweicht und zu Boden geht.[116] Beide Momente, das subjektive Spüren eines bestimmten leiblichen *affektiven Betroffenseins* (Hermann Schmitz) und der intentionale Bezug auf den beschämenden Blick der Anderen, sind im Erleben eine Einheit. Sie sind aber nicht nur im Erleben eine Einheit, sondern gehören ihrer Natur nach unverbrüchlich zusammen. Das für das Schamgefühl typische leibliche Spüren, das ja nur die subjektive Perspektive des Schamausdrucks – also des schamgeröteten Gesichts – darstellt, ist gebunden an den Ausdruck, der immer Ausdruck in der Begegnung bzw. im Verhalten zu Anderen ist. So ist auch alles Ausdrucksverhalten, das wir in Situationen zeigen, in denen wir alleine sind, entweder bezogen auf imaginäre Andere oder auf uns selbst als Andere.[117]

5.9. Formen der Sympathie: Gefühlsansteckung, Nachfühlen, Mitgefühl

In diesem Abschnitt soll Schelers Versuch einer *Phänomenologie und Theorie der Sympathiegefühle* (so die Formulierung von 1913) bzw. sein Versuch, *Wesen und Formen der Sympathie* zu bestimmen (so die Formulierung der überarbeiteten Fassung von 1923), behandelt werden. *Sympathie* ist für Scheler der Oberbegriff für all jene Phänomene, in denen sich Menschen in von Gefühlen getragenen Beziehungen und Bindungen zueinander verhalten. Die Formen der Sympathie sind die Formen menschlicher Begegnung, die von Gefühlen getragen werden. Zunächst ist eine Begriffsklärung angebracht: wenn von *Wesen und Formen der Sympathie* gehandelt wird, dann ist Sympathie der Name für alle Formen emotionalen Verhaltens und darf nicht mit einem umgangssprachlichen Begriff von Sympathie und nicht mit Mitgefühl oder Mitfühlen verwechselt werden, die nur eine Form der Sympathiegefühle bilden.[118] Auch hier wird die Theorie so wiedergegeben, daß zuerst die Position der Fassung von 1913 sichtbar wird, um dann zu zeigen, welche bedeutenden Modifikationen Scheler 1923 vornahm.

Scheler unterscheidet vier Formen der Sympathie: es ist dies erstens die Gefühlsansteckung bzw. die Einsfühlung, zweitens das Nachfühlen, drittens das Mitfühlen und viertens die Liebe (die im folgenden nicht behandelt wird). Menschliches Miteinan-

---

116 Vgl. Hilge Landweer, Scham und Macht. Phänomenologische Untersuchungen zur Sozialität eines Gefühls, Tübingen 1999, S. 39 ff. Siehe dazu meinen Aufsatz: Philosophie der Scham, in: Deutsche Zeitschrift für Philosophie, 48 (2000) 5, S. 807-829.

117 Vgl. dazu: Dieter Thomä, Erzähle Dich selbst. Lebensgeschichte als philosophisches Problem, München 1998.

118 Scheler selbst verwendet den Begriff unterschiedlich; einmal in einem allgemeineren Sinn, ein andermal als Synonym zum echten Mitgefühl, z. B. wenn er davon spricht, daß man mit dem Hass, der Bosheit oder der Schadenfreude eines Anderen „sympathisieren" könne und damit ein „Mitgefühl" meint – hier eine Mitfreude – mit der Freude, die einer am Schaden eines Anderen hat. Scheler, Sympathiegefühle, S. 2; Wesen und Formen der Sympathie, S. 2, vgl. auch S. 154 (neu).

der ist möglich in der Form *Ich/Du-indifferenten* gemeinsamen Fühlens, in der Form des Verstehens der Gefühle Anderer, durch Teilnehmen an den Gefühlen Anderer und in Liebe und Haß. Diese vier Formen sind für Scheler *phänomenologisch* klar zu unterscheiden, auch wenn die Formen zwei bis vier *empirisch* vielleicht nie in reiner Gestalt realisiert sind.

1. *Gefühlsansteckung bzw. der Sonderfall der Gefühlsansteckung, die sogenannte echte Einsfühlung (die erst in der Fassung von 1923 eingeführt wird)*: bei allen Fällen von Gefühlsansteckung handelt es sich um unterbewußte Übertragung von Gefühlen, z. B. hervorgerufen durch ein unwillkürliches, nichtbewußtes Mitmachen der fremden Ausdrucksbewegung. Das durch Ansteckung oder Einsfühlung – Einsfühlung meint die vollständige *Identifizierung* mit einem oder mehreren Anderen – in mir entstandene Gefühl, erlebe ich als mein Gefühl (ohne es jedoch im Sinne der Unterscheidung meines/deines aufzufassen). In keiner Weise ist im Phänomen der Gefühlsansteckung die Erfahrung des Anderen als dieses Anderen mitgegeben. Wenn ich mich von dem Gähnen Anderer anstecken lasse und mich ein Gefühl der Müdigkeit überkommt, so wird diese Müdigkeit in keiner Weise begleitet von der bewußten Erfahrung, daß die Anderen um mich herum auch gegähnt haben bzw. müde sind. Die als Gefühlsansteckung bezeichnete Form der Sympathie mag als primitiv bezeichnet werden, sie hat aber entwicklungspsychologisch (und auch noch für jede alltägliche Begegnung) eine wohl kaum zu überschätzende Bedeutung. Durch Gefühlsansteckung werden Gefühle erlernt; durch (wechselseitige) Gefühlsansteckung ist Kontakt mit Anderen möglich, bevor die Erfahrung des Anderen als Anderen gemacht wird. Gefühlsansteckung ist die Sympathieform *primitiver Subjektivität*, der die Sphäre noch nicht entwickelter Intersubjektivität entspricht. Während Scheler 1913 noch pauschal von Gefühlsansteckung spricht und lediglich die primitiven Züge dieser Sympathieform im Hinblick auf eine scharfe Abgrenzung zum echten Mitfühlen herausarbeitet, gewinnen die verschiedenen Formen der Einsfühlung, die er 1923 vorstellt, eine auch positive Bedeutung; vor allem insofern, als diese unterste Sympathieform alle anderen Sympathieformen fundiert, und zwar auch dann noch, wenn diese schon ausgebildet sind (auch das ist eine neue These der Fassung von 1923).

2. *Nachfühlen*: in der bisherigen Darstellung von Schelers Theorie sind die Akte, die die Erfahrung des *anderen ich* ermöglichen, in einer tendenziell erkenntnistheoretischen Perspektive unter dem Namen *Verstehen* behandelt worden. An den Stellen, an denen es um die Frage geht, welcher Art das Erlebnis der Erfahrung des Anderen ist, bezeichnet Scheler das *Verstehen* ausdrücklich als ein *Nachfühlen*: „Es ist wohl ein *Fühlen* des fremden Gefühls, kein bloßes Wissen um es oder nur ein *Urteil*, der Andere habe das Gefühl; gleichwohl ist es kein Erleben des wirklichen Gefühles als eines Zustandes. Wir erfassen im Nachfühlen fühlend noch die *Qualität* des fremden Gefühls – ohne daß es in uns herüberwandert oder ein gleiches reales Gefühl in uns

erzeugt wird."[119] Daß es sich beim Nachfühlen nicht um ein bloßes Wissen bzw. ein Urteil handelt, kann Scheler überzeugend herausstellen, weil er nachfühlendes Verstehen als *unmittelbar* begreift. Ganz bewußt beschreibt Scheler das Verstehen des Anderen als *Nachfühlen.* Der Grund ist folgender: das Verstehen des Anderen darf kein bloßes Wissen um den Anderen, um die Gefühle des Anderen sein. Es darf kein bloßes Wissen der Art sein, wie wir es etwa haben, wenn wir z. B. *berichtet* bekommen, ein Anderer sei traurig. Wir können nämlich nicht bloß wissen, daß ein Anderer traurig ist, sondern wir können es *erfahren,* können es *nachfühlen,* ohne daß wir denselben Zustand (gemeint sind die sinnlichen Empfindungsmomente) erleben müssen bzw. ohne das Gefühl – etwa die Todesangst eines Ertrinkenden – schon einmal erlebt haben zu müssen (lediglich die Art des Gefühls, in diesem Fall Angst, müssen wir kennen). Schelers Erläuterung erinnert an Diltheys Hinweis auf die Art, wie eigene Gefühle in der Erinnerung vorgestellt werden können: „Die Gegebenheit des fremden Gefühls ist hier genau *analog* der Gegebenheit, die z. B. eine Landschaft hat, die wir im Erinnerungsbewußtsein subjektiv ‚sehen'."[120]

3. *Das Mitfühlen bzw. das Teilnehmen an Gefühlen des Anderen*: die allgemeinste Bestimmung des Mitgefühls, die Scheler gibt, lautet: das Mitgefühl ist ein Gefühl, in welchem uns „Erlebnisse anderer unmittelbar verständlich werden, wir aber an ihnen teilnehmen".[121] In dieser Formulierung überrascht zunächst das ‚aber'. Weshalb sollte ein Gegensatz bestehen zwischen dem *Verstehen* von und dem *Teilnehmen* an Gefühlen Anderer? Die hier von Scheler durch das ‚aber' angedeutete Spannung zielt indes nicht auf einen Gegensatz, sondern auf eine prinzipielle Unterscheidung der Phänomene des *Verstehens* und des *Teilnehmens.* Die ausdrückliche Betonung, daß *Verstehen* und *Teilnehmen* zwei grundsätzlich verschiedene Phänomene sind, war zu Beginn des 20. Jahrhunderts nicht selbstverständlich – und ist es auch heute noch nicht.

Nach den eingangs vorgestellten Theorien von Droysen und Lipps gibt es keinen Unterschied zwischen einem bloßen Verstehen und dem Teilnehmen an den Gefühlen Anderer, da das *Sich-Einfühlen* in das Gefühl bzw. *Nachbilden* des Gefühls des Anderen nicht nur die Erfahrung des *anderen ich* geben soll, sondern zugleich auch als *Mitfühlen* ausgelegt wird.[122] Scheler grenzt das Mitgefühl hier in doppelter Hinsicht ab: zum einen hinsichtlich des bloßen Verstehens (Nachfühlens), zum anderen hinsichtlich der Gefühlsansteckung. Die fundamentale Verwechslung von Mitgefühlen mit bloß angesteckten Gefühlen findet sich in der Literatur des 19. Jahrhunderts aus-

119 Scheler, Sympathiegefühle, S. 5; Wesen und Formen der Sympathie, S. 5.

120 Scheler, Sympathiegefühle, S. 5; Wesen und Formen der Sympathie, S. 5.

121 Scheler, Sympathiegefühle, S. 1; Wesen und Formen der Sympathie, S. 1.

122 Ausführlicheres dazu in meinem Aufsatz (aus dem ich einige Formulierungen aufnehme): Das Mitgefühl als Gefühl, in: Vernunft und Gefühl. Schelers Phänomenologie des emotionalen Lebens, hg. von Christian Bermes, Wolfhart Henckmann und Heinz Leonardy, Würzburg 2003, S. 39-51.

gesprochen häufig. Am prominentesten ist vermutlich Nietzsche, den Scheler schroff zurückweist: Nietzsche polemisiert gegen das Mitleid, weil es qua Ansteckung zu einer Potenzierung des Leides führe. Scheler führt die bekannte Passage aus Nietzsches *Antichrist* an, um klarzustellen, daß Nietzsche überhaupt nicht von echtem Mitgefühl spricht, sondern von bloßer Gefühlsansteckung. Mitleid ist dadurch bestimmt, daß es den Anderen *als Anderen* meint. Das ist bei Nietzsche nicht der Fall: „Das Leiden", so Nietzsche, „wird durch das Mitleiden ansteckend; unter Umständen kann mit ihm eine Gesamteinbuße an Leben und Lebensenergie erreicht werden, die in einem absurden Verhältnis zum Quantum der Ursache steht (– der Fall vom Tode des Nazareners)."[123] Die Verwechslung von angesteckten Gefühlen mit echtem Mitfühlen ist auch dann problematisch, wenn man die Wertung, die Nietzsche gibt, nicht teilt. So lassen sich etwa bei Droysen die drei Phänomene: angesteckte Gefühle, verstandene Gefühle und mitgefühlte Gefühle nicht unterscheiden.

Zu Schelers grundsätzlichen Bestimmungen des Mitgefühls gehört nicht nur, daß es sich auf ein Gefühl eines Anderen richtet, der als Anderer gegeben sein muß, sondern auch die These, das „echte Mitgefühl" sei „durchaus nur eine *Funktion* – ohne eigenen intendierten Gefühlszustand":[124] Mitgefühle sind also rein intentionale Gefühle. Der im Mitleiden gegebene Gefühlszustand des Anderen ist nach Scheler ganz *in* dem Anderen gegeben; er wird weder vom Mitfühlenden reproduziert noch erzeugt er einen gleichen oder ähnlichen Zustand in ihm. Scheler teilt diese These mit Groethuysen, der sich schon vor ihm ausdrücklich dagegen ausgesprochen hatte, im Mitgefühl einen Gefühlszustand zu sehen: „Wir wüßten auch wirklich nicht", so Groethuysen, „was es heißen sollte, ich habe Zahnschmerzen darüber, daß du Zahnschmerzen hast".[125]

Scheler betont nicht nur die scharfe Trennung von Gefühlsansteckung und Mitfühlen, sondern legt auch besonderen Wert darauf, daß das bloße Verstehen (*Nachfühlen)* noch kein Mitfühlen ist, sondern nur Voraussetzung, um mitzufühlen: zum einen muß „irgendeine Form des Wissens um die Tatsache fremder Erlebnisse" überhaupt vorhanden sein, d. h. ein Wissen um die Tatsache, daß ich Mitmenschen habe, daß Andere mit mir und neben mir existieren; zum anderen ein Wissen um die „Natur und Qualität" der fremden Erlebnisse, um diese verstehen zu können. „Nicht erst *durch* das Mitleid kommt mir des Anderen Leid zur Gegebenheit; sondern dies Leid muß bereits in irgendeiner Form gegeben *sein*, damit ich, mich darauf richtend, mit-leiden

123 Scheler, Sympathiegefühle, S. 13; Wesen und Formen der Sympathie, S. 15. Vgl. dazu auch eine der brillantesten Kritiken Nietzsches: Max Scheler, Über Ressentiment und moralisches Werturteil, Leipzig 1912 (später als: Das Ressentiment im Aufbau der Moralen, in: ders., Abhandlungen und Aufsätze, Erster Band, Leipzig 1915, S. 39-274). Die zitierte Stelle aus Nietzsches *Antichrist* findet sich in: Friedrich Nietzsche, Der Antichrist, in: ders., KSA 6, München 1980, S. 165-254, hier S. 173.

124 Scheler, Sympathiegefühle, S. 19; Wesen und Formen der Sympathie, S. 46.

125 Groethuysen, Das Mitgefühl, a. a. O., S. 235. Hier auch zahlreiche Hinweise auf Autoren, bei denen sich diese Verwechslung findet. Scheler erwähnt die Arbeit Groethuysens nicht, obgleich er sie gekannt haben dürfte.

kann." Sonst bliebe es ja ein Rätsel, so Scheler, wie wir fremdes Leid verstehen können, ohne mitzufühlen, d. h. wie wir angesichts fremden Leids teilnahmslos bleiben, obwohl wir es verstanden haben – im Gegensatz zu demjenigen, der sich roh gegen Andere verhält, weil ihm gar nicht bewußt ist, daß der Andere diese und jene Gefühle hat. Das Mitgefühl, so Scheler ausdrücklich, tritt „also immer zu dem bereits verstandenen, aufgefaßten Erlebnis Anderer hinzu".[126] Zunächst verstehe ich das Leid eines Anderen, und erst dann kann ich – mich auf sein Leid richtend – mit ihm mitleiden. Die Deutlichkeit dieser Formulierungen darf nicht darüber hinwegtäuschen, daß mit dieser Bestimmung noch nicht hinreichend genau erörtert ist, ob hier bloß eine logische Abhängigkeit oder auch ein im zeitlichen Verlauf erlebtes Nacheinander behauptet ist. Durch Schelers starke Betonung, es handle sich beim Mitfühlen um einen zweistufigen Prozeß, entsteht zunächst der Eindruck, der eigentlichen Teilnahme gehe ein erster bewußt reflexiver Prozeß voraus – Scheler spricht von einem als Akt erlebten Akt des Verstehens.[127] Erst wenn dieser abgeschlossen sei, könne in einem als von diesem Akt des Verstehens wiederum getrennt erlebten Akt der zweite Teil, das eigentliche Mitfühlen am Gefühl des Anderen, vollzogen werden.

Noch komplizierter wird die Beantwortung der Frage, wie diese Unterscheidung zu verstehen ist, dadurch, daß Scheler zwei Formen des Mitgefühls unterscheidet: zum einen *das unmittelbare Mitfühlen z. B. eines und desselben Leides ‚mit jemand'*, zum anderen *das ‚Mitgefühl an etwas': Mitfreude ‚an' seiner Freude und Mitleid ‚mit' seinem Leid.*[128] Nur im zweiten Fall, der *Mitfreude an der Freude des Anderen und dem Mitleid ‚mit' seinem Leid*, sind die beiden Momente, die phänomenologisch unterschieden werden können – Verstehen des Anderen und darauf aufbauende Teilnahme –, logisch in eine Reihenfolge zu bringen. Im ersten Fall ist es jedoch anders. Wenn Vater und Mutter, so Schelers Beispiel, nach dem Tod des geliebten Kindes trauern, dann fühlen sie miteinander dasselbe Leid. Es ist hier nicht so, daß der Vater das Leid fühlt und die Mutter das Leid fühlt, und beide wissen, daß sie es je fühlen, sondern das Leid des Anderen wird keinem der beiden in der Weise *gegenständlich*, wie es einem hinzutretenden Freund gegenständlich wird, der Mitgefühl mit den beiden hat. Vater und Mutter fühlen miteinander. Diese besondere Form des Mitgefühls zeichnet sich also dadurch aus, daß in ihm *Nachfühlen* und *Teilnehmen* zusammenfallen, weshalb das Leid des Anderen nicht gegenständlich werden kann. „Das Leid als Wertverhalt und Leiden als Funktionsqualität ist hierbei ein und dasselbe", Leid und Mitleiden verschmelzen zu einem Phänomen. Schelers allgemeine Bestimmung, Mitleiden sei ‚leiden am Leiden des anderen als dieses anderen', ist auch hier erfüllt. Die Funktion des Fühlens der *miteinander* Leidenden ist – anders als bei einer Ansteckung durch

126 Scheler, Sympathiegefühle, S. 4; Wesen und Formen der Sympathie, S. 4.
127 Scheler, Sympathiegefühle, S. 9; Wesen und Formen der Sympathie, S. 10.
128 Scheler, Sympathiegefühle, S. 9; Wesen und Formen der Sympathie, S. 9.

ein fremdes Gefühl – durchaus als geschieden gegeben, „nur *was* sie fühlen – das *eine* Leid – und derselbe Wertverhalt ist als unmittelbar identisch für sie da".[129]

Wenn nun im anderen Fall, beim Mitgefühl *am Gefühl des Anderen*, Nachfühlen und darauf aufbauende Teilnahme nicht verschmelzen, sondern als getrennte Akte erlebt werden – so sagt Scheler ausdrücklich, es komme im Gegensatz zum *Miteinanderfühlen* zu einer „erlebten Geschiedenheit" der beiden Funktionen des Nachfühlens und des Teilnehmens –,[130] dann ist keine bewußt erlebte Geschiedenheit gemeint. Das wäre schwer vorstellbar, da es ja bedeutete, daß wir zunächst teilnahmslos das Leid des Anderen verfolgen. Schelers Beschreibungen sowohl der Akte des Verstehens resp. Nachfühlens als auch der Akte des Teilnehmens legen vielmehr nahe, die These einer *erlebten Geschiedenheit* der beiden Phänomene nicht im Sinne eines bewußten Erlebens zu verstehen, sondern allein darauf zu beziehen, daß das Leid des Anderen gegenständlich wird. Denn *Nachfühlen* ist für Scheler ein Akt, der unbewußt in dem Sinne ablaufen kann, daß wir uns im Nachfühlen nicht als Urteilende erleben. Und ebensowenig ist das *Teilnehmen* am Gefühl eines Anderen, obgleich es intentional das Gefühl des Anderen meint, ein Akt, der von einem Urteil begleitet sein muß. Wenn das Mitgefühl also dadurch bestimmt ist, daß es immer die „*Intention* des Fühlens von Leid und Freude am Erlebnis des Andern" enthalte, so ist damit nicht behauptet, daß dem auf das Leid des Anderen gerichteten Mitfühlen ein reflexiver Verstehens- und Urteilsprozeß entspricht. Daher kann Scheler sagen: „Mitleiden und Mitfreuen sind – wo sie echt sind – niemals *eigene* intendierte Gefühlszustände".[131]

Diese Bestimmung wiederum gilt auch für den Fall *gemeinsamen Fühlens mit einem Anderen*. Hier wird ein Gefühl, z. B. Trauer, gemeinsam gefühlt. Die Trauer des Einen ist aber nicht der Anlaß der Trauer des Anderen. Daher ist es auch nicht möglich, bloß zuständliche (sinnliche) Gefühle miteinander zu fühlen. „Es gibt keine ‚sinnliche Sympathie', sondern höchstens eine Ansteckung durch sinnliche Gefühle".[132] Anders ist hier der Fall beim Mitgefühl „am Gefühl des Anderen" gelagert: hier können „wir eine Freude mitgenießen", „ohne daß wir dadurch selbst in eine frohe Stimmung geraten müssen". Das mag „wunderbar" sein, so Scheler, aber gerade darin liege „das Phänomen *echten* Mitgefühls".[133] Wenn Scheler davon spricht, daß im reinen Mitleiden und im reinen Mitfreuen, weil es sich um *Fühlfunktionen* handelt,

---

129 Scheler, Sympathiegefühle, S. 12; Wesen und Formen der Sympathie, S. 40. Allerdings scheint Schelers (in Abgrenzung zur Liebe entwickelte) Charakterisierung des Mitgefühls als eines *reaktiven* Gefühls auf diese – wie er es nennt – höchste Form des Mitgefühls nicht zuzutreffen. Weil das eigene Leid gleichursprünglich mit der Teilnahme am Leid des Anderen ist, kann von einer Reaktion ja nicht mehr die Rede sein.

130 Scheler, Sympathiegefühle, S. 10; Wesen und Formen der Sympathie, S. 11.

131 Scheler, Sympathiegefühle, S. 9 und S. 18; Wesen und Formen der Sympathie, S. 10 und S. 45 f.

132 Scheler, Ethik, II. Teil, S. 247.

133 Scheler, Sympathiegefühle, S. 19; Wesen und Formen der Sympathie, S. 46.

kein eigener „Leidenszustand und Freuenszustand" vorhanden sei,[134] so kann dies jedoch nur für das *Mitgefühl am Gefühl des Anderen* gemeint sein, denn im Phänomen des *Miteinanderfühlens* können zu dem gemeinsam gefühlten Gefühl bestimmte sinnliche Momente gehören, die durch das gemeinsame Fühlen sicher nicht verschwinden. Daß das Mitfühlen als *Gefühlsfunktion* von sich aus kein sinnliches Moment hat, ist schon insofern einleuchtend, als – nach Groethuysens Beispiel – wir mit dem von Zahnschmerzen Geplagten Mitleid haben können, ohne selbst in irgendeiner Weise von der sinnlichen Qualität dieses Zahnschmerzes affiziert zu werden. Eine durch einen Akt des Mitfreuens oder des Mitleidens vermittelte Veränderung unserer aktuellen Gefühlslage überhaupt und damit auch eine Veränderung unseres allgemeinen Gefühlszustandes ist damit aber nicht ausgeschlossen.

Das Mitleiden ist ein Leiden *am* Leiden des Anderen als dieses Anderen. Es setzt also voraus, daß das Leiden des Anderen zunächst verstanden, *nachgefühlt* wurde. Nun mag man gegen Schelers harte Unterscheidung von Verstehen und Mitfühlen einwenden, daß doch das Verstehen, daß der Andere leidet, unmittelbar ein Mitfühlen hervorruft. Scheler würde dieser Beschreibung vermutlich nicht widersprechen. Empirisch verhält es sich in der Regel sicher so. *Phänomenologisch* aber sind die beiden Phänomene zu unterscheiden. Was dies besagt, kann man auch verdeutlichen, wenn man sich pathologischen Fällen zuwendet. So kann die sogenannte *Teilnahmslosigkeit* an den Gefühlen Anderer nur dann als solche beschrieben werden, wenn vorausgesetzt ist, daß der Andere verstanden wird. Demjenigen, der einen anderen Menschen roh behandelt und der gar nicht erkannt hat, daß es sich um seinesgleichen handelt, der also nicht *nachfühlen* kann, dem kann ja sinnvoll nicht attestiert werden, daß er teilnahmslos ist.

Daß das Mitgefühl den *Anderen als Anderen meint*, schließt nicht nur aus, daß es als ein bloßes Angestecktwerden von den Gefühlen Anderer beschrieben werden kann, sondern widerspricht auch der Ansicht, daß Mitgefühle von Überlegungen der Art *Wie wäre es doch, wenn es mir so erginge?* bewußt oder unbewußt begleitet werden. Dies kann schon deshalb nicht der Fall sein, so Scheler, da wir auf diese Frage häufig antworten könnten: erginge es mir so, so wäre das bei meiner Anlage gar nicht schlimm, aber für ihn ist es schlimm aufgrund seiner individuellen Natur. Für jede Sozialphilosophie ist nun wichtig zu sehen, daß im Mitgefühl tatsächlich der Andere *als Anderer* gemeint ist und nicht der Andere als Modifikation meines Selbst: „Echtes *Mitgefühl* bekundet sich nun gerade darin, daß es Natur und Existenz des Anderen und seine Individualität miteinbezieht in den Gegenstand des Mitleids und der Mitfreude. Gibt es eine tiefere Mitfreude als die Freude daran, daß einer so vollkommen, tüchtig, rein usw. ist, wie er ist? Und ein tieferes Mitleid als das, daß er so leiden *muß*, wie er leidet,

---

[134] Scheler, Sympathiegefühle, S. 23; Wesen und Formen der Sympathie, S. 51.

weil er ein ‚solcher' Mensch ist?"[135] Jene Überlegung *Wie wäre es doch, wenn es mir so erginge?* hat mit echtem Mitgefühl nichts zu tun; sie ist, so Scheler, eine gekünstelte Konstruktion jener Theoretiker, die die egoistische Natur des Menschen voraussetzen und daher auch im Mitgefühl letztlich einen egoistischen Zug sehen müssen.

5.10. Mitgefühl und Anerkennung

Im Vorwort der 1923 erschienenen zweiten Auflage seiner Theorie der Sympathiegefühle schreibt Scheler von einer „tiefgehenden Umwandlung des Buches". Er zählt die neu hinzugekommenen Abschnitte auf. Was die sachlichen Neuerungen angeht, erwähnt er aber zunächst lediglich, daß ihm die Eigenart der Einsfühlung in der ersten Auflage noch gar nicht richtig aufgegangen war.[136] Neben der neuen Bedeutung, die Scheler der Einsfühlung zuerkennt, können drei weitere entscheidende Änderungen bzw. Weiterentwicklungen hervorgehoben werden. Es ist erstens die ausgearbeitete These einer Fundierungsordnung der Sympathieformen, zweitens die Einbettung der verschiedenen Sympathieformen in eine Theorie sozialer Sphären und drittens eine neue Deutung des Mitgefühls, die die Frage nach der Erfahrung des Anderen in ein neues Licht stellt.

1. Für eine Theorie menschlichen Miteinanders ist entscheidend, wie die vier im letzten Abschnitt vorgestellten idealtypisch zu unterscheidenden Formen sozialen Miteinanders zusammenhängen – Scheler spricht von der Kooperation der sympathetischen Funktionen. Zwischen den vier Formen der Sympathie besteht ein strenges *Fundierungsverhältnis*: nur dann wenn die je vorhergehende Sympathiestufe durchlaufen wurde, kann auch die nächstfolgende Sympathiestufe realisiert werden. In der im letzten Abschnitt genannten Reihenfolge ist dieses Fundierungsverhältnis bereits angedeutet. Es besagt: Einsfühlung fundiert Nachfühlen bzw. Verstehen, Nachfühlen fundiert Mitfühlen, und Mitfühlen fundiert Menschenliebe. Die je nächste Sympathieform löst nicht einfach die ihr vorhergehende ab, sondern baut auf ihr auf; sie braucht die sie fundierende Sympathieform weiterhin. Die Idee einer Fundierungsordnung ist nicht im Sinne einer genetischen Herleitung zu verstehen. Allen genetischen Theori-

---

135 Scheler, Sympathiegefühle, S. 16; Wesen und Formen der Sympathie, S. 43. Auch heute ist eine Perspektive dominant, für die das Mitgefühl letztlich nicht auf den Anderen, sondern auf den Mitfühlenden verweist. Echtes Mitgefühl, das den Anderen als Anderen meint, ist damit geleugnet und alles menschliche Handeln als egoistisch behauptet (auch wenn dies nicht offen zugegeben wird). Vgl. z. B. die Position von Ursula Wolf: „das Mitleid erschließt mir das Leiden des Anderen als etwas, was für mich selbst schlecht ist, wovon ich in meinem eigenen Sein betroffen bin. Ähnlich konstituiert sich für mich in der Mitfreude die Freude des anderen als etwas, woran mir liegt." Ursula Wolf, Das Problem des moralischen Sollens, Berlin und New York 1984, S. 158.

136 Scheler, Wesen und Formen der Sympathie, Vorwort zur zweiten Auflage, S. IX.

en hält Scheler entgegen, daß Nachfühlen und Mitgefühl *Urphänomene* sind, die nur in ihrem Wesen aufgewiesen werden, nicht aber aus einfacheren Tatsachen abgeleitet werden können: Urphänomene sind nur metaphysisch zu erklären.[137] So ist das Mitgefühl eine letzte ursprüngliche Funktion des Geistes, „die in keiner Weise genetisch empirisch aus anderen Vorgängen wie Reproduktion, Nachahmung, Illusion, Halluzination im Leben des einzelnen entstanden ist".[138]

2. Die allgemeine Frage nach der Erfahrung des *fremden ich* wird nun durch eine Theorie der sozialen Sphären modifiziert. Damit vollzieht Scheler einen Schritt, der bereits im 1916 erschienenen zweiten Teil der *Ethik* angelegt war. Hier unterscheidet Scheler verschiedene Wesensformen menschlicher Gruppen und Verbände: *Masse*, *Lebensgemeinschaft* und *Gesellschaft*.[139] Eine neue These der Fassung von 1923 ist, daß die Frage nach der Erfahrung des *fremden ich* auch in Abhängigkeit von den verschiedenen möglichen Wesensformen menschlichen Zusammenlebens gestellt werden kann. Die Frage lautet nun: in welcher Wesensform menschlichen Zusammenlebens ist welche Form der Erfahrung des Anderen überhaupt möglich?

Durch diese Spezifizierung der Fragestellung kann Scheler einen Gedanken in Anwendung bringen, der sich an vielen Stellen seiner Schriften angedeutet findet: Theorien, die nicht zu überzeugen vermögen, sind in vielen Fällen nicht einfach falsch. Oft ist in ihnen durchaus ein wichtiges Phänomen gesehen, nur ist die Phänomenbeschreibung da, wo sie in die Phänomenanalyse übergeht, problematisch. So kann Scheler für mehrere Theorien zeigen, daß sie Antworten auf anders ansetzende Fragestellungen geben. In den 1923 neu hinzugekommenen Passagen zur Wahrnehmung des *fremden ich* wird der Theorie der Einfühlung und der Analogieschlußtheorie eine relative Gültigkeit zuerkannt: die Einfühlungstheorie gilt, so Scheler, für die begrenzte und idealtypisch als abgeschlossen und rein gedachte Sphäre der Masse. Und die Analogieschlußtheorie gilt für die begrenzte und idealtypisch als abgeschlossen und rein gedachte Sphäre der Gesellschaft. Beide Theorien leisten, wenn man sie auf die ihnen je zugehörige Sphäre bezieht, nun natürlich nicht mehr das, was sie ursprünglich leisten sollten. Eigentlich müßte man daher sagen, daß Scheler den beiden Theorien nicht ein relatives Recht zukommen läßt, sondern daß er bloß die Phänomenbeschreibung überzeugend findet, die der jeweiligen Theorie zugrunde liegt, das beschriebene Phänomen allerdings nur in einem ganz beschränkten Kontext ansiedelt. Der theoretischen Erklärung des Phänomens, die Einfühlungs- und Analogieschlußtheorie geben wollten, bestreitet er aber weiter ihr Recht: der Andere wird in der Sozialsphäre der Masse nicht als Anderer erfahren; gleichwohl ist das Phänomen, das Lipps und andere als Einfühlung beschrieben haben, hier tatsächlich jener Prozeß, in dem durch

137 Scheler, Wesen und Formen der Sympathie, S. 64 (neu).

138 Scheler, Sympathiegefühle, S. 31 f; Wesen und Formen der Sympathie, S. 154.

139 Scheler, Ethik, II. Teil, Abschnitt VI. Formalismus und Person, B, Die Person in ethischen Zusammenhängen, S. 495-620.

wechselseitige unbewußte Ansteckung von Gefühlen soziale Interaktion stattfindet. Allerdings ist der Begriff *Einfühlung* nach Schelers Deutung des Phänomens dann nicht mehr pauschal für das Phänomen wechselseitiger Ansteckung geeignet, die kein Bewußtsein des Anderen als Anderen voraussetzt. Denn betrachtet man das Phänomen der Ansteckung aus der Perspektive des *ich*, aus der Lipps das Wissen *Anderer* entstehen lassen will, dann zeigt sich, daß Einfühlung nur eine Richtung des Prozesses der Gefühlsansteckung beschreibt und zwar gerade diejenige Richtung des Prozesses, in der gar kein Verstehen stattfinden soll: wenn ich durch das Gefühl eines Anderen angesteckt werde – nehmen wir mit Lipps an: durch unbewußte Nachahmung einer Gebärde –, dann ist es ja der Andere, der mir sein Gefühl *einfühlt*. Die Einfühlung, die Lipps u. a. annehmen, verlangte aber – und diese These ist dem Begriff Einfühlung eingeschrieben – ein *von innen nach außen Verlegen*. Tatsächlich findet das Gegenteil statt: nicht ein Einfühlen von eigenen Gefühlen in den Anderen, sondern ein *von außen nach innen Verlegen* der wahrgenommenen Gefühle Anderer.[140] Von Einfühlung könnte allein dann treffend gesprochen werden, wenn die Richtung der Ansteckung umgekehrt wird: so *fühle* ich dem Anderen mein Gefühl *ein*, wenn ich ihn durch mein fröhliches Verhalten *anstecke*. Daß Scheler von einem relativen Recht der Einfühlungstheorie spricht, ist, wie bereits erwähnt, eher irreführend, denn er will eigentlich nur sagen, daß Lipps durchaus ein wichtiges Phänomen beschrieben hat, das als solches nicht bezweifelt wird.

Auch in der Sphäre der Gesellschaft wird das *andere ich* im Grunde nicht als *anderes ich* erfahren, denn in der Sphäre der Gesellschaft ist die *Teilnahme* an einem *anderen ich* prinzipiell unmöglich. In der Sphäre der Gesellschaft ist der Andere bloß als Vertragspartner etc. gegeben, und so erfahren wir den Anderen durch einen Schluß der Analogie nur in einem abstrakten Sinn.

Scheler entwirft zwar Wesensformen, aber das bedeutet nicht, daß jede dieser Wesensformen je in völlig reiner Gestalt realisiert ist. Auch für die von Scheler als Wesensformen gedachten Sozialsphären gilt: die Unterscheidungen müssen empirisch nicht in reiner Form existieren.

3. Die dritte Änderung ist mit Abstand die bedeutendste. Scheler gibt der Frage nach dem Verhältnis von Mitfühlen und Erfahrung des *anderen ich* 1923 eine neue Wendung, indem er eine Leistung des Mitgefühls herausstellt, die man nach dem bisherigen Gang der Argumentation dem Verstehen zurechnen konnte. Bisher war klar: da das Verstehen Bedingung des Mitfühlens ist, gründet die Erfahrung des Anderen im Verstehen des Anderen, das am Ausdrucksverhalten des Anderen ansetzt. Ohne dies in jenen Passagen des Buches kenntlich zu machen, die er aus der ersten Auflage übernimmt, wird diese These in den neu hinzugekommenen Ausführungen über das Mitgefühl ganz bedeutend modifiziert.

---

[140] Scheler, Idole der Selbsterkenntnis, a. a. O., S. 105.

Scheler bestreitet nämlich in einer neu hinzugekommenen Passage, daß das Verstehen des Anderen schon die Erfahrung des Anderen gibt, wenn mit der Redewendung *die Erfahrung des Anderen machen* auch gemeint sein soll: den Anderen als *real*, als wirklich zu erleben. Erst im Mitfühlen mit Anderen erleben wir den Anderen als wirklich: „Was hier ohne Vorstellung und Begriff unmittelbar erfaßt wird, ist der ‚Sinn' der Wahrheit, die in Urteilsform übertragen etwa so lauten würde: ‚Der Andere ist dir als Mensch, als Lebewesen gleichwertig, der Andere existiert so wahr und echt wie du; Fremdwert ist gleich Eigenwert.'"[141] Das bloße Verstehen des Anderen, die bloße Erfahrung des Anderen, so Scheler, führt uns noch nicht aus dem Solipsismus heraus.

Ein pathologischer (nicht erkenntnistheoretischer) Solipsismus liegt vor, wenn Menschen kein Mitgefühl besitzen. Zwar können die Anderen noch verstanden werden, aber sie werden bloß ‚schattenhaft' erfahren. Erst durch Mitfühlen mit Anderen verlieren die Anderen ihr schattenhaftes Dasein, erst durch Mitfühlen werden sie als wirklich erfahren: es ist „das Mitgefühl in seinen beiden Formen des ‚Miteinanderfühlens' und des ‚Mitgefühles mit', die uns das (zuvor schon als Sphäre gegebene) ‚fremde Ich überhaupt' im Einzelfalle zum Bewußtsein gleicher Realität bringen – gleich mit der Realität unseres eigenen Ich."[142] Scheler erläutert dies mit einem Hinweis auf Tolstois Erzählung *Herr und Knecht*. Der Herr, der Zeit seines Lebens nur seine eigenen Vorteile, Sorgen etc. wahrnahm, ‚erkennt' erst in dem Akt des Mitfühlens mit dem (erfrierenden) Knecht, daß der Knecht ein Mensch ist, dessen Leben dem seinen gleichwertig ist. Erst in der Erfahrung des Mitfühlens tritt der Knecht für ihn als realer Mensch hervor.[143]

Der Eindruck, Scheler habe die Frage nach dem Verhältnis von Verstehen und Mitgefühl in der Fassung von 1913 endgültig dahingehend beantwortet, daß das Verstehen das auf ihm aufbauende Mitfühlen fundiert, täuscht also. Es zeigt sich, daß Schelers eigener Ansatz von 1913 noch zu sehr einem erkenntnistheoretischen Zugang verhaftet ist. Nur in einer erkenntnistheoretischen Perspektive auf das *Sosein* kann davon die Rede sein, daß das Verstehen das Mitfühlen fundiert. Geht es dagegen darum zu klären, wie wir den Anderen als *real* erfahren, so lassen sich Nachfühlen und Mitfühlen nicht voneinander trennen, denn erst im Mitgefühl, so die neue These von 1923, erfahren wir den Anderen als *real*. Um den Sinn dieser These zu klären, muß zunächst erläutert werden, was das eigentlich heißen soll: etwas als real zu erleben.

Dies läßt sich am besten angehen, indem das Problem der Realität zunächst allgemein, d. h. unabhängig von der Frage, *was* konkret als *real* erfahren wird, in den

---

141 Scheler, Wesen und Formen der Sympathie, S. 69 (neu). Ausgesprochen interessant ist, daß sich dieser Gedanke auch bei Dilthey findet, wenn er von der Erfahrung der *kernhaften Existenz der anderen Person* spricht (vgl. oben S. 82). Dadurch rechtfertigt sich in gewisser Weise, daß Dilthey nicht zwischen Mitfühlen und Verstehen unterscheidet.

142 Scheler, Wesen und Formen der Sympathie, S. 115 (neu).

143 Scheler, Wesen und Formen der Sympathie, S. 57 (neu).

Blick genommen wird. Die entscheidende These Schelers lautet: „Wir erfassen das Realsein eines unbestimmten Etwas also in der Folgeordnung der Gegebenheiten, bevor wir sein Sosein sinnlich wahrnehmen oder denken."[144] Dem Thema Realität hat sich Scheler nach 1918 ausführlicher zugewendet: 1925 schrieb er, die Lehre, daß „Bewußtsein (Übersetzung von con-scientia) nur eine Art des Wissens ist, daß es auch vorbewußtes ekstatisches Wissen gibt (Wissen also keineswegs eine Funktion des ‚Bewußtseins' ist)", daß „das Haben von Dasein als Daseiendem überhaupt *nicht* auf intellektualen Funktionen (sei es der Anschauung oder des Denkens) beruht, sondern allein auf dem im Akte des Strebens und der dynamischen Faktoren der Aufmerksamkeit allein ursprünglich erlebten *Widerstand* des Seienden", trage er seit sieben Jahren „als das *erste* Fundament" seiner Erkenntnistheorie vor.[145]

Stellt man die Frage nach der Realitätserfahrung als erkenntnistheoretische Frage oder fragt man, wie die Annahme der Realität überhaupt begründet werden kann, so stellt man die Frage falsch, wenn man nicht die *Erfahrung der Realität* – Scheler spricht hier von der Erfahrung des *Realitätsmoments* – bereits voraussetzt. So ist die Frage nach der Realität als Frage nach der *Realität der Außenwelt* zurückzuweisen, weil diese Rede suggeriert, daß die Sphäre der Innenwelt der Sphäre der Außenwelt vorgegeben ist. Die Frage nach der Realität der Außenwelt ist aber lediglich eine von der Realitätserfahrung überhaupt abgeleitete Frage nach dem Realitäts- oder Daseinsurteil: „Das Daseinsurteil ist nicht aufzuklären, wenn man nicht vorher weiß, *worin* das Realitäts*moment* besteht, das dem Prädikat ‚Dasein' im Existenzialsatz ja erst seine Erfüllung gibt."[146] Realität ist nicht erschließbar, sondern nur in der Erfahrung des Realitätsmoments gegeben, d. h durch eine Widerstandserfahrung, die als solche nur beschrieben, nicht aber in einer kausal erklärbaren Genese aufgeklärt, geschweige denn bewiesen oder begründet werden kann. Dieses Realitätserlebnis ist zunächst ein *ekstatisches* Erlebnis. Es meint kein Wissen *von* Realität, sondern ein *Haben* von Realität.

---

144 Scheler, Erkenntnis und Arbeit, a. a. O., S. 472. Der Einfluß, den Diltheys *Realitätsschrift* auf Scheler hatte, ist unverkennbar. Vgl. ebd., S. 462 ff.

145 Scheler, Die Formen des Wissens und die Bildung, a. a. O., S. 47. Der Herausgeber der Gesammelten Werke Schelers, Manfred Frings, schreibt über die im Nachlaß erhaltenen Manuskripte, die sich zu *Wesen und Formen der Sympathie* fanden: „Das Manuskript H „hat eine einundachtzig Seiten lange Fortsetzung, die der Verfasser nicht aufgenommen hatte, um den Teil C III der ersten Auflage hier folgen zu lassen. Die Fortsetzung des Manuskripts steht nicht mit der Sympathie, sondern mit dem in ‚Idealismus-Realismus' (1927/8) über Wissen, Erkenntnis, Ich, Realität, Bewußtsein und die phänomenologische Reduktion Gesagten sowie mit der Metaphysik des Verfassers in innerem Zusammenhang." Frings schließt daraus, daß es sich bei diesem Manuskript nicht um einen Beitrag zum geplanten zweiten Band des Sympathiebuchs handeln könne. Frings übersieht offensichtlich den inneren Zusammenhang des *Sympathiebuches* und des Aufsatzes *Idealismus-Realismus.* Vgl. Manfred Frings: Zu den Manuskripten, in: Max Scheler, Gesammelte Werke, Band 7, Wesen und Formen der Sympathie, Die deutsche Philosophie der Gegenwart, Bern 1973, S. 341.

146 Scheler, Idealismus – Realismus, a. a. O., S. 280.

Das Realitätsmoment ist immer in einem *Widerstandserlebnis* gegeben. Dieses Widerstandserlebnis kann an ganz verschiedenen Erfahrungen gewonnen werden. Die ursprünglichste Form ist entwicklungspsychologisch sicher lange vor der Erfahrung des Anderen als Anderen gegeben. Das Haben von Realität muß zum einen an jeder Sphäre eigens gewonnen werden – das bedeutet, die Realität von Körpern ist *eine* Erfahrung, die Realität von Lebewesen eine *andere* und die Realität des Anderen als Mitmenschen ist wiederum eine andere Erfahrung. Zum anderen vollzieht sich die Realitätserfahrung in Stufen bzw. Graden der Fülle. Auch muß die Realitätserfahrung immer wieder gemacht werden, um das Haben von Realität zu sichern. Wer mit dem Anderen nicht mitfühlen kann, dem geht die Realität des Anderen verloren.

Ein kurzer Exkurs, in dem Axel Honneths Theorie der Anerkennung vorgestellt wird, soll zeigen, wie fruchtbar Schelers Unterscheidung von *Dasein* und *Sosein* in bezug auf die Frage nach der Erfahrung des *anderen ich* ist. Honneth hat in seinem Buch *Kampf um Anerkennung* im Rekurs auf Hegel und Mead eine Theorie über den Zusammenhang von Intersubjektivität und Anerkennung entwickelt. Eine Theorie der Intersubjektivität, so eine zentrale These Honneths, kann nicht als *Erkenntnistheorie* ausgeführt werden, sondern nur als *kritische Gesellschaftstheorie*, d. h. Theorie der Intersubjektivität ist immer schon normativ, weil das intersubjektiv vermittelte Selbstverhältnis primär kein epistemisches, sondern ein praktisches ist. Beim jungen Hegel findet Honneth die Einsicht ausgesprochen, daß mit dem Akt der Anerkennung der „kognitive Schritt" gegeben ist, in dem auf dem Weg der Ausbildung einer intersubjektiven Struktur auch ein Selbstverhältnis des Subjekts entsteht.[147] Honneth will die – wie er selbst schreibt – „spekulative" These Hegels stark machen, „daß die Bildung des praktischen Ich an die Voraussetzung der wechselseitigen Anerkennung zwischen Subjekten gebunden ist: erst wenn beide Individuen sich jeweils durch ihr Gegenüber in ihrer Selbsttätigkeit bestätigt sehen, können sie komplementär zu einem Verständnis ihrer selbst als einem autonom handelnden und individuierten Ich gelangen".[148] Entscheidend ist hier weniger die radikal intersubjektivistisch gedachte Theorie der Ausbildung eines Selbstverhältnisses. Entscheidend ist vielmehr, daß die Entstehung intersubjektiver Strukturen nicht allein als Ergebnis kognitiver bzw. epistemischer Leistungen beschrieben wird: nicht allein, indem ein Subjekt von Anderen *erkannt* wird und sich als von Anderen *erkannt* erfährt, sondern indem ein Subjekt von Anderen *anerkannt* wird und sich von Anderen als *anerkannt* erfährt, kann es ein Selbstverhältnis ausbilden.

Honneth begreift das Selbst des Selbstverhältnisses immer schon als Person; er zielt auf ein intersubjektivitätstheoretisches Personenkonzept, innerhalb dessen sich

---

147 Axel Honneth, Kampf um Anerkennung. Zur moralischen Grammatik sozialer Konflikte, Frankfurt am Main 1992, S. 49.

148 Ebd., S. 110.

die Möglichkeit einer ungestörten Selbstbeziehung als abhängig von Anerkennung erweist. Das Phänomen der Anerkennung spezifiziert er im Anschluß an Hegel in drei Formen der Anerkennung: Liebe, Recht und Wertschätzung (Solidarität).[149] Wie das Zusammenspiel dieser drei Anerkennungsformen zu denken ist, wird nicht ganz deutlich, da unklar bleibt, ob Liebe die beiden anderen Anerkennungsformen fundiert oder ob die drei Anerkennungsformen gleichberechtigt nebeneinander stehen sollen.[150] In Aufsätzen aus seinem Buch *Unsichtbarkeit. Stationen einer Theorie der Intersubjektivität* und in einem Nachwort zur Neuauflage von der *Kampf um Anerkennung* hat Honneth in der Diskussion mit verschiedenen Kritikern seiner Theorie einige interessante Akzentverschiebungen artikuliert.[151] Das zentrale Problem, dessen Behandlung den Leitfaden für die Fortbildung seiner Theorie der Anerkennung darstellt, sieht Honneth in der Frage angesprochen, wie das bloß kognitive Erkennen Anderer mit dem Anerkennen Anderer zusammenhängt. Diese Unterscheidung von Erkennen und Anerkennen ist ihm der „Schlüssel für ein angemessenes Verständnis dessen", was sich im Akt der Anerkennung vollzieht.

Den Versuch einer schärferen Unterscheidung von Erkennen und Anerkennen hat Honneth in einer Analyse des Phänomens der Unsichtbarkeit unternommen. Ausgangspunkt ist die Beobachtung, daß sich die Weigerung, Andere anzuerkennen, häufig darin zeigt, daß diese schlicht übersehen werden. Vor allem im Klima sozialer Milieu-unterschiede kommt es häufig vor, daß sozial höher Stehende die sozial unter ihnen Stehenden ignorieren, indem sie durch sie *hindurchsehen*, d. h. indem sie so tun, als ob diese gar nicht da wären.

Das Phänomen der *Unsichtbarkeit* zeigt für Honneth, daß das *Erkennen* der Anderen vom *Anerkennen* klar unterschieden werden kann. Im Ignorieren des Anderen, d. h. indem *ego* durch *alter* hindurchschaut, zeigt sich für Honneth *egos* Weigerung, alter *anzuerkennen*. Denn auch bzw. gerade dann, wenn *ego* durch *alter* hindurchschaut, hat *ego alter* erkannt. Zumindest aus der Perspektive *alters* soll die Erfahrung der Ignoranz durch *ego* begleitet werden von dem Bewußtsein, zuvor erkannt worden zu sein: ein Individuum „kann von einer anderen Person nur behaupten, durch es hindurchzuschauen, es zu ignorieren oder zu übersehen, wenn es dieser zuvor die Leistung einer primären Identifikation seiner selbst zugeschrieben hat. Insofern setzt Unsicht-

149 Vgl. ebd. neben dem Abschnitt II.5 *Muster intersubjektiver Anerkennung: Liebe, Recht, Solidarität*, S. 148-225 v. a. die Bemerkungen S. 8 und S. 271.

150 Vgl. Honneths selbstkritische Bemerkungen in dem Nachwort zur Neuauflage seines *Kampf um Anerkennung*, S. 309 (genaue Angabe in der folgenden Anmerkung).

151 Axel Honneth, Unsichtbarkeit. Stationen einer Theorie der Intersubjektivität, Frankfurt am Main 2003; Axel Honneth, Der Grund der Anerkennung. Eine Erwiderung auf kritische Rückfragen, in: ders.: Kampf um Anerkennung. Zur moralischen Grammatik sozialer Konflikte. Mit einem neuen Nachwort, Frankfurt am Main 2003, S. 306-341.

barkeit im uneigentlichen Sinn notwendigerweise Sichtbarkeit im eigentlichen Sinn voraus.“[152]

In dieser Perspektive auf das Phänomen der Unsichtbarkeit, so Honneth, entsteht der Eindruck, als werde zunächst in einem ersten rein kognitiven Schritt der Andere als Anderer *erkannt*, um dann in einem zweiten Schritt durch ein performatives Ausdrucksverhalten *anerkannt* zu werden. Dieser Interpretation tritt Honneth aber selbst entgegen, indem er die Ergebnisse neuerer entwicklungspsychologischer Studien der Säuglingsforschung vorstellt. Im Umgang mit kleinen Kindern hat das Ausdrucksverhalten, in dem den kleinen Kindern fürsorgliche Anteilnahme entgegengebracht wird, nicht einfach die Funktion, daß diese sich von Anderen als *erkannt* erfahren können, sondern das Ausdrucksverhalten hat die Funktion, daß sich die Kinder als *anerkannt* erfahren können. Honneth läßt dem Mitgefühl eine wichtige Rolle in diesem Prozeß zukommen: „Unter den verschiedenen Gesten kommt nun jener Klasse von Gesichtsausdrücken eine besondere Rolle zu, die dem Kind zu erkennen geben sollen, daß es Liebe, Anteilnahme und Mitgefühl genießt.“[153] Hier ist ausgesprochen, daß Liebe bzw. in Liebe fundiertem Mitfühlen die entscheidende Rolle hinsichtlich der kognitive Leistungen (dem ‚Erkennen‘) ermöglichenden Momente der ‚Anerkennung‘ zukommt (d. h. rechtliche und andere Formen der Anerkennung spielen eine nur noch untergeordnete Rolle). Problematisch ist an Honneths Vorschlag zunächst, daß jene Formen performativ-sozialer Akte, die dem rein kognitiven Erkennen vorausgehen und es erst ermöglichen sollen, unter den Begriff des Sollens gebracht werden. Wenn, wie Honneth richtig sieht, die ‚Anerkennung‘ Anderer in nichts anderem besteht als in der Liebe, der Anteilnahme und dem Mitfühlen, das wir Anderen entgegenbringen, dann kann die ‚Anerkennung‘, die wir Anderen entgegenbringen, nicht im Hinblick auf ein Sollen beschrieben werden. Das Phänomen, das Honneth als ‚Anerkennung‘ beschreibt, kann nicht erwartet oder eingeklagt werden. Liebe und alles in Liebe fundierte Tun und Handeln kann nicht geboten werden. Damit aber ergibt sich ein Einwand bezüglich Honneths Ziel einer normativ gehaltvollen Theorie der Intersubjektivität; denn als normativ (im Sinne Honneths) kann man diese Theorie nicht mehr bezeichnen, wenn man die Einsicht teilt, daß Anerkennung nicht gefordert werden kann.

Honneths These, daß die Struktur intersubjektiver Beziehungen und das darin eingebettete Selbstverhältnis sich nicht in rein kognitiven, sondern in Akten der Anerkennung bildet, ist ausgesprochen attraktiv und unmittelbar einleuchtend: sobald wir sehen, daß die normale Wahrnehmung des Anderen in Formen der Anerkennung stattfindet, „scheint die bloß kognitive Identifikation eines Menschen ihren geradezu na-

---

152 Honneth, Unsichtbarkeit. Über die moralische Epistemologie von Anerkennung, in: ders.: Unsichtbarkeit, a. a. O., S. 10-27, hier S. 13 f.

153 Ebd., S. 17.

türlichen Vorrang vor der Anerkennung zu verlieren; zumindest genetisch geht die Anerkennung dem Erkennen insofern voraus, als der Säugling im Gesichtsausdruck zunächst die werthaften Eigenschaften von Personen erschließt, bevor er zu einem desinteressierten Erfassen seiner Umwelt in der Lage ist."[154]

Aber da Honneth in der Meinung, daß dem Problem der Erfahrung Anderer erkenntnistheoretisch nicht beizukommen ist, jegliche erkenntnistheoretische Frage nach der Möglichkeit unterläßt, die Erfahrung Anderer zu machen, ist seine These bezüglich des Vorrangs der Anerkennung vor dem Erkennen nicht hinreichend begründet. Honneth kann bloß darauf verweisen, daß *zumindest genetisch das Anerkennen dem Erkennen vorangeht.* Diese Rede zeigt, wie unbegründet seine These noch ist. Honneth läßt seine Leser im unklaren darüber, ob *genetisch* hier zeitlich im Sinne einer entwicklungspsychologischen Perspektive oder aber erkenntnistheoretisch im Sinne einer logischen Ordnung zu verstehen ist. In beiden Fällen müßte er dem Einwand begegnen können, daß *ego* sich doch nur dann von *alter* als anerkannt erfahren kann, wenn *alter* zunächst als *alter* verstanden wurde.

An diesem Punkt der Diskussion kann die Theorie Schelers eingebracht werden. Das Problem, das Honneth hinsichtlich der Ordnung von Erkennen und Anerkennen hat, findet sich ja bei Scheler in sehr ähnlicher Weise, nur daß Scheler die gemeinten Phänomene als *Verstehen* anstelle von *Erkennen* und als *Mitfühlen* anstelle von *Anerkennen* beschreibt. Wenn man die Konkretisierung des Erkennens als Verstehen teilt, dann ist eine erste Transformation des Problems erreicht. Sie ist auch bei Honneth insofern angelegt, als dieser sich vorrangig am Ausdrucksverhalten und nicht an bloß sprachlichen Äußerungen orientiert. Die entscheidende Transformation des Problems aber liegt darin, den Akt der Anerkennung bzw. das, was Honneth als Anerkennung bezeichnet, als *Mitfühlen* zu bestimmen. In dem Phänomen des Mitfühlens sind zwei Momente angesprochen, die in dem sehr vagen Begriff der Anerkennung unterbestimmt geblieben sind: zum einen ist analog der Spezifizierung des Erkennens als Verstehens von *Gefühlen* in der Bestimmung des als Anerkennung bezeichneten Phänomens als Mitfühlen der Akt der Erfahrung des *anderen ich* als *Gefühlsbewegung* erkannt. Damit ist eine Unschärfe des Anerkennungsbegriffs anvisiert. Es ist die Offenheit dieses Begriffs gegenüber der Frage, in welcher Weise der Akt der Anerkennung ein moralischer Akt ist. Bei Honneth ist der Begriff Anerkennung als moralischer Begriff zu sehr an einem *gebotenen Sollen* orientiert. Dadurch wird das Phänomen, in dem der Andere als Anderer erfahren wird, verfehlt. So wie es widersinnig ist, Liebe einzufordern, so ist es widersinnig, jede andere Gefühlsbewegung einzufordern oder unter das Gebot der Pflicht zu stellen: es gibt in der Sphäre unmittelbarer menschlicher Begegnung kein: du sollst den Anderen anerkennen bzw. mit ihm mitfühlen![155]

---

[154] Ebd., S. 27.

[155] Vgl. die Ausführungen Schelers über die Bedeutung von Vorbildern. Scheler, Ethik, II. Teil, S. 606: „Hätte sittlichen Wert nur das, was man wollen, wählen, tun, befehlen, normieren oder wozu man

Der Begriff Anerkennung als Name für jenen am Leben des Anderen *teilnehmenden* Akt, in dem der Andere als Anderer erfahren wird, ist generell eher ungeeignet, da er für gewöhnlich in der Sphäre des Rechts und des Sollens zur Anwendung gebracht wird.

In der Argumentation Schelers ist die Intuition Honneths, daß sich erst in Akten des Mitfühlens eine als *wirklich* erlebte intersubjektive Struktur ausbildet, die die Entstehung eines Selbstverhältnisses ermöglicht, gut begründet. Allerdings muß man für diese Begründung in Distanz zu Honneths nachmetaphysischem Konzept von Philosophie gehen. Die Theorie, die Scheler vorschlägt, ist nur möglich, wenn man die heute unbeliebte Unterscheidung von *Sosein* und *Dasein* teilt. Solange es um bloße Soseinserkenntnis geht, gilt, daß das Verstehen das Mitfühlen fundiert; geht es jedoch um die Erklärung des *Realitätsmoments*, d. h. geht es um die Erfahrung des *Daseins der Anderen*, dann gilt dieses Fundierungsverhältnis nicht mehr. Die Erfahrung des Anderen kann nur dann angemessen und widerspruchsfrei beschrieben werden, wenn man sowohl die Daseinserfahrung als auch die Soseinserfahrung und ihre wechselseitige Bewährung berücksichtigt.

---

erziehen kann – ach dann freilich hätte *Alles* das, wovon wir hier reden, auch *keinerlei* sittliche Bedeutung. Vorbilder und gar Seinsvorbilder kann man nicht ‚wollen', ‚schaffen', ‚wählen', nicht ‚befehlen', nicht ‚normieren'. Sie ‚sind', ‚werden', man ‚wächst' hinein usw. Aber man sollte aufhören, die sittlichen Dinge von diesem Unteroffiziersstandpunkt aus zu betrachten."

Literaturverzeichnis

Sind mehrere Arbeiten eines Autors angeführt, so sind diese chronologisch geordnet. Aufsätze, die in Zeitschriften oder Jahrbüchern publiziert wurden, werden in der Regel unter Angabe der Bandzahl, in Klammern folgend unter Angabe der Jahreszahl und, darauf folgend, gegebenenfalls unter Angabe der Heftnummer zitiert. In eckigen Klammern [...] wird auf seitenidentische (d. h. nicht überarbeitete), im selben Verlag erschienene Auflagen hingewiesen. Die Schreibweise der Namen Pleßner und Schutz wurde der (heute) im Deutschen üblichen angeglichen.

Abel, Theodore: The Operation called ‚Verstehen', in: American Journal of Sociology, 54 (1948), S. 211-218.

Adorno, Theodor W.: Minima Moralia, Frankfurt am Main: Suhrkamp 1951.

– Ästhetische Theorie, Frankfurt am Main: Suhrkamp 1970.

Apel, Karl-Otto: Verstehen (eine Problemgeschichte als Begriffsgeschichte), in: Archiv für Begriffsgeschichte, hg. von Erich Rothacker, I (1955), S. 142-199.

Avé-Lallemant, Eberhard u.a. (Hg.): Die Münchener Phänomenologie, Den Haag: Martinus Nijhoff 1975.

– Die Antithese Freiburg-München in der Geschichte der Phänomenologie, in: Die Münchener Phänomenologie, hg. von demselben, Den Haag: Martinus Nijhoff 1975, S. 19-38.

Avramides, Anita: Other Minds, London and New York: Routledge 2001.

Bamberger, Fritz: Lotze. Untersuchungen zur Entstehung des Wertproblems in der Philosophie des 19. Jahrhunderts, Halle an der Saale: Max Niemeyer 1924.

Becher, Erich: Geisteswissenschaften und Naturwissenschaften, München und Leipzig: Duncker & Humblot 1921.

Bernet, Rudolf & Iso Kern & Eduard Marbach: Edmund Husserl. Darstellung seines Denkens, 2. verbesserte Auflage, Hamburg: Felix Meiner 1996.

Besoli, Stefano & Marina Manotta & Ricardo Martinelli: *Una ‚scienza pura della coscienca': l'ideale della psicologia in Theodor Lipps*, Discipline Filosofiche Anno XII, numero 2, Macerata 2003.

Bieri, Peter: Nominalismus und innere Erfahrung, in: Zeitschrift für philosophische Forschung, 36 (1982), S. 3-24.

Bischof-Köhler, Doris: Spiegelbild und Empathie. Die Anfänge der sozialen Kognition, Bern, Stuttgart, Toronto: Hans Huber 1989.

Bokhove, Niels W. und Karl Schumann: Einleitung zu: Bibliographie der Schriften von Theodor Lipps, in: Zeitschrift für philosophische Forschung, 45 (1991), S. 112-118.

Boring, Edwin G.: Edward Bradford Titchener 1867-1927, in: The American Journal of Psychology, 38 (1927), p. 489-506.

Brecht, Bertolt: Über experimentelles Theater [1939], in: ders., Schriften 2, Werke Band XXII, Berlin: Aufbau 1993, S. 540-556.

– Thesen über die Aufgaben der Einfühlung in den theatralischen Künsten [um 1935], in: ders., Schriften 2, Werke Band XXII, Berlin: Aufbau 1993, S. 175 f.

Bühler, Karl: Die Krise der Psychologie, Jena: Gustav Fischer 1929.

Bühler, Karl: Ausdruckstheorie. Das System an der Geschichte aufgezeigt, Jena: Gustav Fischer 1933.

Buytendijk, Frederik: Die Bedeutung der Phänomenologie Husserls für die Psychologie der Gegenwart, in: Husserl und das Denken der Neuzeit, hg. von H. L. van Breda und J. Taminiaux, Den Haag: Martinus Nijhoff 1959, S. 78-98.

Carnap, Rudolf: Scheinprobleme in der Philosophie. Das Fremdpsychische und der Realismusstreit, Berlin: Weltkreis-Verlag 1928.

– Der logische Aufbau der Welt, Berlin: Walter de Gruyter 1928.

Cassirer, Ernst: Philosophie der symbolischen Formen, Dritter Teil, Phänomenologie der Erkenntnis, Berlin: Bruno Cassirer 1929.

Caronello, Giancarlo: Nota Bibliografica, in: Max Scheler, Il Formalismo nell'Etica e l'Etica materiale dei Valori, Edizione italiana a cura di Giancarlo Caronello, San Paolo: Milano 1996, p. 106-167.

Carruthers, Peter & Smith Peter K. (Hg.): Theories of theories of mind, Cambridge: Cambridge University Press 1996.

Ekman, Paul: Gefühle lesen. Wie Sie Emotionen erkennen und richtig interpretieren, München: Elsevier, Spektrum Akademischer Verlag 2004.

Darwin, Charles: Der Ausdruck der Gemüthsbewegungen bei dem Menschen und den Thieren, Stuttgart: E. Schweizerbart'sche Verlagsbuchhandlung (E. Koch) 1872.

Descartes, René: Meditationen über die Grundlagen der Philosophie mit den sämtlichen Einwänden und Erwiderungen, Leipzig: Felix Meiner 1915.

Diemer, Alwin: Edmund Husserl. Versuch einer systematischen Darstellung seiner Philosophie, 2. verbesserte Auflage, Meisenheim am Glan: Anton Hain 1965.

Dilthey, Wilhelm: Einleitung in die Geisteswissenschaften, I. Band (1883), Gesammelte Schriften, I. Band, Leipzig und Berlin: B. G. Teubner 1922.

– Beiträge zur Lösung der Frage vom Ursprung unseres Glaubens an die Realität der Außenwelt und seinem Recht (1890), in: ders., Die geistige Welt, Gesammelte Schriften, V. Band, Leipzig und Berlin: B. G. Teubner 1924, S. 90-138.

– Ideen über eine beschreibende und zergliedernde Psychologie (1894), in: ders., Die geistige Welt, Gesammelte Schriften, V. Band, Leipzig und Berlin: B. G. Teubner 1924, S. 139-240.

– Beiträge zum Studium der Individualität (1895/1896), in: ders., Die geistige Welt, Gesammelte Schriften, V. Band, Leipzig und Berlin: B. G. Teubner 1924, S. 241-316.

– Die Entstehung der Hermeneutik (1900), in: ders., Die geistige Welt, Gesammelte Schriften, V. Band, Leipzig und Berlin: B. G. Teubner 1924, S. 317-338.

– Studien zur Grundlegung der Geisteswissenschaften [nach 1905], in: ders., Der Aufbau der geschichtlichen Welt in den Geisteswissenschaften, Gesammelte Schriften, VII. Band, Leipzig und Berlin: B. G. Teubner 1927, S. 3-78.

– Das Erleben und die Selbstbiographie, in: ders., Der Aufbau der geschichtlichen Welt in den Geisteswissenschaften, Gesammelte Schriften, VII. Band, Berlin und Leipzig: B. G. Teubner 1927, S. 191-205.

– Plan der Fortsetzung zum Aufbau der geschichtlichen Welt in den Geisteswissenschaften, Entwürfe zur Kritik der historischen Vernunft. Erster Teil. Erleben, Ausdruck, Verstehen, in: ders., Der Aufbau der geschichtlichen Welt in den Geisteswissenschaften, Gesammelte Schriften, VII. Band, Leipzig und Berlin: B. G. Teubner 1927, S. 191-251.

– Das Verstehen anderer Personen und ihrer Lebensäußerungen (1910), in: ders., Der Aufbau der geschichtlichen Welt in den Geisteswissenschaften, Gesammelte Schriften, VII. Band, Leipzig und Berlin: B. G. Teubner 1927, S. 205-220.

– Die Wissenschaften vom Menschen der Gesellschaft und der Geschichte, Vorarbeiten zur Einleitung in die Geisteswissenschaften (1865-1880), Gesammelte Schriften, XVIII. Band, Göttingen: Vandenhoeck & Ruprecht 1977.

– [Fragment:] 6. Die Verbindung der äußeren und inneren Wahrnehmung in dem Anerkennen und Verstehen anderer Personen [gehört zu: Dritter Abschnitt: Die innere Wahrnehmung und die Erfahrungen vom seelischen Leben], in: ders., Grundlegung der Wissenschaften vom Menschen, der Gesellschaft und der Geschichte, Ausarbeitungen und Entwürfe zum zweiten Band der Einleitung in die Geisteswissenschaften (ca. 1870-1895), Gesammelte Schriften, XIX. Band, Göttingen: Vandenhoeck & Ruprecht 1982, S. 223-227.

– Grundlegung der Wissenschaften vom Menschen, der Gesellschaft und der Geschichte, Ausarbeitungen und Entwürfe zum zweiten Band der Einleitung in die Geisteswissenschaften (ca. 1870-1895), Gesammelte Schriften, XIX. Band, Göttingen: Vandenhoeck & Ruprecht 1982.

Droysen, Johann Gustav: Grundriss der Historik, Leipzig: Veit & Comp. 1868.

Duerr, Hans Peter: Intimität. Der Mythos vom Zivilisationsprozeß, Band 2, Frankfurt am Main: Suhrkamp 1990.

Ehrl, Gerhard: Solipsismusproblem und Intersubjektivitätsfrage in Husserls Vorlesungen von 1910/11 und 1923/24, in: prima philosophia, 14 (2001) 3, S. 255-287.

Eisler, Rudolf: [Art.] Einfühlung, in: ders., Wörterbuch der philosophischen Begriffe, Erster Band, dritte, völlig neu bearbeitete Auflage, Berlin: Ernst Siegfried Mittler & Sohn 1910, S. 256 f.

Erdmann, Benno: Wissenschaftliche Hypothesen über Leib und Seele, Köln: Dumont-Schauberg 1907.

Flasch, Kurt: Abschied von Dilthey. Historisches Wissen ohne Verstehen, in: Filosofia e cultura. Per Eugenio Garin. A cura di Michele Ciliberto e Cesare Vasoli, Volume II, Roma: Editori Riuniti 1991, S. 625-645.

Fischer, Joachim: Philosophische Anthropologie. Zur Bildungsgeschichte eines Denkansatzes, Diss., Göttingen 2000.

Fontius, Martin: [Art.] Einfühlung/Empathie/Identifikation, in: Ästhetische Grundbegriffe, Band 2, Stuttgart: Metzler 2001, S. 121-142.

Forum für Philosophie Bad Homburg: Intentionalität und Verstehen, Frankfurt am Main: Suhrkamp 1990.

Frank, Manfred: Die Unhintergehbarkeit von Individualität, Frankfurt am Main: Suhrkamp 1986.

– Fragmente einer Geschichte der Selbstbewußtseinstheorie von Kant bis Sartre, in: ders., Klassische Theorien des Selbstbewußtseins, Frankfurt am Main: Suhrkamp 1991, S. 413-599.

– Selbstbewußtsein und Selbsterkenntnis. Essays zur analytischen Philosophie der Subjektivität, Stuttgart: Reclam 1991.

– Wider den apriorischen Intersubjektivismus. Gegenvorschläge aus Sartrescher Inspiration, in: Gemeinschaft und Gerechtigkeit, hg. von Micha Brumlik und Hauke Brunkhorst, Frankfurt am Main: Fischer 1993, S. 273-289.

– Psychische Vertrautheit und epistemische Selbstzuschreibung, in: Denken der Individualität, Festschrift für Josef Simon, Berlin, New York: Walter de Gruyter 1995, S. 67-86.

Frings, Manfred: Zu den Manuskripten, in: Max Scheler, Gesammelte Werke, Band 7, Wesen und Formen der Sympathie, Die deutsche Philosophie der Gegenwart, hg. von Manfred Frings, Bern und München: Francke 1973, S. 341.

Gadamer, Hans-Georg: Wahrheit und Methode, Tübingen: J. C. B. Mohr (Paul Siebeck) 1960.

Geiger, Moritz: Über das Wesen und die Bedeutung der Einfühlung, in: Bericht über den 4. Psychologenkongreß in Innsbruck 1910, S. 29-73.

– Fragment über den Begriff des Unbewussten und die psychische Realität, in: Jahrbuch für Philosophie und phänomenologische Forschung, hg. von Edmund Husserl, IV. Band, Halle an der Saale: Max Niemeyer 1921, S. 1-137.

Groethuysen, Bernhard: Das Mitgefühl, in: Zeitschrift für Psychologie und Physiologie der Sinnesorgane, 34 (1904), S. 161-270.

– Anmerkungen, in: Wilhelm Dilthey, Der Aufbau der geschichtlichen Welt in den Geisteswissenschaften, Gesammelte Schriften, VII. Band, Leipzig und Berlin: B. G. Teubner 1927, S. 348-380.

Gross, Karl: Das innere Miterleben in der älteren Ästhetik, in: Annalen der Philosophie, Band 3, 1922, S. 400-417.

Große Kracht, Klaus: Zwischen Berlin und Paris: Bernhard Groethuysen (1880-1946). Eine intellektuelle Biographie, Tübingen: Max Niemeyer 2002.

Gumbrecht, Hans-Ulrich: Die Macht der Philologie, Frankfurt am Main: Suhrkamp 2003.

Gurwitsch, Aron: Phänomenologie der Thematik und des reinen Ich. Studien über Beziehungen von Gestalttheorie und Phänomenologie, in: Psychologische Forschung, 12 (1929), S. 279-381.

– Die mitmenschlichen Begegnungen in der Milieuwelt [1931], hg. und eingeleitet von Alexandre Métraux, Berlin, New York: de Gruyter 1976.

Habermas, Jürgen: [Art.] Anthropologie, in: [Das Fischer Lexikon] Philosophie, hg. von Alwin Diemer und Ivo Frenzel, Frankfurt am Main: Fischer 1958, S. 18-35.

– Erkenntnis und Interesse, Frankfurt am Main: Suhrkamp 1968.

– Brief an Helmuth Plessner aus Anlaß seines 80. Geburtstags, in: Merkur, 26 (1972) 293, S. 944-946.

– Probleme einer philosophischen Anthropologie, Tonbandaufzeichnung WS 1966/67 [als ‚Raubdruck' vervielfältigter Mitschnitt].

– Theorie des kommunikativen Handelns, 2 Bände, Frankfurt am Main: Suhrkamp 1981.

– Phänomenologische Konstitutionstheorie der Gesellschaft: die fundamentale Rolle von Geltungsansprüchen und die monadologischen Grundlagen der Intersubjektivität; Vorlesung II zu einer sprachtheoretischen Grundlegung der Soziologie (1970/71), in: ders.,

Vorstudien und Ergänzungen zur Theorie des kommunikativen Handelns, Frankfurt am Main: Suhrkamp 1984, S. 35-59.

– Nachmetaphysisches Denken, Frankfurt am Main: Suhrkamp 1988.

– Die Zukunft der menschlichen Natur, Frankfurt am Main: Suhrkamp 2001.

Harrington, Austin: Hermeneutic Dialogue and Social Science. A critique of Gadamer and Habermas, London and New York, Routledge 2001.

Hartmann, Wilfried: Max Scheler. Bibliographie, Stuttgart-Bad Cannstatt: Frommann-Holzboog 1963.

Heidegger, Martin: Sein und Zeit. Erste Hälfte, Halle an der Saale: Max Niemeyer 1927.

– Phänomenologie der Anschauung und des Ausdrucks, Theorie der philosophischen Begriffsbildung, Gesamtausgabe, Band 59, Frankfurt am Main: Vittorio Klostermann 1993.

Held, Klaus: Das Problem der Intersubjektivität und die Idee einer phänomenologischen Transzendentalphilosopohie, in: Perspektiven transzendentalphänomenologischer Forschung, hg. von Ulrich Claesges und Klaus Held, Den Haag: Martinus Nijhoff 1972, S. 3-60.

Henckmann, Wolfhart: Die Gesammelten Werke Max Schelers. Mit einer Nachlese unbekannter Buchbesprechungen, in: Zeitschrift für philosophische Forschung, 39 (1985), S. 289-306.

– Das Intentionalitätsproblem bei Scheler, in: Brentano-Studien, 3 (1990/91), S. 203-228.

– Der Systemanspruch von Schelers Philosophie, in: Phänomenologische Forschungen, 28/29 (1994), S. 271-312.

– Zum Verhältnis zwischen Philosophie und Persönlichkeit von Max Scheler, in: Rationalität und Prärationalität, Festschrift für Alfred Schöpf, Würzburg 1998, S. 151-166.

– Max Scheler, München: C. H. Beck 1998.

– La dottrina dell'Altro in Theodor Lipps, *Una >scienza pura della coscienca<: l'ideale della psicologia in Theodor Lipps* a cura di Stefano Besoli, Marina Manotta e Ricardo Martinelli, Discipline Filosofiche Anno XII, numero 2, Macerata 2003, S. 149-171.

Henrich, Dieter: Über die Grundlagen von Husserls Kritik der philosophischen Tradition, in: Philosophische Rundschau, 6 (1958), S. 1-26.

– Fichtes ursprüngliche Einsicht, Frankfurt am Main: Vittorio Klostermann 1966.

– Selbstbewußtsein. Kritische Einleitung in eine Theorie, in: Hermeneutik und Dialektik, hg. von Rüdiger Bubner, Konrad Cramer, Rainer Wiehl, Band 2, Tübingen: J. C. B. Mohr (Paul Siebeck) 1970, S. 257-284.

– Noch einmal in Zirkeln. Eine Kritik von Ernst Tugendhats semantischer Erklärung von Selbstbewußtsein, in: Mensch und Moderne. Beiträge zur philosophischen Anthropologie und Gesellschaftskritik, hg. von Clemens Bellut und Ulrich Müller-Scholl, Würzburg: Königshausen & Neumann 1989, S. 93-132.

– Subjektivität als Prinzip, in: Deutsche Zeitschrift für Philosophie, 46 (1998) 1, S. 31-44.

Herrmann, Ulrich: Bibliographie Wilhelm Dilthey. Quellen und Literatur, Weinheim, Berlin, Basel: Beltz 1969.

Honneth, Axel: Kampf um Anerkennung. Zur moralischen Grammatik sozialer Konflikte, Frankfurt am Main: Suhrkamp 1992.

– Der Grund der Anerkennung. Eine Erwiderung auf kritische Rückfragen, in: ders., Kampf um Anerkennung. Zur moralischen Grammatik sozialer Konflikte. Mit einem neuen Nachwort, Frankfurt am Main: Suhrkamp 2003.

– Unsichtbarkeit. Stationen einer Theorie der Intersubjektivität, Frankfurt am Main: Suhrkamp 2003.

– Unsichtbarkeit. Über die moralische Epistemologie von Anerkennung, in: ders., Unsichtbarkeit. Stationen einer Theorie der Intersubjektivität, Frankfurt am Main: Suhrkamp 2003, S. 10-27.

Humboldt, Wilhelm von: Über die Aufgabe des Geschichtschreibers, Berlin: Hobbing 1822.

Husserl, Edmund: Logische Untersuchungen, Zweiter Band, Untersuchungen zur phänomenologischen Theorie der Erkenntnis, Halle an der Saale: Max Niemeyer 1901.

– Philosophie als strenge Wissenschaft, in: Logos, Band I (1910/11), S. 289-341.

– Logische Untersuchungen, Zweiter Band, I. Teil, Elemente einer phänomenologischen Theorie der Erkenntnis, zweite umgearbeitete Auflage, Halle an der Saale: Max Niemeyer 1913.

– Vorwort, in: Jahrbuch für Philosophie und phänomenologische Forschung, hg. von Edmund Husserl, I. Band, Halle an der Saale: Max Niemeyer 1913, S. Vf.

– Ideen zu einer reinen Phänomenologie und phänomenologischen Philosophie. Erstes Buch: Allgemeine Einführung in die Phänomenologie, Halle an der Saale: Max Niemeyer 1913 [1922²].

– Logische Untersuchungen, Zweiter Band, II. Teil, Elemente einer phänomenologischen Theorie der Erkenntnis, zweite umgearbeitete Auflage, Halle an der Saale: Max Niemeyer 1921.

– Zur Phänomenologie des inneren Zeitbewußtseins, hg. von Martin Heidegger, in: Jahrbuch für Philosophie und phänomenologische Forschung, hg. von Edmund Husserl, IX. Band, Halle an der Saale: Max Niemeyer 1928, S. 368-496.

– Nachwort zu meinen ‚Ideen einer reinen Phänomenologie und phänomenologischen Philosophie', in: Jahrbuch für Philosophie und phänomenologische Forschung, hg. von Edmund Husserl, XI. Band, Halle an der Saale: Max Niemeyer 1930, S. 549-570.

– Méditations Cartésiennes, trad. Emanuel Levinas, Paris: Vrin 1931.

– Phänomenologie und Anthropologie (A lecture given in Berlin, June 10, 1931), in: Philosophy and Phenomenological Research, II (1941), S. 1-14.

– Cartesianische Meditationen und Pariser Vorträge (Husserliana I), hg. und eingeleitet von Silvio Strasser, Den Haag: Martinus Nijhoff 1950.

– Die Idee der Phänomenologie. Fünf Vorlesungen (Husserliana II), hg. von Walter Biemel, Den Haag: Martinus Nijhoff 1950.

– Zur Phänomenologie des inneren Zeitbewußtseins (1893-1917) (Husserliana X), hg. von R. Boehm, Den Haag: Martinus Nijhoff 1966.

– Phänomenologische Psychologie. Vorlesungen Sommersemester 1925 (Husserliana IX), Den Haag: Martinus Nijhoff 1968.

– Briefe an Roman Ingarden, Den Haag: Martinus Nijhoff 1968.

– Zur Phänomenologie der Intersubjektivität, Texte aus dem Nachlaß (Husserliana XIII-XV), hg. von Iso Kern, 3 Bände, Den Haag: Martinus Nijhoff 1973.

– Fünfte Logische Untersuchung. Über intentionale Erlebnisse und ihre Inhalte, hg. von Elisabeth Ströker, Hamburg: Felix Meiner 1975.

– Grundprobleme der Phänomenologie 1910/1911, Den Haag: Martinus Nijhoff 1977.

– Die Krisis der europäischen Wissenschaften und die transzendentale Phänomenologie (Husserliana VI), hg. von Walter Biemel, Den Haag: Martinus Nijhoff 1976.

– Einleitung in die Logik und Erkenntnistheorie. Vorlesungen 1906/07 (Husserliana XXIV), hg. von Ulrich Melle, Den Haag: Martinus Nijhoff 1984.

– Über die Reden Gotamo Buddhos [1925] in: ders., Aufsätze und Vorträge (1922-1937) (Husserliana XXVII), hg. von Thomas Nenon und Hans Rainer Sepp, Dordrecht u. a.: Kluwer 1989, S. 125-126.

– Brief an Alexandre Koyré vom 22. VI. 1931, in: ders., Briefwechsel, Band III, Die Göttinger Schule, Dordrecht: Kluwer 1994, S. 359 f.

– Brief an Paul Natorp vom 1. II. 1922, in: ders., Briefwechsel, Band V, Die Neukantianer, Dordrecht: Kluwer 1994, S. 147-152.

Jackson, Frank: What Mary didn't know, in: The Journal of Philosophy, LXXXIII (1986) 5, S. 291-295.

Joas, Hans: Praktische Intersubjektivität. Die Entwicklung des Werkes von G. H. Mead, Frankfurt am Main: Suhrkamp 1980.

– Die Entstehung der Werte, Frankfurt am Main: Suhrkamp 1997.

Kern, Iso: Einleitung des Herausgebers, in: Edmund Husserl, Zur Phänomenologie der Intersubjektivität, Texte aus dem Nachlaß, Dritter Teil: 1929-1935 (Husserliana XV), hg. von Iso Kern, Den Haag: Martinus Nijhoff 1973, S. XV-LXX.

Krüger, Hans-Peter: Zwischen Lachen und Weinen, Band I, Das Spektrum menschlicher Phänomene, Berlin: Akademie 1999.

– Das Spiel zwischen Leibsein und Körperhaben. Helmuth Plessners Philosophische Anthropologie, in: Deutsche Zeitschrift für Philosophie, 48 (2000) 2, S. 289-317.

– Zwischen Lachen und Weinen, Band II, Der dritte Weg Philosophischer Anthropologie und die Geschlechterfrage, Berlin: Akademie 2001.

– Das Hirn im Kontext exzentrischer Positionierungen. Zur philosophischen Herausforderung der neurobiologischen Forschung, in: Deutsche Zeitschrift für Philosophie, 52 (2004) 2, S. 257-293.

– Phänomen und Diskurs. Plessners quasitranszendentales Verfahren, Phänomenologie und Hermeneutik quasidialektisch zu verschränken, in: Gesa Lindemann, Hans-Peter Krüger (Hg.), Philosophische Anthropologie heute. Ein Streit über ihre Leistungsfähigkeit, Berlin: Akademie 2005 (im Erscheinen).

Kuhn, Helmut: [Rez. Méditations Cartésiennes ...], in: Kant-Studien, XXXVIII (1932), S. 209-216.

Landgrebe, Ludwig: Ist Husserls Philosophie eine Transzendentalphilosophie? (1954), in: Husserl (Wege der Forschung XL), hg. von Hermann Noack, Darmstadt: Wissenschaftliche Buchgesellschaft 1973, S. 316-324.

Landweer, Hilge: Scham und Macht. Phänomenologische Untersuchungen zur Sozialität eines Gefühls, Tübingen: Max Niemeyer 1999.

Lee, Nam-In: Edmund Husserls Phänomenologie der Instinkte, Dordrecht: Kluwer 1993.

Lenzen, Manuela: In den Schuhen des Anderen, Paderborn: Mentis 2005.

Lipps, Theodor: Grundtatsachen des Seelenlebens, Bonn: Max Cohen & Sohn (Fr. Cohen) 1883.

– Der Streit um die Tragödie, Hamburg: Leopold Voss 1891.

– Aesthetische Einfühlung, in: Zeitschrift für Psychologie und Physiologie der Sinnesorgane, 22 (1900), S. 415-450.

– Das Selbstbewußtsein; Empfindung und Gefühl, Wiesbaden: J. F. Bergmann 1901.

– Grundlegung der Ästhetik, Hamburg und Leipzig: Leopold Voss 1903.

– Leitfaden der Psychologie, Leipzig: Wilhelm Engelmann 1903.

– Weiteres zur ‚Einfühlung', in: Archiv für die gesamte Psychologie, IV (1905), S. 465-519.

– Leitfaden der Psychologie, zweite, völlig umgearbeitete Auflage, Leipzig: Wilhelm Engelmann 1906.

– Vom Fühlen, Wollen und Denken. Versuch einer Theorie des Willens. Zweite, völlig umgearbeitete Auflage, Leipzig: Wilhelm Engelmann 1907.

– Das Wissen von fremden Ichen, in: Psychologische Untersuchungen, hg. von Th. Lipps, Band I, Heft 4, Leipzig: Wilhelm Engelmann 1907, S. 694-722.

– [Art.] Ästhetik, in: Die Kultur der Gegenwart, Teil I, Abteilung VI, Systematische Philosophie, hg. von Paul Hinneberg, zweite durchgesehene Auflage, Berlin und Leipzig: B. G. Teubner 1908, S. 351-390.

– Leitfaden der Psychologie, dritte, teilweise umgearbeitete Auflage, Leipzig: Wilhelm Engelmann 1909.

– Zur Einfühlung, in: Psychologische Untersuchungen, hg. von Th. Lipps, II. Band, 2. und 3. Heft, Leipzig: Wilhelm Engelmann 1913, S. 111-491.

Lotze, Hermann: Geschichte der Ästhetik in Deutschland, München: Cotta 1868.

Lukács, Georg: Karl Marx und Friedrich Theodor Vischer [1934], in: ders., Beiträge zur Geschichte der Ästhetik, Berlin: Aufbau-Verlag 1956, S. 217-258.

Makkreel, Rudolf A.: Dilthey. Philosoph der Geisteswissenschaften, Frankfurt am Main: Suhrkamp 1991.

Mach, Ernst: Beiträge zur Analyse der Empfindungen, Jena: Gustav Fischer 1886.

Mader, Wilhelm: Max Scheler in Selbstzeugnissen und Bilddokumenten, Reinbek bei Hamburg: Rowohlt 1980.

Marbach, Eduard: Das Problem des Ich in der Phänomenologie Husserls, Den Haag: Martinus Nijhoff 1974.

Marquard, Odo: Zur Geschichte des philosophischen Begriffs ‚Anthropologie' seit dem Ende des achtzehnten Jahrhundert, in: ders., Schwierigkeiten mit der Geschichtsphilosophie, Frankfurt am Main: Suhrkamp 1973, S. 122-144 und S. 213-248 (Anmerkungen).

Mead, George Herbert: Geist, Identität und Gesellschaft, Frankfurt am Main: Suhrkamp 1968.

Merleau-Ponty, Maurice: Das Sichtbare und das Unsichtbare, München: Wilhelm Fink 1984.

Michalski, Mark: Fremdwahrnehmung und Mitsein. Zur Grundlegung der Sozialphilosophie im Denken Max Schelers und Martin Heideggers, Bonn: Bouvier 1997.

Mill, John Stuart: An Examination of Sir William Hamilton's Philosophy, London 1889.

– Eine Prüfung der Philosophie Sir William Hamiltons, Halle an der Saale: Max Niemeyer 1908.

Nietzsche, Friedrich: Menschliches, Allzumenschliches, Kritische Studienausgabe, Band 2, hg. von Giorgio Colli und Mazzino Montinari, München und Berlin: Deutscher Taschenbuchverlag 1980.

– Die Fröhliche Wissenschaft, Kritische Studienausgabe, Band 3, hg. von Giorgio Colli und Mazzino Montinari, München und Berlin: Deutscher Taschenbuchverlag 1980.

– Der Antichrist, in: ders., Kritische Studienausgabe, Band 6, hg. von Giorgio Colli und Mazzino Montinari, München und Berlin: Deutscher Taschenbuchverlag 1980, S. 165-254.

Patzig, Günther: Nachwort, in: Rudolf Carnap, Scheinprobleme in der Philosophie, Frankfurt am Main: Suhrkamp 1966, S. 85-135.

Perler, Dominik: Descartes über Fremdpsychisches, in: Archiv für Geschichte der Philosophie, 77 (1995) 1, S. 42-62.

Perpeet, Wilhelm: Historisches und Systematisches zur Einfühlungsästhetik, in: Zeitschrift für allgemeine Kunstwissenschaft, Band XII (1967) 1, S. 193-216.

Plessner, Helmuth: Die Einheit der Sinne. Grundlinien einer Aesthesiologie des Geistes, Bonn: Friedrich Cohen 1923.

– und Frederik Buytendijk: Die Deutung des mimischen Ausdrucks. Ein Beitrag zur Lehre vom Bewußtsein des anderen Ichs, in: Philosophischer Anzeiger, I (1925) I, S. 72-126.

– Die Stufen des Organischen und der Mensch. Einleitung in die Philosophische Anthropologie, Leipzig und Berlin: Walter de Gruyter 1928.

– Macht und menschliche Natur. Ein Versuch zur Anthropologie der geschichtlichen Weltansicht, Berlin: Junker und Dünnhaupt 1931.

– Lachen und Weinen. Eine Untersuchung nach den Grenzen menschlichen Verhaltens, Arnhem: Van Loghum Slaterus' Uitgevermsmaatschppij N. V. 1941.

– Conditio humana, Pfullingen: Neske 1962.

– Über Hermeneutik des nichtsprachlichen Ausdrucks [Vortrag auf dem VIII. Kongreß für Philosophie in Heidelberg, 1966] in: ders., Philosophische Anthropologie, Anthropologie der Sinne, Abschnitt V: Sprachlose Räume, Frankfurt am Main: Fischer 1970, S. 215-229.

Premack, David & Woodruff G.: Does a chimpanzee have a theory of mind?, in: The Behavioral and Brain Sciences, 1 (1978), S. 515-526.

[Redaktion]: [Art.] Intersubjektivität, in: Historisches Wörterbuch der Philosophie, hg. von Joachim Ritter und Karlfried Gründer, Band 4, Basel: Schwabe & Co 1976, Sp. 521.

Rehberg, Karl-Siegbert: Die Theorie der Intersubjektivität als eine Lehre vom Menschen. George Herbert Mead und die deutsche Tradition der ‚Philosophischen Anthropologie', in: Das Problem der Intersubjektivität. Neuere Beiträge zum Werk George Herbert Meads, hg. von Hans Joas, Frankfurt am Main: Suhrkamp 1985, S. 60-92.

Reynart, Peter: Intersubjektivity and Naturalism – Husserl's fifth Cartesian Meditation Revisited, in: Husserl Studies, 17 (2001) 3, S. 207-216.

Rickert, Heinrich: Kulturwissenschaft und Naturwissenschaft, Freiburg im Breisgau: J. C. B. Mohr (Paul Siebeck) 1899.

– Die Grenzen der naturwissenschaftlichen Begriffsbildung. Eine logische Einleitung in die historischen Wissenschaften, 3. und 4. verbesserte und ergänzte Auflage, Tübingen: J. C. B. Mohr (Paul Siebeck) 1921.

Riedel, Manfred: Verstehen oder Erklären? Zur Theorie und Geschichte der hermeneutischen Wissenschaften, Stuttgart: Klett-Cotta 1978.

Riehl, Alois: Der Philosophische Kriticismus und seine Bedeutung für die positive Wissenschaft, Zweiter Band, Zweiter Theil, Leipzig: Wilhelm Engelmann 1887.

Rodi, Frithjof u. a. (Hg.) Dilthey-Jahrbuch für Philosophie und Geschichte der Geisteswissenschaften, Bände 1-12, Göttingen: Vandenhoeck & Ruprecht 1983-2000.

Roffenstein, Gaston: Das Problem des psychologischen Verstehens, Stuttgart: Julius Püttmann 1926.

Rothacker, Erich: Einleitung in die Geisteswissenschaften, Tübingen: J. C. B. Mohr (Paul Siebeck) 1920.

Russell, Bertrand: Das menschliche Wissen, Darmstadt: Holle-Verlag [1952].

Ryle, Gilbert: Der Begriff des Geistes, Stuttgart: Reclam 1969.

Sander, Angelika: Mensch – Subjekt – Person: Die Dezentrierung des Subjekts in der Philosophie Max Schelers, Bonn: Bouvier 1996.

Scheler, Max: Über Selbsttäuschungen, in: Zeitschrift für Pathopsychologie, 1 (1912), S. 87-163.

– Über Ressentiment und moralisches Werturteil, Leipzig: Wilhelm Engelmann 1912.

– Der Formalismus in der Ethik und die materiale Wertethik (mit besonderer Berücksichtigung der Ethik Immanuel Kants), I. Teil, in: Jahrbuch für Philosophie und phänomenologische Forschung, hg. von Edmund Husserl, I. Band, Halle an der Saale: Max Niemeyer 1913, S. 405-565; Der Formalismus in der Ethik und die materiale Wertethik. Neuer Versuch der Grundlegung eines ethischen Personalismus, II. Teil, in: Jahrbuch für Philosophie und phänomenologische Forschung, hg. von Edmund Husserl, II. Band, Halle an der Saale: Max Niemeyer 1916, S. 21-478; beide Teile vereint als Sonderdruck, Halle an der Saale: Max Niemeyer 1916 [1921^2, 1927^3 je mit neuem Vorwort].

– Das geschlechtliche Schamgefühl und seine Funktionen, in: Geschlecht und Gesellschaft, 8 (1913), 3/4 und 5, S. 121-131, 177-190.

– Zur Phänomenologie und Theorie der Sympathiegefühle und von Liebe und Hass. Mit einem Anhang. Über den Grund zur Annahme der Existenz des fremden Ich, Halle an der Saale: Max Niemeyer 1913.

– Versuche einer Philosophie des Lebens, in: Die weißen Blätter, 1 (1913/14), S. 203-233.

– Vorwort, in: ders., Abhandlungen und Aufsätze, Erster Band, Leipzig: Verlag der weissen Bücher 1915, S. IX-XI.

– Das Ressentiment im Aufbau der Moralen, in: ders., Abhandlungen und Aufsätze, Erster Band, Leipzig: Verlag der weissen Bücher 1915, S. 39-274.

– Idole der Selbsterkenntnis, in: ders., Abhandlungen und Aufsätze, Zweiter Band, Leipzig: Verlag der weissen Bücher 1915, S. 3-168.

– Liebe und Erkenntnis, in: ders., Krieg und Aufbau, Leipzig: Verlag der weissen Bücher 1916, S. 393-429.

– Vom Umsturz der Werte. Der ‚Abhandlungen und Aufsätze' zweite durchgesehene Auflage, Leipzig: Der Neue-Geist Verlag 1919.

– Die deutsche Philosophie der Gegenwart, in: Deutsches Leben der Gegenwart, hg. von Philipp Witkop, Berlin: Volksverband der Bücherfreunde Wegweiser-Verlag 1922, S. 127-224.

– Die Sinngesetze des emotionalen Lebens, I. Band, Wesen und Formen der Sympathie. Der „Phänomenologie der Sympathiegefühle" 2. vermehrte und durchgesehene Auflage, Bonn: Friedrich Cohen 1923 [1926^3 mit neuem Vorwort, 1931^4].

– Die Formen des Wissens und die Bildung, Bonn: Friedrich Cohen 1925.

- Erkenntnis und Arbeit. Eine Studie über Wert und Grenzen des pragmatischen Motivs in der Erkenntnis der Welt, in: ders., Die Wissensformen und die Gesellschaft, Leipzig: Der Neue-Geist Verlag 1926, S. 233-486.
- Brief an Märit Furtwängler vom 3. März 1926, Nachlaß Max Scheler, Bayerische Staatsbibliothek München, Ana 385, EI1.
- Idealismus – Realismus, in: Philosophischer Anzeiger, II (1927) III, S. 255-324.
- Die Stellung des Menschen im Kosmos, Darmstadt: Otto Reichl 1928.
- Schriften aus dem Nachlaß, Band 1, Zur Ethik und Erkenntnislehre, Berlin: Der Neue Geist Verlag 1933.
- Wesen und Formen der Sympathie, Der ,Phänomenologie und Theorie der Sympathiegefühle, fünfte Auflage [hg. von Maria Scheler], Frankfurt am Main: G. Schulte-Bulmke 1948.
- Phänomenologie und Erkenntnistheorie, in: ders., Schriften aus dem Nachlaß, Band 1, Bern: Francke 1957, S. 377-430.
- Lehre von den drei Tatsachen in: ders., Schriften aus dem Nachlaß, Band 1, Bern: Francke 1957, S. 431-502.
- Schriften aus dem Nachlaß, Band 1, Zur Ethik und Erkenntnislehre, Gesammelte Werke, Band 10, Bern: Francke 1957.
- Wesen und Formen der Sympathie (6. Auflage), in: ders., Gesammelte Werke, Band 7, hg. von Manfred Frings, Bern und München: Francke 1973, S. 9-258.
- Logik I, mit einem Nachwort von Jörg Willer, Amsterdam: Rodopi 1975.
- Schriften aus dem Nachlaß, Band V, Gesammelte Werke, Band 14, hg. von Manfred Frings, Bonn: Bouvier 1993.
- Das Problem der ,Sphären' des Soseins, in: ders., Schriften aus dem Nachlaß, Band II, Erkenntnislehre und Metaphysik, Gesammelte Werke, Band 11, hg. von Manfred Frings, Bern und München: Francke 1979.

Schleiermacher, Friedrich Daniel Ernst: Hermeneutik und Kritik, Mit einem Anhang sprachphilosophischer Texte Schleiermachers, hg. und eingeleitet von Manfred Frank, Frankfurt am Main: Suhrkamp 1977.

Schloßberger, Matthias: Rezeptionsschwierigkeiten. Hans Peter Duerrs Kritik an Norbert Elias' historischer Anthropologie, in: Leviathan, 28 (2000) 1, S. 109-121.
- Philosophie der Scham, in: Deutsche Zeitschrift für Philosophie, 48 (2000) 5, S. 807-829.
- Das Mitgefühl als Gefühl, in: Vernunft und Gefühl. Schelers Phänomenologie des emotionalen Lebens, hg. von Christian Bermes, Wolfhart Henckmann und Heinz Leonardy, Würzburg: Königshausen & Neumann 2003, S. 39-51.
- Die Ordnung des menschlichen Gefühlslebens, in: Gesa Lindemann, Hans-Peter Krüger (Hg.), Philosophische Anthropologie heute. Ein Streit über ihre Leistungsfähigkeit, Berlin: Akademie 2005 (im Erscheinen).

Schmitz, Hermann: System der Philosophie I, Die Gegenwart, Bonn: Bouvier 1964.
- Zwei Subjektbegriffe. Bemerkungen zu dem Buch von Ernst Tugendhat: Selbstbewußtsein und Selbstbestimmung, in: Philosophisches Jahrbuch, 89 (1982), S. 131-142.
- Selbstbewußtsein und Selbsterfahrung, in: Logos, 1 (1993), S. 104-122.

Schnädelbach, Herbert: Geschichtsphilosophie nach Hegel. Die Probleme des Historismus, Freiburg und München: Alber 1974.

Scholz, Oliver: Verstehen und Rationalität. Untersuchungen zu den Grundlagen von Hermeneutik und Sprachphilosophie, Frankfurt am Main: Vittorio Klostermann 1999.

Schneider, Kurt: Die phänomenologische Richtung in der Psychiatrie, in: Philosophischer Anzeiger, I (1925/26), S. 382-404.

Schütz, Alfred: [Rez. Méditations Cartésiennes ...], in: Deutsche Literaturzeitung, Heft 51, 18. Dezember 1932, Sp. 2404-2416.

– Scheler's Theory of Intersubjektivity and the General Thesis of the Alter Ego, in: Philosophy and Phenomenological Research, 2 (1942), S. 323-347.

– Das Problem der transzendentalen Intersubjektivität bei Husserl, in: Philosophische Rundschau, 5 (1957), S. 81-107.

Sepp, Hans Rainer: Edmund Husserl und die phänomenologische Bewegung. Zeugnisse in Text und Bild, Freiburg und München: Alber 1988.

Spileers, Steven: Edmund Husserl. Bibliography, Dordrecht: Kluwer 1999.

Spiegelberg, Herbert: The Phenomenological Movement. A Historical Introduction, Two Volumes, Den Haag: Martinus Nijhoff 1960.

Stein, Edith: Zum Problem der Einfühlung, Halle an der Saale: Waisenhaus 1917.

Stern, Paul: Einfühlung und Association in der neueren Ästhetik, Ein Beitrag zur psychologischen Analyse der ästhetischen Anschauung, Hamburg und Leipzig: Leopold Voss 1898.

– Die Theorie der ästhetischen Anschauung und die Association, in: Zeitschrift für Philosophie und philosophische Kritik, 115 (1899), S. 193-203.

Staude, John: Max Scheler 1874-1928. An Intellectual Portrait, New York: The Free Press 1967.

Theunissen, Michael: Der Andere. Studien zur Sozialontologie der Gegenwart, Berlin: Walter de Gruyter 1965 [1977[2]].

– Der Gang des Lebens und das Absolute. Für und wider das Philosophiekonzept Dieter Henrichs, in: Deutsche Zeitschrift für Philosophie, 50 (2002) 3, S. 343-362.

Thielen, Joachim: Wilhelm Dilthey und die Entwicklung des geschichtlichen Denkens in Deutschland im ausgehenden 19. Jahrhundert, Würzburg: Königshausen & Neumann 1996.

Thomä, Dieter: Erzähle Dich selbst. Lebensgeschichte als philosophisches Problem, München: C. H. Beck 1998.

Titchener, E. B.: An Outline of Psychology, New York 1896.

– Lehrbuch der Psychologie, Zwei Bände, Leipzig: Barth 1910 & 1912.

Tolstoi, Leo: Herr und Knecht, in: ders., Meistererzählungen, Zürich: Manesse 1950, S. 7-93.

Troeltsch, Ernst: Die Logik des historischen Entwickelungsbegriffes, in: Kant-Studien, XXVII (1922) 3-4, S. 265-297.

– Der Historismus und seine Probleme. Das logische Problem der Geschichtsphilosophie, Tübingen: J. C. B. Mohr (Paul Siebeck) 1922.

Tugendhat, Ernst: Vorlesungen zur Einführung in die sprachanalytische Philosophie, Frankfurt am Main: Suhrkamp 1976.

– Selbstbewußtsein und Selbstbestimmung, Frankfurt am Main: Suhrkamp 1979.

Volkelt, Johannes: Erfahrung und Denken. Kritische Grundlegung der Erkenntnistheorie, Hamburg und Leipzig: Leopold Voss 1886.

– Der Symbolbegriff in der neuesten Ästhetik, Jena: Dufft 1876.

– Ästhetik des Tragischen, München: C. H. Beck 1897.

– Zur Psychologie der ästhetischen Beseelung, in: Zeitschrift für Philosophie und philosophische Kritik, 113 (1898), S. 161-179.

– Nachtrag zur „Psychologie der ästhetischen Beseelung". Veranlasst durch Paul Sterns voranstehenden Aufsatz, in: Zeitschrift für Philosophie und philosophische Kritik, 115 (1899), S. 204-208.

Wach, Joachim: Das Verstehen. Grundzüge einer Geschichte der hermeneutischen Theorie im 19. Jahrhundert, 3 Bände, Band I: Die grossen Systeme, Band II: Die theologische Hermeneutik von Schleiermacher bis Hofmann, Band III: Das Verstehen in der Historik von Ranke bis zum Positivismus, Tübingen: J. C. B. Mohr (Paul Siebeck) 1926, 1929, 1933.

Waldenfels, Bernhard: Das Zwischenreich des Dialogs. Sozialphilosophische Untersuchungen im Anschluß an Edmund Husserl, Den Haag: Martinus Nijhoff 1971.

Weber, Max: Die „Objektivität" sozialwissenschaftlicher und sozialpolitischer Erkenntnis (1904), in: ders., Gesammelte Aufsätze zur Wissenschaftslehre, Tübingen: J. C. B. Mohr (Paul Siebeck) 1922, S. 146-214.

Windelband, Wilhelm: Geschichte und Naturwissenschaft. Rede zum Antritt des Rektorats der Kaiser-Wilhelms-Universität Strassburg gehalten am 1. Mai 1894, Straßburg: J. H. Ed. Heitz (Heitz & Mündel) 1894.

Witasek, Stephan: Zur psychologischen Analyse der ästhetischen Einfühlung, in: Zeitschrift für Psychologie und Physiologie der Sinnesorgane, 25 (1901), S. 1-49.

– Grundzüge der allgemeinen Ästhetik, Leipzig: Johann Ambrosius Barth 1904.

Wolf, Ursula: Das Problem des moralischen Sollens, Berlin, New York: Walter de Gruyter 1984.

Wundt, Wilhelm: Völkerpsychologie, Erster Band, Die Sprache [1900], dritte Auflage, Erster Teil, Stuttgart: Alfred Kröner 1911.

Zahavi, Dan: Husserl und die transzendentale Intersubjektivität. Eine Antwort auf die sprachpragmatische Kritik, Dordrecht: Kluwer 1996.

Ziegler, Theobald: Zur Genesis eines ästhetischen Begriffs, in: Zeitschrift für vergleichende Literaturgeschichte, 7 (1894), S. 113-120.

Index

www.ingramcontent.com/pod-product-compliance
Lightning Source LLC
LaVergne TN
LVHW081334011026
849161LV00013BB/2922